JN431509

전신관리학

저자 약력

전소현 신구대학교 뷰티디자인과 교수

설은경 신구대학교 뷰티디자인과 겸임교수

한현주 신구대학교 뷰티디자인과 외래교수

전신관리학

초판 인쇄 | 2025년 2월 20일
초판 발행 | 2025년 2월 28일

저 자 | 전소현, 설은경, 한현주
발 행 인 | 조규백
발 행 처 | 도서출판 **구민사**
(07293) 서울특별시 영등포구 문래북로 116, 604호(문래동 3가 46, 트리플렉스)
전 화 | (02) 701-7421
팩 스 | (02) 3273-9642
홈페이지 | www.kuhminsa.co.kr

신고번호 | 제2012-000055호 (1980년 2월 4일)
I S B N | 979-11-6875-325-9 93590

값 | 28,000원

※ 낙장 및 파본은 구입하신 서점에서 바꿔드립니다.
※ 본서를 허락없이 부분 또는 전부를 무단복제 게재행위는 저작권법에 저촉됩니다.

PREFACE

전신관리학은 현대 사회에서 건강과 웰니스에 대한 관심이 점점 높아짐에 따라, 전신 관리의 중요성을 깊이 이해하고 실천할 수 있도록 돕기 위해 집필되었습니다. 이 책은 피부 관리, 체형 관리, 마사지, 운동 요법 등 전신 관리를 위한 다양한 이론과 실무 지식을 체계적으로 다루고 있습니다.

전신 관리의 기초부터 시작하여, 다양한 관리 기법과 최신 트렌드까지 포괄적으로 다루고 있습니다. 또한 실제 현장에서 바로 적용할 수 있는 실질적인 팁과 사례를 포함하여, 독자가 전신 관리의 전문가로 성장할 수 있도록 돕습니다.

전신 관리에 관심 있는 모든 이들에게 유용한 가이드가 될 것입니다. 특히 미용 및 건강 분야의 종사자나 관련 전공 학생들에게는 필수적인 참고서가 될 것입니다.

끝으로 이 책이 나오기까지 함께 해주신 모든 분들께 깊은 감사의 말씀을 드리며, 이 책이 전신 관리 분야에서 여러분의 소중한 길잡이가 되기를 바랍니다. 그리고 이 책의 출간을 위해 노력해 주신 도서출판 구민사 조규백 대표님과 직원분들께도 감사드립니다.

감사합니다.

대표저자 전 소 현

CONTENT

Part 1 체형분석하기

Part 2 전신관리

GUIDE

※ 미용사(피부) 필기 출제기준

피부미용이론

1. 피부미용개론
2. 피부분석 및 상담
3. 클렌징
4. 딥클렌징
5. 피부유형별 화장품 도포
6. 매뉴얼 테크닉
7. 팩·마스크
8. 제모
9. 신체 각 부위(팔, 다리, 등) 관리
10. 마무리
11. 피부와 부속기관
12. 피부와 영양
13. 피부장애와 질환
14. 피부와 광선
15. 피부면역
16. 피부노화

해부생리학

1. 세포와 조직
2. 뼈대(골격)계통
3. 근육계통
4. 신경계통
5. 순환계통
6. 소화기계통

피부미용 기기학

1. 피부미용기기 및 기구
2. 피부미용기기 사용법

화장품학

1. 화장품학개론
2. 화장품제조
3. 화장품의 종류와 기능

공중위생관리학

1. 공중보건학
2. 소독학
3. 공중위생관리법규
   (법, 시행령, 시행규칙)

※ 미용사(피부) 실기 출제기준

피부미용 위생관리

1. 피부미용 작업장위생 관리하기
2. 피부미용 비품위생 관리하기
3. 피부미용사 위생관리하기

얼굴관리

1. 얼굴 클렌징하기
2. 눈썹 정리하기
3. 얼굴 딥클렌징하기
4. 얼굴 매뉴얼테크닉하기
5. 영양물질 도포하기
6. 얼굴 팩·마스크하기
7. 마무리하기

신체 각 부위별 피부관리

1. 신체 각 부위별 클렌징하기
2. 신체 부위별 딥클렌징하기
3. 신체부위별 피부관리하기
4. 신체부위별 팩·마스크하기
5. 신체부위별 관리 마무리하기

피부미용 특수관리

1. 제모하기
2. 림프관리하기

PART

1

체형분석하기

학·습·목·표

- 고객의 현재 체형 상태를 파악할 수 있다.
- 선천적 체형과 잘못된 습관에 의해 만들어진 체형을 구분할 수 있다.
- 전신 부위별 문제점을 파악하고 부위별 체형에 대해 분류할 수 있다.
- 분석결과에 따라 전신관리 계획을 수립할 수 있다.

1 CHAPTER 해부학

1 해부학적 자세(Anatomical Position)

해부학적 자세란 인체면의 모든 방향과 위치의 기준이 되는 자세로 팔을 몸 옆에 붙이고 시선은 수평으로 정면을 바라보며 발가락과 손바닥은 앞쪽을 바라보고 몸을 똑바로 세운 자세로서 인체의 기본적인 자세이다.

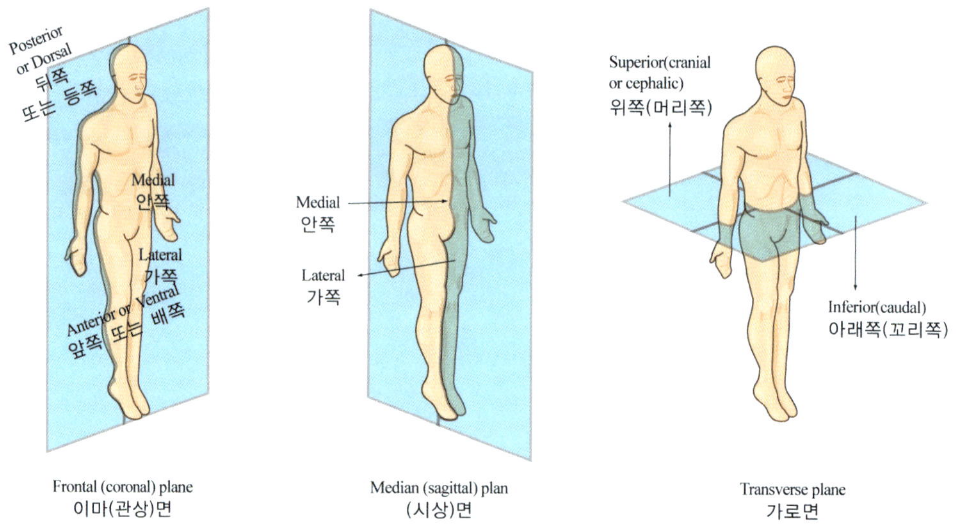

• 그림 1 • 인체의 면과 해부학적 방향

memo

기타 자세

① 직립 자세(erect position) : 서있는 자세
② 앙와위 자세(supine position) : 배와 가슴을 위로 하고 반듯이 누운 자세
③ 복와위 자세(prone position) : 배와 가슴을 아래로 향하고 누워있는 자세
④ 측와위 자세(laterally recumbent position) : 왼쪽 또는 오른쪽으로 향하고 누워있는 자세

1) 인체의 면(Planes of the Body)

① **이마면, 관상면**(frontal or coronal plane) : 인체의 몸통을 앞, 뒤로 갈라 구분
② **정중면, 시상면**(median or sagittal plane) : 인체의 몸통을 좌, 우로 갈라 구분
③ **가로면**(transverse plane) : 인체의 몸통을 위, 아래로 갈라 구분

2) 해부학적 방향(Anatomical Direction)

① **앞**(anterior) : 신체 앞쪽
② **뒤**(posterior) : 신체 뒤쪽
③ **위**(superior) : 구조의 위쪽
④ **아래**(inferior) : 구조의 아래쪽
⑤ **안, 내측**(medial) : 중심선과 가까워지는 방향
⑥ **가, 외측**(lateral) : 중심선과 멀어지는 방향
⑦ **몸쪽, 근위**(proximal) : 몸통과 가까운 방향
⑧ **먼쪽, 원위**(distal) : 몸통에서 멀어짐
⑨ **얕은**(superficial) : 신체 표면
⑩ **깊은**(deep) : 신체 깊은 면

2 골격계(Skeletal Anatomy)

1) 뼈의 구조

유아기 때 약 350여 개의 뼈로 이루어졌지만 봉합, 퇴화를 거쳐 성년이 되면서 206개로 줄어든다. 이 뼈들은 서로 연결되어 하나의 계통(System)을 이루고 있어 골격계라고 한다. 일반적으로 각각을 뼈(Bone)라고 한다. 그 골들이 모여 기능적 단위를 형성하고 있는 형태를 골격(Skeleton)이라고 한다. 골격은 체중의 20% 정도 차지하고 뼈(Bone), 연골(Cartilage), 관절(Joint) 및 인대(Ligament)를 총칭한다.

골격은 크게 주축골격(Axial Skeleton)과 부속골격(Appendicular Skeleton)으로 구분된다. 주축(Axial Skeleton)은 신체의 중심으로, 머리뼈(Crantal Bones), 척추(Vertebrae), 흉곽(Thorax)이 있으며, 80개의 뼈로 구성되어 있다. 부속골격(Appendicular Skeleton)는 신체의 사지를 구성하며, 상지대(Shoulder Girdle), 상지(Upper Extremity), 골반대(Pelvic Girdle) 그리고 하지(Lower Extremity)로 구성되어 있으며 모두 126개의 뼈가 있다.

| 표 1 | 골격의 종류

골격	구분	뼈	개수
골격(성인) 206개	주축골격-80개 (Axial Skeleton)	머리뼈(Skull)	22개
		목뿔뼈(Hyoid Bone)	1개
		귓속뼈(Ear Ossicles)	6개
		등골뼈(Vertebral Column)	26개
		복장뼈(Sterum)	1개
		갈비뼈(Rib)	24개
	부속골격-126개 (Appendicular Skeleton)	상지뼈(Upper Limb)	64개
		하지뼈(Lower Limb)	62개

2) 뼈의 역할

유기질(대부분 콜라겐) 35%, 무기질(칼슘, 인) 45%, 물 20%로 구성되어 있다. 인체의 조직 중 가장 딱딱하므로 물의 함량이 가장 낮은 조직이다.

① **몸의 형태를 결정** : 뼈의 길이는 골단판(연골)의 분열과 증식에 의해 키의 성장을 좌우한다.

② **내부 기관을 보호** : 심장과 폐 등을 가슴뼈가 보호한다.

③ **운동의 역할** : 근육과 부착되어 지렛대 역할을 하며, 근육의 수축이완을 도와 움직임을 가능하게 한다.

④ **저장 역할** : 칼슘, 인 등의 무기질을 저장하여 체내에 공급 역할을 한다.

⑤ **조혈 작용 :** 뼈 중심 부위의 빈 공간은 골수강(Marrow Cavity)이라 하는데, 이곳에는 골수(Bone Marrow)가 들어 있어 피를 만들어내는 조혈작용(Hemopoiesis)을 하고, 적혈구(Red Blood), 백혈구(White Blood Cell), 혈소판(Platelet)과 같은 혈액 세포를 생산한다.

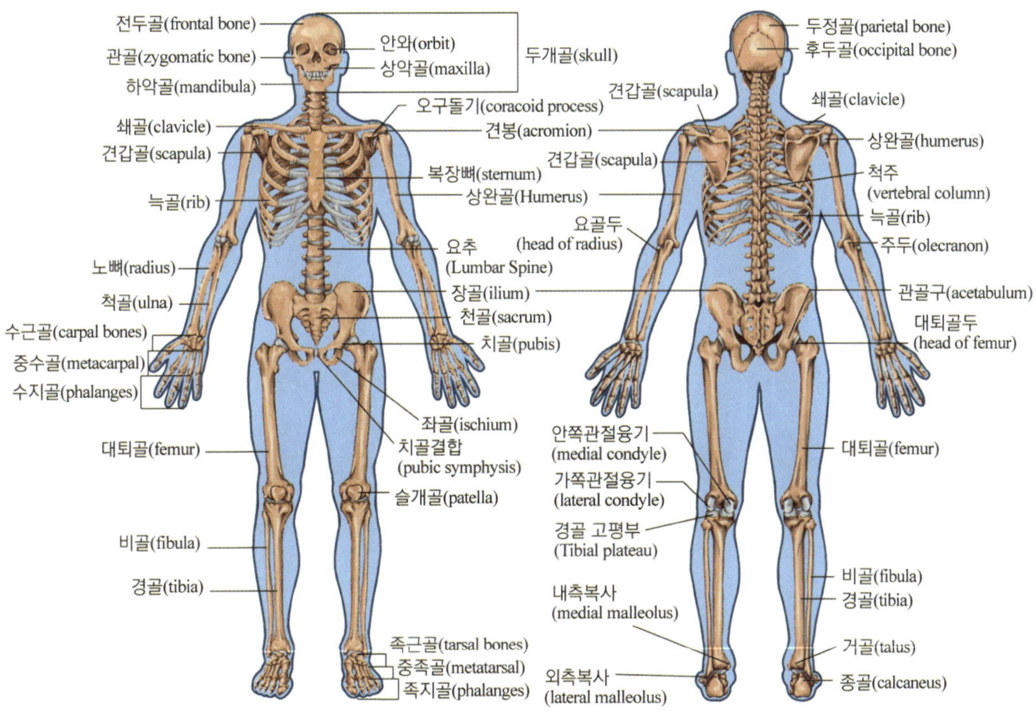

• 그림 2 • 골격 앞뒤면

3 근육계(Muscle System)

1) 골격근의 해부학(Anatomy of Skeletal Muscle Tissue)

인간의 움직임은 다양한 인간 부속 구조물의 상호작용과 판단에 따른 생각의 결과를 두뇌에서 내리게 되고, 그 지시를 하고 전달하게 하는 신경에 의해 움직임을 만드는 것이 근육이 된다. 근육은 기본적으로 뼈에 붙어 움직임을 만들어 내거나 장기의 모양으로 인체 생리적 부속물로 존재한다. 근육은 전체 체중의 40~50%를 차지하고 남성이 그 비율이 높으며 인체 내에 큰 부피를 차지한다.

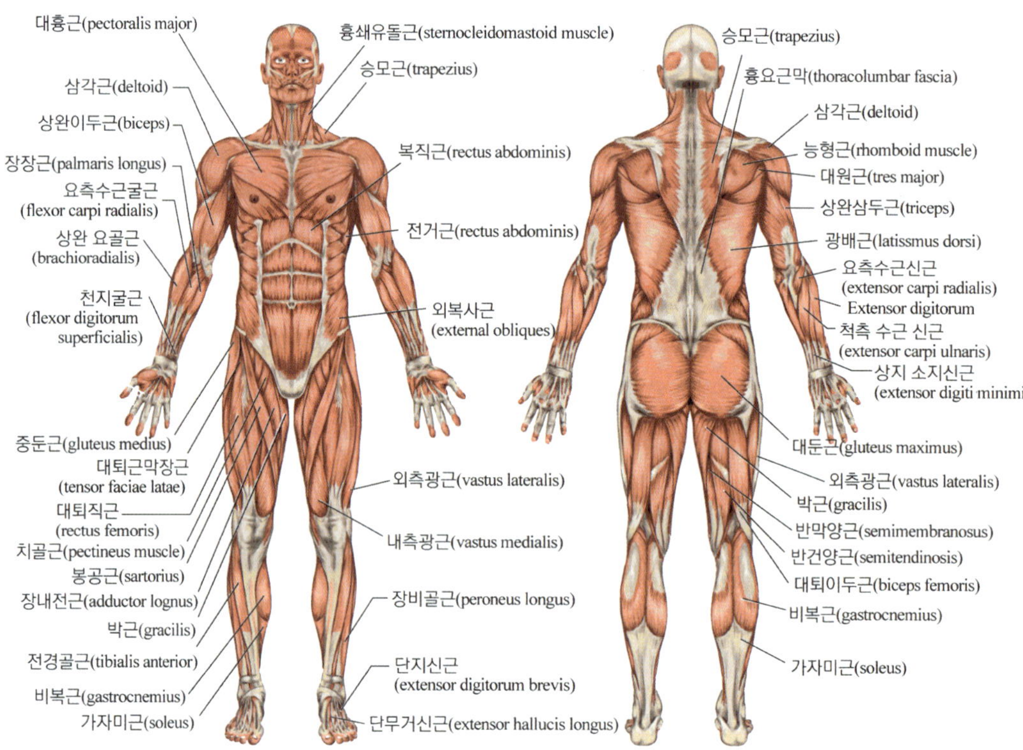

• 그림 3 • 인체 근육모식도

(1) 근육의 구성

근육의 최소 구성 단위인 근육섬유(Muscle Fiber)는 근육섬유막에 의해 둘러싸이고 이것들이 모인 섬유 다발은 다시 근육다발막(Perimysium)에 둘러싸여 하나의 속을 이루며, 속은 다시 다발을 형성해서 근육이 된다.

근육은 다시 주로 섬유성인 근육 바깥막(Epimysium)에 의해 둘러싸인다.

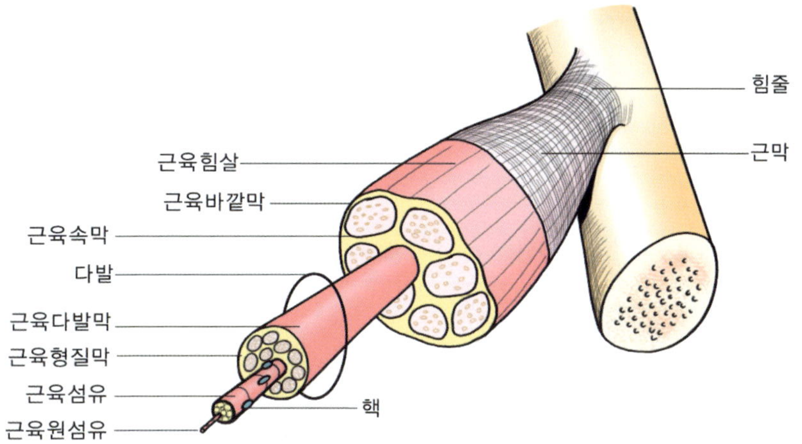

• 그림 4 • 근육의 구성

(2) 근육의 부속기관

근육 바깥막에 큰 혈관과 신경이 분포하고 모세혈관과 신경섬유 끝은 각각의 근섬유와 신경 경로를 따라 근육 섬유막 안에 싸여 있다. 그리고 근육섬유막은 근육에 연결된 힘줄부터 뼈까지 근육 전체를 감싸고 있다. 근육과 뼈는 힘줄(Tendon)로 연결되어 있으며, 힘줄 사이의 근육 부분은 근육힘살(Muscle Belly) 또는 근육배라고 한다.

(3) 근섬유의 구조

근육섬유는 가로무늬근형질막(Sarcolemma)으로 싸여 있고, 섬유 속 주위의 근육세포의 세포질에는 근육세포질(Sarcoplasm)이라고 불리는 젤라틴 물질로 채워져 있다. 근육섬유 내에서 중요한 구조는 여러 개의 핵과 특수한 수축성 단백질의 근육원섬유(Myofibrils)가 있다. 근육원섬유는 뼈대 근육조직에서 곧은 모양이며, 두 종류의 줄무늬인 잔섬유를 가지고 있다.

근육원섬유의 구성은 가는근육잔섬유(Thin Filaments)인 액틴(Actin)과 굵은 근육잔섬유(Thick Filaments)인 마이오신(Myosin)으로 서로 겹쳐져 있어 근육원섬유마디(Sarcomere)라고 불리는 근육섬유의 기능적 단위의 경계이다. 근육원섬유마디는 근수축을 만들어 근육원섬유마디를 짧게 만들기 때문에 근육섬유의 기능적 단위로 간주된다.

2) 근조직의 종류(Type of Muscle Tissue)

(1) 기능적 분류

① 수의근(Voluntary Muscle)

수의근은 내 마음대로 움직일 수 있는 근육의 분류 중 하나이며 자세 유지, 열 생산, 신체의 각종 움직임 기능을 한다.

- **자세유지** : 부분적인 근육을 계속 수축시킴으로써 서거나 앉거나 그 이외에 신체의 각종 자세와 운동의 모형을 형성할 수 있다.
- **열 생산** : 근세포들은 대사작용을 통해서 만들어진 에너지의 60%가 열에너지로 사용된다. 이는 체열생산의 큰 몫을 차지하고 있다.
- **신체의 운동** : 수의근은 움직임만 주는 것이 아니라 얼굴근육의 감정표현, 호흡운동을 일으킨다.

② 불수의근(Involuntary Muscle)

내맘대로 움직일 수 없는 근육으로, 인체의 대사작용에 맞추고, 항상성을 유지하기 위한 과정을 돕는 근육이다.

- **물질의 촉진** : 내장기 근육들은 그 기관 속의 물질을 이동시킨다. 소화관 내의 음식물이 내장근의 수축에 의해 앞으로 촉진되며, 혈관 내의 혈액이 흐르는 일 등에서 볼 수 있다.
- **물질의 배출** : 신장이나 방광의 배뇨, 직장에서 배변활동 등 물질을 배출한다.
- **입구 크기의 조절** : 눈의 동공 조절, 항문의 조임근에서처럼 필요에 따라 출입구의 크기를 조절해서 물질의 출입에 적합하도록 한다.

(2) 조직적 분류

일반적인 세포는 둥근 형태이나 근세포는 긴 구조로 원형질 안에 많은 원섬유를 포함하고 있어 이를 근섬유라고 한다. 이 근섬유는 신경자극에 반응할 수 있는 특수한 성질을 지닌 구조물이다. 그 구조와 섬유 배열에 따라 골격근(Skeletal Muscle), 심장근(Cardiac Muscle), 내장근(Visceral Muscle) 등으로 분류된다.

① **민무늬근**(Smooth Muscle)

민무늬근은 심장을 제외한 체내 모든 장기의 벽을 형성하고 있는 근육이다. 따라서 내장근이라고도 한다. 뼈대근육과 달리 근섬유에 가로줄무늬가 없다. 민무늬근은 자율신경의 지배를 받는 불수의근(Involuntary Muscle)으로서 뇌 안에 있는 내장운동중추(Visceral Motor Center)의 지배하에 있다. 대부분 소화내장기뿐만 아니라 대부분의 장기벽으로 일부의 조임근(Sphincter Muscle)을 포함하며 수축과 이완의 연동운동(Peristaltic Movement)을 한다.

민무늬근은 골격근보다 오래 수축할 수 있는 능력을 가지고 있어 최상의 상태를 유지하는데 중요한 역할을 한다. 이는 유연성이 뛰어나 음식물이 증가 시 원래 크기보다 많이 팽창되며, 음식물이 없을 때는 축소시키는 기능을 한다. 혈관 또한 민무늬근육으로 이루어져 있어 자율신경의 영향을 받을 시 다양한 변화를 받아들인다.

② **심장근**(Cardiac Muscle)

심장의 벽에서만 볼 수 있는 근육으로서 그 구조나 성질이 골격근과 내장근의 중간쯤이라고 볼 수 있다. 형태상 골격근과 같은 가로무늬근이나 선명하지는 않다. 민무늬근육과 같이 자율신경 지배를 받는 불수의근이다. 심장근은 수축 이완이 평생에 걸쳐 진행되며 이 수축은 분당 75회 정도이다.

③ **골격근**(Skeletal Muscle)

골격근은 체중의 반을 차지하고 있으며 인체 내에는 골격근 수가 약 200쌍이다. 이 중 실제 신체운동과 자세에 관여하는 근육은 75쌍 정도이며 나머지는 안면표정, 발성, 연하작용 등의 역할을 한다. 골격근은 자율신경이 아닌 중추신경의 영향을 받는 수의근으로, 뇌의 지시에 따른 운동성을 가진다. 때로는 위험에 대비해 반사적 수축이 일어나기도 하고, 동작 반복이나 특수 훈련을 받으면 의식 없이도 움직일 수 있다.

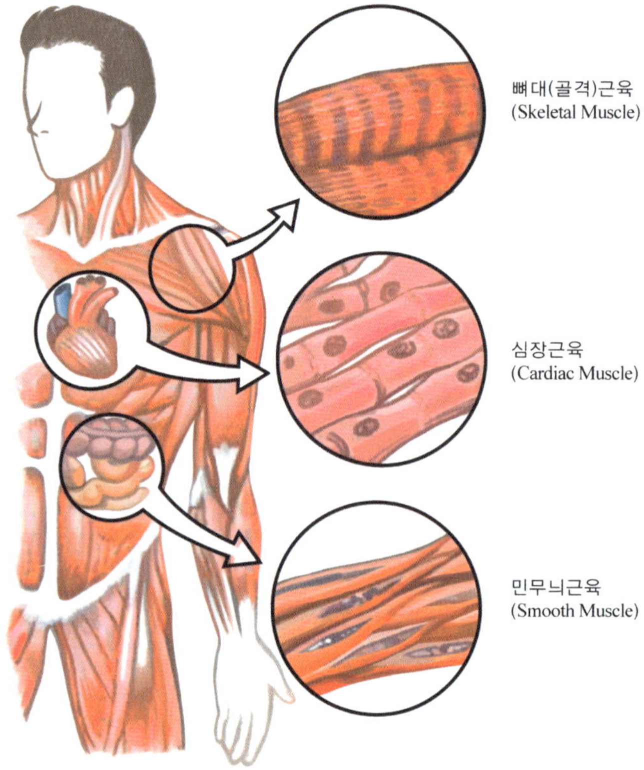

• 그림 5 • 근육의 조직적 분류

memo

CHAPTER 2

체형과 비만

1 체형(Body Type)

체형은 1940년 미국의 심리학자 윌리엄 허버트 셸던이 배아의 배엽(내배엽, 중배엽, 외배엽)에서 용어를 가져와 인간의 체형을 내배엽형(Endomorph), 중배엽형(Mesomorph), 외배엽형(Ectomorph)으로 분류하였다. 개개인이 한 가지 이상의 특성을 가질 수 있지만, 대부분의 사람들은 체격에 따라 다음 세 가지 범주 중 하나에 속할 수 있습니다.

1) 내배엽형(Endomorph)

내배엽형은 둥글고 지방이 많은 통통하고 작은 손발과 짧은 팔다리를 가진 체형이다. 대부분이 유전적이며, 쉽게 살이 찌는 체중 조절에 문제가 있는 경우가 많다.

2) 중배엽형(Mesomorph)

중배엽형은 근육질이고 잘 발달된 어깨와 날씬한 소년 같은 엉덩이가 특징을 가진 체형이다. 타고난 체격을 가지고 있어 살이 쉽게 찌기도 하고 쉽게 빠지기도 한다. 운동능력이 뛰어난 육상 선수나 축구 선수가 중배엽형 체형을 가지고 있다.

3) 외배엽형(Ectomorph)

외배엽형은 길고 가는 체격에 구부정한 자세와 저체중을 가진 마른 체형이다. 낮은 에너지 레벨과 관련이 있어 살이 찌기 어렵다. 발레리나, 마라토너 등이 외배엽형 체형을 가지고 있다.

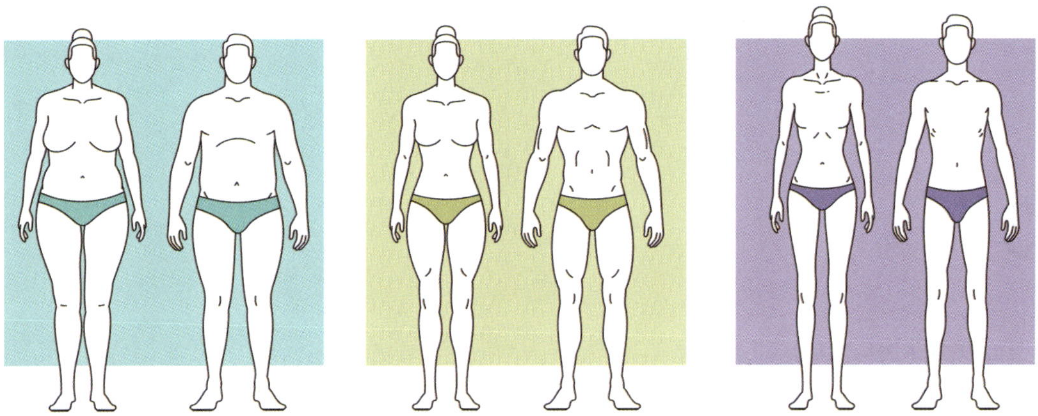

• 그림 6 • 체형(Body Type)

2 비만(Obesity)

체형의 변화로 피부관리사에게 찾아오는 고객의 대부분은 비만고객이다. 비만은 체지방의 양이 정상치보다 많은 상태를 말한다. 이를 치료가 필요한 질병으로 보는 경향이 나타나고 있다. 왜냐하면 외모상의 문제뿐만 아니라 당뇨, 호흡곤란, 저산소증, 지방간, 간기능 이상, 담석증, 고혈압, 심장질환, 신장질환, 피부질환, 관절의 압박과 불임의 원인, 사망률 증가의 결정적 요소가 되기 때문이다.

비만은 선천적으로 유전일 경우와 후천적으로 식습관이 불균형할 경우 초래된다. 섭취량의 증가와 운동량의 감소를 통해 체내소비열량이 감소하게 되고, 체지방은 과다하게 축적이 된다. 이는 지방 세포의 크기가 비대해지고 지방세포수가 증가하게 된다.

| 표 2 | 체중 과다 기준

분류	체지방	
	남	여
정상	15~18%	20~25%
경계	19~25%	26~30%
비만	25% 〈	30% 〈

3 지방(Fat)

1) 피하지방(Subcutaneous Fat)

일반적으로 살이 쪘다고 할 때 언급하는 것이 피하지방이다. 피하지방은 지방세포로 구성된 단위인 지방세포소엽과 신경과 혈관 및 림프관 등을 포함하는 섬유성 중격으로 구성되어 진피층과 긴밀한 관계로 연관된다. 이는 열손실을 방지하고 충격을 흡수하여 몸을 보호하는 역할과 더불어 영양저장소로서의 기능을 가진다.

2) 내장지방(Intra abdominal Fat)

복부 내 장기에 존재하는 지방으로 피하지방과는 달리 여성보다 남성에서 내장지방의 비율이 높은 편이다. 내장지방이 많으면 대사질환(당뇨병, 고혈압, 심혈관계 질환 등)에 걸릴 위험이 증가한다. 피하지방은 인체의 중심으로부터 멀리 떨어져 있어서 미세혈관에 의해 산소가 전달되는 데 비해, 내장지방은 비교적 큰 혈관과 연결되어 있어 지방의 유동성이 높다.

4 셀룰라이트(Cellulite)

셀룰라이트는 단순 지방이나 군살이 아니며 주로 아랫배, 엉덩이, 허벅지, 팔, 등 신체 피부의 가장 바깥 부분에 함유되어 있는 물질로, 피부 표면에 오렌지 껍질 모양으로 울퉁불퉁한 둥근 덩어리의 지방과 체내의 노폐물이 혼합된 스폰지 같은 형태로 나타난다. 셀룰라이트는 다음과 같은 특징을 가진다.

- 꼬집었을 때 통증이 심하다.
- 셀룰라이트는 운동으로도 결코 감소되지 않는다.
- 날씬한 사람이나 어린이, 노인에 상관없이 나타난다.

1) 셀룰라이트 원인

편식이나 동물성 지방, 당분 등을 과잉 섭취했을 경우, 임신기간 중, 피임약 복용 중, 폐경 무렵, 사춘기 등 여성 호르몬이 불균형하게 될 때 체액의 적체 때문에 생길 수 있다. 남성과는 다른 여성의 피하지방 조직 구조가 원인이 될 수 있다. 혈액과 림프 순환이 원활하지 못하면 발생되며 꽉 끼는 옷이나 하이힐을 많이 신을 경우 나타날 수 있다.

2) 셀룰라이트와 피하지방의 차이

| 표 3 | 셀룰라이트와 피하지방의 차이

구분	셀룰라이트	피하지방
정의	지방과 노폐물, 물이 혼합된 결정 형태의 지방	단순 지방의 축적으로 지방세포가 많은 지방
생성 부위	셀룰라이트는 주로 아랫배, 엉덩이, 허벅지, 무릎 안쪽 팔의 윗부분 등 큰 림프절에 가까운 쪽에 생성	신체 일부 및 전반적으로 나타남
피부 상태	오렌지 껍질 같이 울퉁불퉁	매끄러움
발생 시기	호르몬 변화 시(사춘기, 임신, 폐경, 피임약 복용)	특정 발생시기 없이 언제나 가능
발생 원인	여성 호르몬 과잉 분비, 물리적 자극, 혈액순환계 압박 및 섬유조직 경직	지방질의 과잉 섭취 및 리파아제 활동 미비 시
감각	말초신경의 압력을 주어 통증이 있음, 차가움	통증 없음

3) 셀룰라이트의 특징

- 셀룰라이트 부위는 탄력이 없고 피부의 온도가 다른 부위보다 현저히 낮다.
- 셀룰라이트 부위는 부종과 튼살이 발생하는 부위와 대체로 일치한다.
- 피하지방조직에서의 콜라겐 섬유의 구조가 살이 찌면 늘어난 볼륨에 의해 살이 위로 밀고 올라올 때 콜라겐 섬유가 배열되지 않은 부위로 볼록하게 솟게 되며, 이것이 피부 표면을 오렌지 껍질처럼 보이게 한다.
- 주로 대퇴부, 둔부, 복부, 허리, 무릎, 팔 안쪽 등에 주로 형성한다.
- 늘어난 지방세포가 경화된 결정들에 의해 모세혈관이나 모세림프관이 눌려 혈액, 림프 및 조직액 순환에 정체를 초래하여 수분이나 영양공급, 조직 내에서 노폐물을 운반, 독소를 배출하는 작용에 방해를 받게 된다.
- 조직액의 순환 정체를 초래하여 노폐물 배출 및 독소 배출을 방해한다.

4) 셀룰라이트의 종류

① 압축형 셀룰라이트

단단한 셀룰라이트로 통증에 예민하게 느끼며, 젊은층이나 근육질의 마른 체형에서 나타나는 증상이다. 주로 허벅지, 둔부, 무릎에 발생하여 튼살을 동반한다.

② 부종형 셀룰라이트

압축형 셀룰라이트이다. 덜 단단한 형태로 하체의 정맥이나 림프순환 장애가 동반되는 순환장애로 쉽게 다리가 붓고 무거운 느낌을 주며, 전체적으로 몸의 형태가 부어 보이는 형태이다.

③ 연성 셀룰라이트

스폰지처럼 매우 무른 형태로 허벅지 안쪽이나 팔 안쪽을 손가락으로 집었을 때 별 통증이 없다. 탄력이 없는 처진 피부결을 가지며 허벅지 안쪽이나 팔 안쪽에서 주로 발견된다. 압축형 셀룰라이트를 관리하지 않고 오래 방치한 경우 또는 비만관리를 위해 실시한 부적절한 식단에 의해 초래될 수 있다.

④ 섬유질 셀룰라이트

영양물질 부족 시 나타나는 현상으로 만졌을 때 매우 딱딱하고 가장 악화된 장애이다. 모세혈관에서부터 영양공급이 원활하지 못하면 피부도 거칠고 건조해진다.

⑤ **섬유부종형 셀룰라이트**

지방세포 주변의 바탕질(matrix)에 만성 염증이 생겨 피하지방층의 결합섬유들이 딱딱해지면서 섬유화가 진행되어 나타나는 상태이다. 영양물질 공급 부족, 모세림프와 모세혈관의 순환의 장애가 초래된다. 중년층 이후에서 많이 볼 수 있다.

5) 셀룰라이트 발전 단계

① **정상상태**

혈관을 둘러싼 지방세포가 정상을 유지하는 상태

② **1단계 : 정맥 울혈**

지방세포가 비만해지고 형태가 바뀌고 수분과 지방이 뭉쳐져 세포 외 조직의 울혈과 지방세포의 분리가 일어난다. 그로 인해 혈관벽(정맥)이 눌리고 좁아져 혈액순환 및 림프 순환 장애가 시작된다.

③ **2단계 : 지방세포의 변형**

지방세포의 비대화와 섬유질이 이동하여 촘촘한 셀룰라이트 지방세포가 더욱 커지고 비만해진다. 혈관벽이 더욱 좁아져 혈액 및 림프 순환에 장애가 생겨 노폐물이 세포 외 조직에 쌓여 콜라겐 섬유질이 혈관과 각각의 지방세포에 응집된다.

④ **3단계 : 소결절 형성**

물렁물렁한 셀룰라이트 단계로 부종으로 더욱 비만해지고 섬유질이 밖에 들러붙어 하나의 단단한 덩어리인 소결절이 형성된다. 지방세포는 외부와의 교통이 차단되고 정맥이나 림프를 통한 배출이 차단된다.

⑤ **4단계 : 대결절 형성**

차가운 셀룰라이트로 작은 소결절이 섬유질에 둘러싸여 대결절이 형성된다. 대결절이 형성되면 진피층으로 밀려 올라와 오렌지 피부처럼 울퉁불퉁하고 만지면 차갑고 아프다.

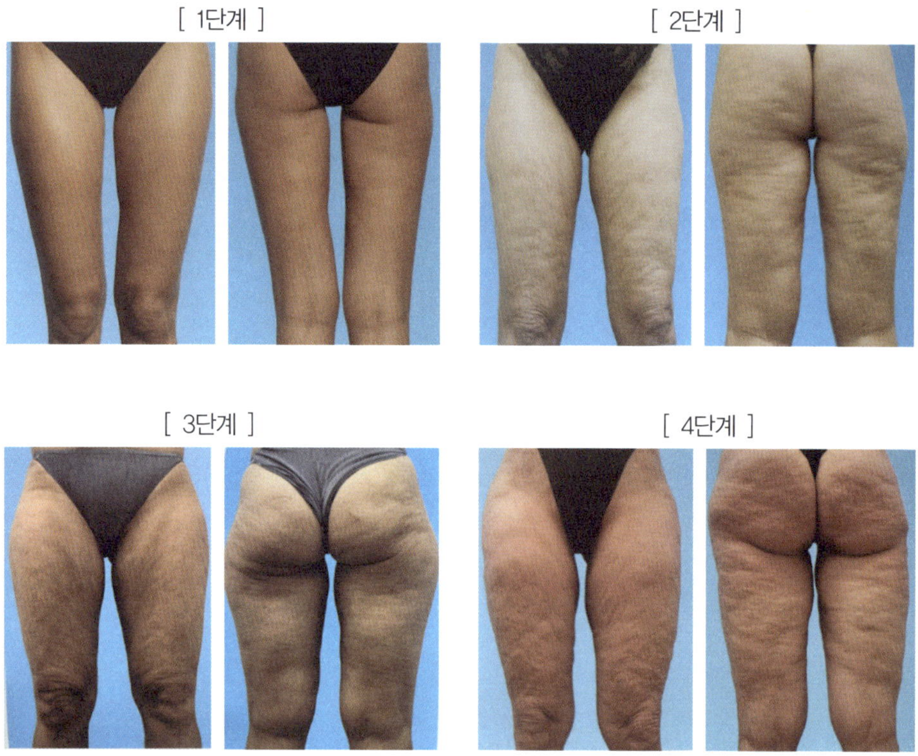

• 그림 7 • 셀룰라이트 발전 단계

6) 셀룰라이트 관리방법

- 음식조절(영양)
- 체내의 노폐물 제거
- 림프마사지
- 온열요법
- 충분한 미네랄 공급
- 해초요법
- 엔더몰로지, 중 · 저주파, 고주파, 초음파 기기 관리

5 비만의 분류

1) 지방조직 형태에 따른 분류

① 지방세포 증식형 비만(Hypercellular Obesity)

지방세포 수의 증가가 비만의 주원인으로 정상보다 3~5배 증가된 경우로 대부분 소아 비만과 정상 체중의 175% 이상의 고도 비만의 성인에게서 나타난다. 체중 감량 시에도 증식한 지방세포의 수는 줄어들지 않으므로 예방이 중요하다.

② 지방세포 비대형 비만(Hypertrophic Obesity)

지방세포가 비대해지는 경우로 대부분 성인비만에 해당한다. 고도 비만의 성인에게서는 지방세포 증식과 비대가 동시에 발현된다.

| 표 4 | 비만인의 체중 감소에 따른 지방조직 세포상태의 변화

체중	149kg	103kg	75kg
지방세포의 크기	0.9mg/세포	0.6mg/세포	0.2mg/세포
지방세포수	750억	750억	750억

2) 지방조직 분포에 따른 분류

① 상체비만(Apple Type, 남성형 비만)

체지방이 상체에 집중되어 분포되어 있고 특히 복부에 집중적으로 축적된 복부 비만의 형태로 당뇨병이나 심장순환계질환의 발현율이 높다. 상체 비만도에 따라 피하지방형과 내장지방형으로 분류한다.

- 남성 : 엉덩이에 대한 허리둘레의 비가 0.95 이상
- 여성 : 엉덩이에 대한 허리둘레의 비가 0.85 이상

② **하체비만**(Pear Type, 여성형 비만)

체지방이 주로 엉덩이 및 대퇴부에 집중적으로 축적되어 있으며, 여성에게서 많이 나타나고 엉덩이에 대한 허리둘레의 비율이 0.75 이하이면 하체 비만에 속한다.

• 그림 8 • 상체 비만과 하체 비만

3) 지방체 내 저장 분포 형태에 따른 분류

① **내장지방형**

복부, 특히 복강 내 장기 주변에 지방의 과잉 축적된 경우로 당뇨병이나 고지혈증, 고혈압과 같은 심장순환계질환 등 성인병을 초래할 수 있다. 복부 전산화단층촬영(CT)에서 내장지방과 피하지방의 면적비가 0.4 이상일 경우를 내장지방형이라고 한다.

② **피하지방형**

복벽에 피하지방으로 저장하는 경우를 말하며, 복부 전산화단층 촬영(CT)에서 내장지방과 피하지방의 면적비가 0.4 미만일 경우를 피하지방형이라고 한다.

6 비만의 원인

1) 내인적 요인

(1) 대사성 비만

지방조직 자체의 선천적 또는 후천적 대사 이상에 의해 야기되는 비만을 말한다. 임상적으로는 병적증상의 수반 여부에 따라 단순 비만(원발성 비만)과 증후성 비만(이차성 비만)으로 분류한다.

① 단순성 비만

단순성 비만은 특정한 기초 질환과 관계없이 일어나는 비만이다. 신체가 필요로 하는 에너지보다 많이 섭취하거나 섭취한 에너지를 소비하지 못하는 운동 부족에 기인하여 에너지의 불균형으로 체내에 지방조직이 과잉으로 축적되어 나타난다.

② 증후성 비만

증후성 비만은 신체에 비만을 초래하는 확실한 원인이 있으며, 병에 의하여 비만이 나타나는 경우를 말한다. 중추성 비만, 내분비성 비만, 유전성 비만으로 분류할 수 있다.

- **중추성 비만** : 뇌에 식욕을 조절하는 부분(시상하부)의 장애가 있어 식욕을 증진시키는 중추가 과잉 작용을 하거나 포만을 느끼는 중추가 작용하지 않아서 비만이 된다. 뇌종양, 뇌외상, 염증(뇌염 등)의 후유증으로 나타나는 비만이다.
- **내분비성 비만** : 부신피질, 갑상샘, 생식선 등에서 분비되는 호르몬의 과잉 또는 부족으로 인하여 나타나는 비만이다.
- **유전성 비만** : 유전성 비만의 유전 기전에 대해서는 정확히 밝혀지지 않았지만, 프래더 윌리 증후군과 같은 비만의 원인이 되는 유전인자에 의해 나타나는 비만이다. 위 세포에서 생성되는 호르몬 기능을 하는 그렐린(ghrelin)은 뇌의 시상하부에서 식욕과 식품섭취를 촉진하도록 신호를 보내어 에너지 균형을 조절한다. 이와 반대 작용을 하는 지방세포에서 생성되는 호르몬 기능을 하는 렙틴은 뇌하수체를 통해 식욕을 억제하고, 에너지 소비를 증가시켜 체지방 감량을 초래하는

데 렙틴 생성이 억제되면 식욕이 증진되어 에너지 소비가 감소하여 비만을 초래한다.

(2) 조절성 비만(중추신경계 이상 및 내분비 요인)

① 중추신경계 이상 요인

식욕 조절 중추가 존재하는 뇌의 시상하부 질환으로 섭식 장애가 비만의 원인인 경우로서, 시상하부의 손상이나 종양, 감염, 외상이 생기면 식욕 조절 이상으로 과식을 초래하게 된다.

② 내분비 요인

뇌하수체나 부신 피질의 종양, 갑상샘과 뇌하수체 호르몬 등 내분비선의 기능장애로 비만이 형성될 수 있다. 스테로이드 호르몬제의 장기 복용으로 인한 쿠싱증후군이 나타나며, 성장호르몬의 결핍이나 갑상샘 기능 저하증, 여성들의 성호르몬 분비 변화에 의한 문제가 나타난다.

③ 유전적 요인

유전은 체질적인 형태의 비만에 영향을 미치며, 체질적인 형태는 부모로부터 자녀에게 유전되는 골격구조와 근육의 형성, 체지방의 형성, 내분비계 조절 등이 비만의 유전적 요인으로 작용한다. 또한 가족력(유전)과 함께 가족 구성 간에 공유하는 환경, 생활 습관, 식사 유형 등에 의한 비만을 말하며 체내의 열량소 대사에 있어서 에너지 소비가 잘 되지 않고 갈색 지방 조직에서 열을 발생시키는 능력이 저하되어 섭취한 에너지가 체지방으로 저장된다. 부모가 비만일 때 자녀의 비만 확률은 다음과 같다.

- 부모가 모두 비만일 경우 : 70~80%
- 한쪽 부모만 비만일 경우 : 40%
- 어머니만 비만일 경우 : 60%
- 부모가 모두 비만이 아닌 경우 : 10%

2) 외인적 요인

(1) 식이적 요인

섭취에너지에 비해 소비에너지가 적어서 체지방이 축적된 단순성 비만인 식이성 비만을 말한다.

예) 과식형, 폭식형, 야식형, 간식형, 편식형, 가공식 과식형, 음주과식형, 과일과식형, 육류과식형, 소맥분가공식 과식형

(2) 생활습관적 요인

움직임을 싫어하고 근면하지 못한 생활습관에서 초래되며, 문명의 발달로 인해 열량을 소비할 기회가 적다. TV나 컴퓨터의 발달로 여가시간의 활동량이 줄어들고 특별한 목적없이 소모되는 여가시간을 고지방, 가공식의 음식 섭취로 소비하게 된다.

(3) 심리적 요인

단순한 과식이 아닌 심리적인 과식의 요인으로 인한 것으로 잠재의식 속에 자리 잡고 있는 갈등, 열등감, 강박증, 애정 결핍, 소외감, 압박감 등에 의한 것일 수 있다. 스트레스를 받게 되면 시상하부의 섭취중추를 자극해서 포만중추를 억제시키므로 음식물을 많이 섭취하게 된다.

대표적인 심리적 요인으로 비만 아동과 어머니의 특징을 보면 자녀들의 행동에 대한 보상이나 애정표현을 주로 음식으로 해결 또는 모든 것을 음식과 결부시키려는 경향이 있다.

7 비만관리를 위한 기본 지침

비만관리의 기본적인 관리 지침은 식사관리, 운동관리, 행동관리가 있으며, 부가적인 치료 방법으로서 의사 권고 사항에 따른 약물 치료가 있다.

1) 에너지 섭취감소 및 영양소의 적정비율 섭취

당질 55~60%, 지방 15~20%, 단백질 20~25% 비율로 영양소 조절을 하는 것이 바람직하다. 일반적으로 총에너지의 25~30% 수준의 고단백질 섭취가 필요하며, 저열량식 에너지 섭취율 500~1,000kcal 정도 감량하고, 저탄수화물식의 총에너지의 40~45 수준으로 탄수화물 섭취를 제한해야 한다.

2) 식이섬유의 섭취

① 수분을 흡수해서 팽창하기 때문에 장의 연동운동을 활발히 한다.
② 장 안에서 유해성분을 흡착하여 변의 용적을 증가시키기 때문에 변비를 억제할 수 있다.
③ 흡수성과 점도가 강하므로 당지방의 흡수를 지연시켜 혈당 상승을 억제한다.
④ 열량이 없으면서 팽창하기 때문에 포만감을 준다.
⑤ 위와 십이지장 점막을 보호하고 위궤양을 예방한다.
⑥ 장 안에서 생성된 유해물질 및 유해세균을 분해하여 배설하므로 유해물질에 의한 장의 문제들을 개선할 수 있다.
⑦ 식이섬유가 함유된 식품군으로는 콩, 과일, 감자, 고구마, 곤약, 땅콩, 버섯 및 채소류 등이 있다.

3) 저인슐린 분비 유도 식사(Low GI diet)

① 원리

식사 전의 공복 혈당과 식사 후의 혈당이 저인슐린 분비 유도 식사 습관과 관련이 있다. 식사 후 혈당이 상승하면 췌장에서 인슐린이 분비되어 간과 근육으로 포도당을 운반하여 혈당치를 낮추고, 여분의 에너지는 지방의 형태로 저장한다. 혈당치를 급격하게 상승시키는 식품군들을 섭취하면 인슐린 분비가 증가되고 여분의 에너지가 지방으로 축적되기 쉽다. 혈당치를 서서히 증가시키는 GI(Glycemic Index) 수치가 낮은 음식을 섭취해야 혈당이 서서히 상승하여 체지방의 축적이 덜 일어난다. 혈당을 천천히 상승시키는 식품(GI 수치가 60 이하)이나 인슐린 분비를 적게 하는 식품으로 식단을 계획하여 식단조절을 한다. GI 수치가 낮은 식품군은 육류(조리방법에 따라 다름), 어패류, 두유, 콩, 견과류, 유제품, 달걀류, 해조류 등이 있다.

② 혈당지수(Glycemic Index, GI)

어떤 식품이 어떤 속도로 혈액에 포도당을 제공하며 인슐린 분비를 얼마나 요구하는지를 측정하는 방법이다. 포도당을 섭취했을 때 상승하는 혈당치를 100으로 기준하여 다른 식품을 섭취했을 때의 혈당치 상승률을 계산한 것이 GI값이다. 인슐린 요구도가 높은 에너지를 과잉 섭취하지 않고 세포에 포도당을 일정한 속도로 공급하도록 하는 식품군으로 식단을 계획하는 것이 중요하다.

4) 운동관리

운동은 운동의 종류, 운동 강도, 운동 시간에 따라 체지방 감소가 개인차가 있다. 운동 초기에는 반드시 체중의 감소로 이어지는 것은 아니다. 운동은 혈장 인슐린과 중성지방을 감소시키며, 인슐린에 대한 조직의 민감도를 높여 인슐린 저항을 개선하고, 비만에서 오는 합병증을 예방할 수 있다.

체중 감량을 위해 유산소 운동은 최소 주당 150분 이상, 주당 3~5회 실시하고, 근력운동은 주 2~3회 실시하는 것을 권고하고 있다. 체중 감량에 있어서 유산소 운동과 근력운동을 병행하는 관리가 단일 운동관리 방법에 비해 효과적으로 체중 감량을 할 수 있다. 전문가의 도움을 받아 자신의 체중과 기호에 맞는 운동의 종류를 선택하여 지속적인 관리를 통하여 개선될 수 있다.

5) 행동 수정

행동 수정은 생활습관과 식습관을 변화시켜 개선해 나가는 것이다. 행동 수정을 기반으로 한 음식 섭취 감소, 활동량 증가 등의 포괄적인 생활습관을 개선하는 것이 중요하다. 체중감량 및 유지를 위하여 대면 행동수정관리를 6개월에서 1년 이상을 시행하는 것이 바람직하다. 행동 수정관리에 있어서 음주, 흡연 등의 습관을 교정하는 관리 방법도 고려해야 한다.

① 생활습관 개선

체중 감소를 위해 자기관찰을 통하여 문제 행동을 개선해 나가는 것이다. 정상 체중을 유지하기 위하여 아침과 저녁으로 자주 체중을 재거나, 이동 시 계단을 이동하는 등의 신체활동을 늘리는 방법, 식욕을 야기하는 스트레스를 해소하는 방법, 좋아하는 음식에 대한 식욕 자극 조절 방법 등을 통하여 생활습관을 개선함으로써 행동 수정을 하는 것이 필요하다.

② 식습관 개선

행동 수정을 시행하기 위해서는 영양 교육을 통하여 개인의 식사 시간, 식사 장소, 식사 중 식사 태도, 식사와 관련된 행동, 식사 시의 감정상태, 식사 시에 배고픔의 정도, 식사 형태와 양 등을 기록하여 분석함으로써 행동을 변화시키는 것이 중요하다. 이와 함께 음식 섭취를 일으키는 자극, 인식, 환경 등에 관한 수정과 관리가 필요하다.

6) 약물 및 수술치료

약물 및 수술치료는 전문의의 처방과 권고사항에 따라 비만 치료제, 위소매절제술, 조절형위밴드술, 비만대사수술 등 안전성이 입증된 표준 처방과 술식 중에 환자 상태에 맞게 치료가 이루어진다. 약물 및 수술치료는 반드시 전문의와 상담하여 관리가 필요하다.

memo

3 CHAPTER

체형분석

1 체형 분석의 기본 이해

인간은 살아가면서 다양한 자세와 식습관 그리고 반복적인 동작 및 생애의 다양한 변화를 겪으며 인체의 밸런스가 무너지게 된다. 이는 근육 통증뿐만 아니라 장기의 기능 저하, 자세 불균형에 의한 외적 변화, 전체나 부분적 비만 체형으로의 변화 등 잘못된 습관에 의한 체형의 변화가 일어나게 된다. 또한 선천적이거나 유전적으로 불균형한 체형을 가지고 태어났을 수도 있다. 어떤 원인이 되었든 간에 현재 몸의 문제점을 분석하고 질적 향상을 도모하여 내·외적 아름다움과 삶의 질적 상승을 도모하는 것이 체형 분석의 기본이다.

2 체형 분석 방법

체형을 분석하는 것은 관리의 시간과 적절한 강도와 재료 및 전신관리 테크닉을 선정하고 고객의 상태에 따른 관리의 효과를 판단함으로써 고객이 효율적으로 체형을 관리하는데 도움이 되기 위해 필요하다. 그러므로 다양한 체형 분석법이 필요하다.

① **문진** : 선천적인 체형인지, 습관에 의한 체형의 변화인지를 구분하고 변화의 이유를 파악하기 위해 문진을 실시한다.

② **시진** : 전신 상하좌우의 변화를 눈으로 확인하여 어떤 근육의 문제가 생겼는지, 피부의 변화를 파악한다.

③ **촉진** : 비만의 원인이 부종, 셀룰라이트, 지방 등 어떤 요소에 의한 것인지를 파악한다.

④ **기기 판독법** : 부피 측정을 할 수 있으며 줄자, 체중계, 인바디를 이용하여 근육량과 지방, 두께, 길이의 정확한 측정을 통해 실제적인 기준치를 산출할 수 있다.

⑤ **비만평가지수** : BMI, 브로카지수 등 공식에 대입하여 계산하며 건강 위험도의 지표가 된다.

1) 문진(Case History)

고객이 가진 선천적 문제와 후천적 습관에 의한 문제를 구분하는 데는 과거와 현재의 상태를 청취하는 것이 매우 중요하다. 고객에 가진 체형 관리 방법에 따라 관리 방법이 다를 수 있기 때문이다.

유전에 의한 선천적 체형의 비대가 있다면 전신관리만으로는 한계가 있을 수 있다. 후천적 체형의 비대의 경우 습관을 고쳐 나가면서 진행할 수 있기 때문에 정확한 질문을 통해 체형 분석을 하면 시간을 단축시키고 관리의 효과를 효율적으로 증대시킬 수 있다. 하지만 체형 변화의 직업적, 환경적, 습관이 100% 개선되지 않는 한 관리의 유지가 좋지 않을 수 있다. 이러한 이유로 문진 상에서 고객의 체형 상태를 평가하여 앞으로 재발되지 않도록 하는 것을 예방하고 병력이 의심되는 경우는 필히 전문 의료기관을 통해 정확한 진단을 받도록 하는 것이 중요하다.

고객관리차트(Membership chart)의 문진 문항을 이용하면 분석 시에 더 효율적이다. 다음과 같이 고객 관리 차트와 고객 체형 상담 차트의 두 가지의 예시(예시 1, 2)로 진행할 수 있다.

예시 1

고객 관리 차트
(Membership chart)

성명 Name		성별	남 , 여 / Male , Female
주소 Address			
휴대전화 Mobile		집 전화 Telephone NO. Home	
생년월일 Date of birth	년 월 일		
직업 Work		E-mail	
결혼유무 Marital status	☐ Yes ☐ No		
방문경로 Visit Path	☐ 광고( ) ☐ 소개 ( ) ☐ 간판 ( )		

1. 오늘의 방문 목적은 무엇입니까?

☐ 혈액순환 ☐ 체형밸런스 ☐ 체형비만관리 ☐ 어깨결림관리
☐ 하체슬리밍 ☐ 상체슬리밍 ☐ 가슴탄력관리 ☐ 기타

2. 전신관리 마사지를 받아 본 적이 있습니까?

☐ 아로마테라피 ☐ 스웨디시마사지 ☐ 타이마사지 ☐ 경락마사지
☐ 림프마사지 ☐ 고주파마사지 ☐ 아니오 ☐ 기타

3. 이외의 다른 전신관리를 받아 본 적이 있습니까?

☐ 클렌징 ☐ 딥클렌징(스크럽) ☐ 스파입욕 ☐ 바디팩 ☐ 아니오

4. 편안한 관리를 위한 고객 선호도 체크

① 테크닉 압력 : ☐ 상 ☐ 중 ☐ 하
② 온 도 : ☐ 상 ☐ 중 ☐ 하

5. 기계관리 경험 : ☐ 있다 ☐ 없다
기계 사용시 : ☐ 좋았다 ☐ 보통 ☐ 좋지 않다

〈일반적인 건강〉

1. 건강상태에 대해 체크해 주십시오.

☐ 수술경험 ( ) ☐ 복용약물 (한약 포함)
☐ 위장 ☐ 간장 ☐ 신장 ☐ 당뇨병 ☐ 심장병 ☐ 혈압 (고 / 저)
☐ 켈로이드 ☐ 아토피 (습성 / 건성) ☐ 입주변 소수포

2. 3주 이내에 어떤 병에 걸린 적이 있나요?(예 : 기침, 감기 또는 신장, 감염 등)

☐ 예　　☐ 아니오

3. 생활습관

☐ 식사횟수 (일/　회)　☐ 물 섭취량 (일/　컵)　☐ 수면 (일/　시간)

☐ 배변(규칙 /불규칙 : 주/　회)

☐ 흡연　☐ 음주 (주/　회)　☐ 운동(주/　회)　☐ 스트레스 정도 (상 / 중 / 하)

4. 알러지 반응이 있습니까?

☐ 꽃가루　☐ 털　☐ 먼지　☐ 금속　☐ 온도차(열)　☐ 특정 향 (　　) ☐ 음 식 (　　)

☐ 화장품 (클렌징/토너/각질제거제/영양크림/에센스/아이크림/자외선차단제/색조제품/팩)

5. 가족들 중 특이 병력이 있나요?

☐ 비만　☐ 암　☐ 당뇨병　☐ 고혈압　☐ 기타

6. 최근 체중의 변화가 있나요?

☐ 예　　☐ 아니오

7. 의사에 의해 처방받은 다이어트 약품이 있나요?

☐ 예　　☐ 아니오

8. 생리 증후군이 있습니까?

☐ 생리전 증후군　☐ 생리통　☐ 생리불순

9. 피임약을 복용합니까?

☐ 예　　☐ 아니오

10. 임산부 입니까?

☐ 예, (　　)주입니다.　☐ 아니오　☐ 임신 계획이 있습니다.

11. 호르몬제를 복용하거나 주사하고 있습니까?

☐ 예　　☐ 아니오

12. 기타 주의 사항 및 요청 사항

예시 2

고객 체형 분석 차트
(Client Body Assessment Sheet)

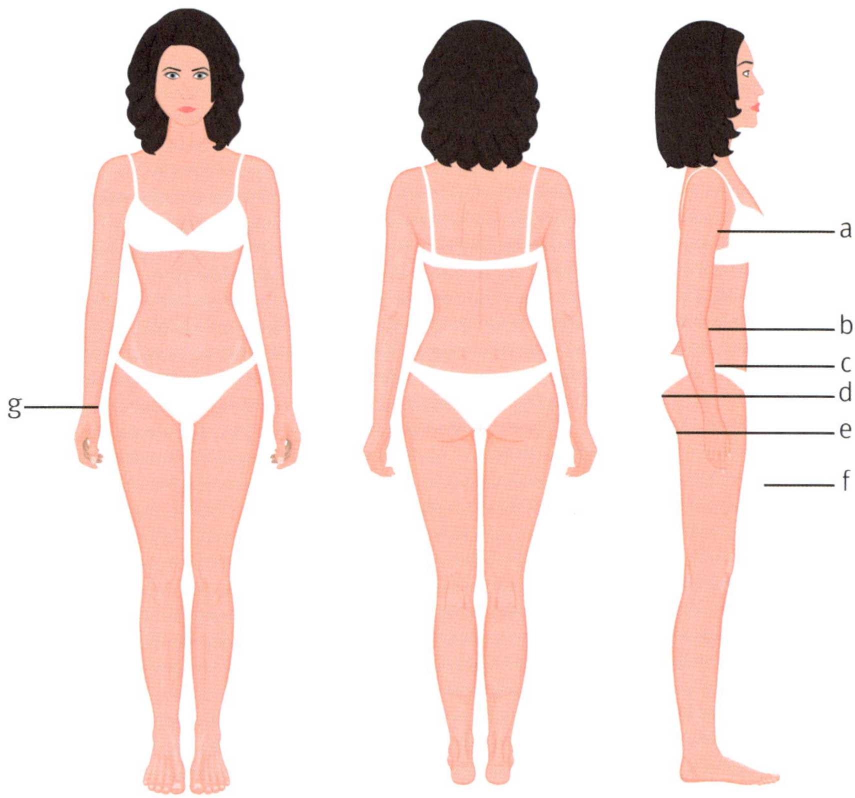

사이즈 측정	다음의 기호를 사용하여 체형 상태 표시
a – 가슴 b – 허리 c – 엉덩이 d – 둔부 e – 대퇴부 (오른쪽) f – 대퇴부 (왼쪽) g – 손목	• 지방 X X X X X X X X X X X • 셀룰라이트 //////////////////// • 약한 근육 긴장도 ############## • 튼살 SSSSSSSSSSSSSSSS
도해도 표시 • 자세 불균형 (↑ ↓) • 피부 장애 : 편평사마귀, 점, 팽창된 모세혈관, 상처, 하지정맥류 등을 포함한 피부장애	**관찰된 다른 증상이나 상태 표시** (기호를 만들어 표시할 것)

고객 체형 상담 차트
(Client Body Consultation Sheet)

고객명 :	날짜 : 20 . . . (회차)

고객 정보

고객명 :	연락처 :
생년월일 :	직업 :
총 임신 기간 및 자녀 수 :	

병력 사항 및 금기사항

☐ 심장 질환	☐ 철판 / 철심 / 철핀 (수술과정에서 삽입)			☐ 피부 질환
☐ 혈압 이상증	☐ 당뇨병	☐ 흡연	☐ 혈전증	☐ 뇌전증 (간질)
☐ 암	☐ 알러지	☐ 정맥류	☐ 다른 질환 (리스트)	

고객 생활 패턴 평가

☐ 식생활 패턴 :	☐ 운동 패턴 :
☐ 스트레스 정도 :	☐ 흡연 및 음주 :
☐ 사용 제품 :	☐ 바디 트리트먼트 경험 :

고객 체형 분석

키 :	몸무게 :	BMI

근육 긴장도 :	좋음	보통	약함	체형
대퇴부	☐	☐	☐	내배엽형 (endomorph)
복 부	☐	☐	☐	중배엽형 (mesomorph)
둔 부	☐	☐	☐	외배엽형 (extoporph)
근육의 압통 :	좋음	보통	뻣뻣함	
( )	☐	☐	☐	

관리 일자	관리 목적과 계획

자가 관리 조언 (홈케어)

자세 조언 :

식습관 조언 :

운동 조언 :

제품 추천 :

살롱 트리트먼트 제안 :

2) 시진(Inspection)

관리사가 고객을 문진한 후 문제의 원인을 파악하기 위해 관찰하는 것을 시진이라고 한다. 시진을 하는 목적은 전신의 상하좌우의 밸런스, 가시적인 변화 등에 대한 정보를 얻어내는 것이다. 시진은 서 있을 때, 걸어올 때 등을 통해서 고객의 상태를 알 수 있으나, 정확한 정보를 얻기 위해서는 서서 사진을 찍거나 관리사가 눈으로 밸런스에 맞지 않는 것을 파악하는 것이 가장 보편적인 방법이다.

신체의 정렬이 맞지 않는 자세를 취하게 된다면, 즉 근육들 사이에 불균형이 발생하면 골반을 비롯한 척추의 중립 위치 변형을 일으키므로 서로 상호 보상작용에 의해 견갑대, 턱관절의 이상이 초래되어 불균형적 몸매가 되어 버린다. 그리고 혈관과 신경의 흐름을 막게 되어 산소의 공급이 원활하게 되지 않아 세포까지 전달이 되지 않고 에너지화되지 않아 효율이 떨어지게 되어 비만이 더욱 가속화되고, 통증, 외모의 영양 전달 저하를 유발하게 된다.

다음과 같은 인체 밸런스의 기준이 만족되어야 한다.

| 표 5 | 인체 밸런스 측정

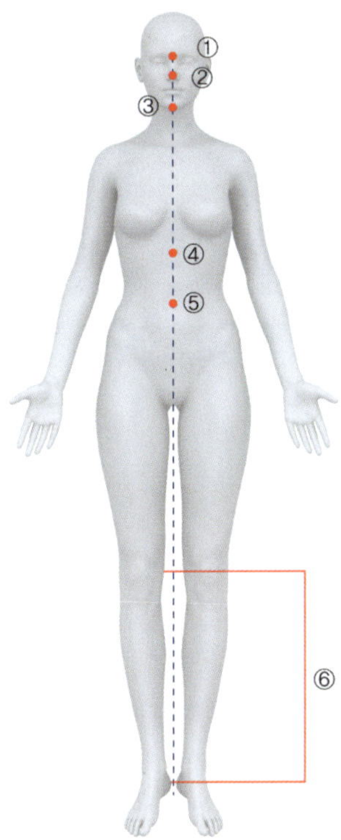

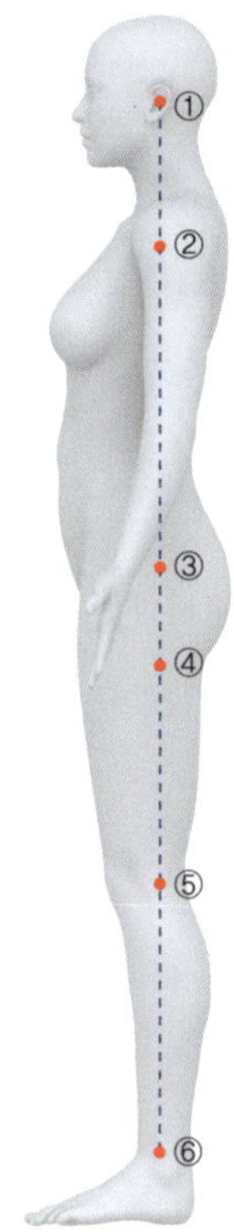

〈앞면〉	〈측면〉
① 미간	① 귀의 중앙(측두골의 유양돌기)
② 코	② 어깨관절의 중앙
③ 턱 끝선	③ 천추2번의 전방
④ 검상돌기	④ 엉덩관절의 후방
⑤ 배꼽	⑤ 무릎관절의 중앙(슬개골 바로 뒤)
⑥ 무릎, 발 사이가 일직선 상에 있어야 함	⑥ 발목관절의 전방이 일직선 상에 있어야 함

(1) 정적 시진

고객의 몸매를 분석하기 위해서는 기본 자세인 곧게 선 자세를 관찰하는 것이 용이하다. 이는 틀어진 몸매를 발견하는데 가장 쉽고 체중 부하, 즉 중력의 영향을 받을 수 있으므로 신체의 비틀림을 찾기가 쉽기 때문이다. 이는 척추뼈의 변위를 알아 보는 데는 큰 도움이 되나 입체적 움직임 변위를 알아보기 위해서는 동적 시진이 필요하다.

피부미용사는 정적 시진을 파악하는 것을 우선으로 한다. 이 검사 시 속옷만 입고하는 것이 좋으나 부담스럽다면 짧은 옷을 입고 검사하는 것이 좋다. 그리고 숙달되지 않으면 시진법에 정확도가 떨어지므로 전신의 균형 지표가 되는 도구를 이용하는 것이 좋다.

① 검사창을 이용한 진단법

일반적으로 검사창에 동일한 위치에서 사진 촬영을 하는데 활용하는 진단법이다. 이는 관리 전후를 비교하는데 간편하고 탁월한 방법으로 활용되고 있다. 이는 척추의 뒤틀린 방향과 정도, 측만증 유무를 기록할 수 있다.

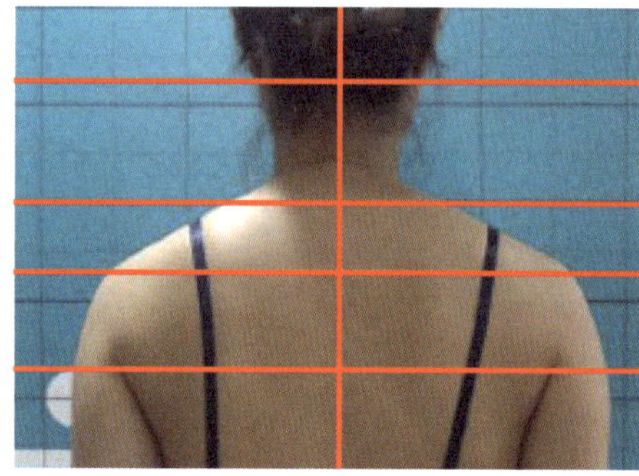

• 그림 9 • 검사창을 이용한 진단법

② 곧게 선 상태에서 전신을 비교하는 포인트

다음의 체형 분석표에 작성되어 있는 기준으로 순서대로 체크하면서 체형의 변형을 체크해 볼 수 있다. 관리 전과 후를 비교하며 고객 관리의 효과를 비교해줄 수 있다. 이 기준 외에도 등이나 팔다리 근육의 좌우 차(긴장도, 이완도, 함몰도 등의 좌우 차)를 비교할 수 있으며 앞면에서 보는 정적 검사로는 더욱 다양하다.

- 양쪽 귀의 높이가 같은가? 차이가 크면 경추 및 골반의 변위가 있을 수 있다.
- 어깨와 젖가슴의 높이가 같은가? 차이가 크면 가슴근육의 긴장도가 다를 수 있다.
- 양손 끝의 높이가 같은가? 어깨 회전근개의 전반에 걸친 문제와 견갑골 및 골반의 불균형이 있을 수 있다.
- 목뼈의 역C자형 커브가 있는가? 과도하게 들어가거나 뒤로 나와 있으면 요추 전·후만에 의한 협착 및 디스크 질환을 유발할 수 있다.

(2) 동적 시진

의식없이 평범한 제자리걸음 10회를 서 있는 상태에서 실시하는 동적 검사 등이 있다. 걷게 한 후 위치로 골반의 변위를 확인하거나 엉덩이 하부 주름(볼기고랑)의 위치가 낮은 쪽은 골반의 후하방(PI), 고랑의 위치가 높은 쪽은 골반의 전방(AS)일 가능성이 높다. 또는 10회 제자리 걸음 후 땅을 디딘 발의 방향을 보고, 발가락 끝이 극단적으로 안쪽을 향해 있으면 그쪽 골반 관절의 바깥 돌림(External Rotation), 극단적으로 밖으로 향해 있으면 그쪽 골반관절의 안쪽 돌림(Internal Rotation)이라 평가할 가능성이 있다.

(3) 시진 분석

① 시진 분석표

표 6에서 제시한 시진 분석표는 시진을 통한 몸의 밸런스 기준을 비교하기에 적합한 분석자료 양식이다. 관리 전 고객의 전, 후, 측면을 사진으로 촬영한 후 관리 후 동일한 위치에서 촬영함으로써 인체의 밸런스 완화 정도 및 불균형 정도를 파악할 수 있다.

| 표 6 | 사진 분석표

차 일시 (.)	앞면	뒷면	측면
관리 전			
관리 후			

② 체형의 자세 분석 방법

체형의 자세 분석은 표 5의 인체 밸런스 기준으로 고객의 정적인 자세에서 상하좌우의 밸런스 정도를 표 7의 체크리스트에 따라 (예시 2)의 고객 체형 분석 차트(Client Body Assessment Sheet)에 기호로 표시하여 관리자가 알아볼 수 있도록 체크할 수 있다. 예를 들어, 좌우 귀의 높이를 측정 시 좌는 ↓, 우는 ↑로 표시할 수 있다.

| 표 7 | 체형의 자세 분석 체크리스트

체크 리스트	
좌우 귀의 높이	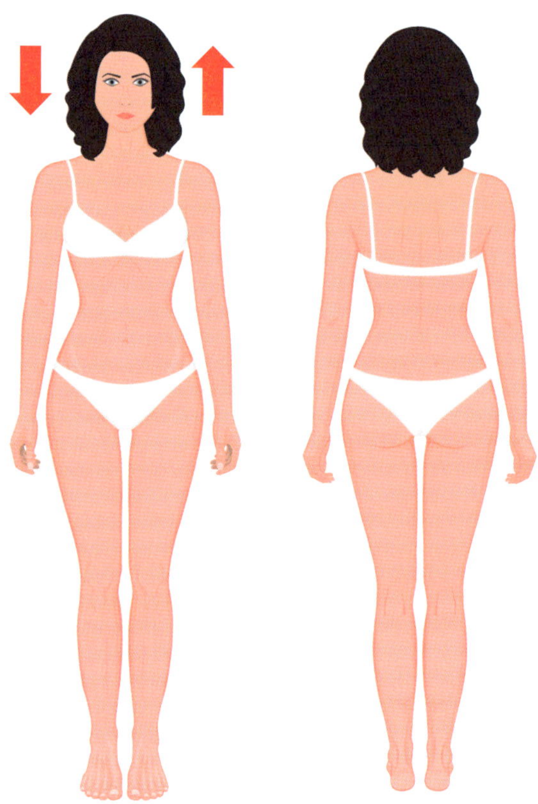
좌우 어깨의 높이	
좌우 어깨의 넓이	
좌우 젖꼭지의 높이	
좌우 손끝의 높이	
좌우 위앞엉덩뼈가시(ASIS)의 높이	
좌우 위앞엉덩뼈가시(ASIS)의 전후도	
좌우 위뒤엉덩뼈가시(PSIS)의 높이	
좌우 위뒤엉덩뼈가시(PSIS)의 전후도	
엉치뼈 중심선의 좌우 경사도	
좌우 엉덩이 하부 주름 높이	
좌우 다리오금의 높이	
내반슬, 외반슬 여부	
좌우 가쪽, 안쪽 복사뼈의 높이	
척추뼈 전후측만 여부	

3) 촉진(Palpation)

촉진은 관리사가 손가락을 통한 촉진을 통해 신체 상태를 파악하는 방법이다. 촉진을 통해 근육과 지방의 배치, 피부의 온도와 습윤 정도, 긴장이완도, 압통 유무 등을 판단하여 체형관리 계획 수립 시 고려할 수 있는 분석방법이다.

(예시 2)의 고객 체형 분석 차트(Client Body Assessment Sheet)의 인체 도해도와 고객 체형 상담 차트(Client Body Consultation Sheet)의 「고객 체형 분석」 항목에 관리사가 알아볼 수 있도록 체크를 할 수 있다.

예시 2 의 고객 체형 분석 차트의 인체 도해도 상 기호 표시 예시

다음의 기호를 사용하여 체형 상태 표시
- 지방 X X X X X X X X X X X
- 셀룰라이트 ////////////////////
- 약한 근육 긴장도 #############
- 튼살 SSSSSSSSSSSSSSSS

예시 2 의 고객 체형 상담 차트의 「고객 체형 분석」의 체크리스트

고객 체형 분석		
키 :	몸무게 :	BMI

근육 긴장도 :	좋음	보통	약함	체형
대퇴부	☐	☐	☐	내배엽형 (endomorph)
복 부	☐	☐	☐	중배엽형 (mesomorph)
둔 부	☐	☐	☐	외배엽형 (extoporph)
근육의 압통 :	좋음	보통	뻣뻣함	
(해당부위)	☐	☐	☐	

4) 기기 및 도구를 이용한 측정

(1) 체성분 분석기(Body Composition Analyzer)

인체는 전기가 잘 통하는 수분으로 채워져 있다. 수분량에 따라 전기가 통할 때 저항이 달라진다는 원리로 인체에 미세한 교류 전류를 흘려보내 생겨나는 인피던스 인덱스(Impedance Index)를 얻어 체수분을 측정하는 방법으로 만든 것이 체성분 분석기이다. 손바닥과 발바닥을 체성분 분석기의 전극을 잡고 조직액 사이로 전기가 흘러 들어가면서 분석을 하게 되며 움직이지 않는 상태에서 몇십 초간 자세를 유지한다.

① 측정할 수 있는 항목

- 체성분 분석(체수분, 단백질, 무기질, 체지방)
- 골격근, 지방분석(체중, 골격근량, 체지방량)
- 비만분석(BMI, 체지방률)
- 부위별 근육량 및 둘레, 체지방량
- 세포 외 수분비 분석
- 신체 변화(체중, 골격근량, 체지방률, 세포 외 수분비의 변화)
- 내장지방 단면적
- 체중조절(적정체중, 체지방량, 근육량 조절 제안)

② 체성분 분석기 활용

- **신장** : 혈액 투석 후 세포 외 수분비 변화 측정
- **간** : 간경화에 의한 부종과 복수에 의한 세포 외 수분비 변화 측정
- **당뇨** : 다리 근육량의 감소는 인슐린 저항성과 면역력이 떨어지므로 다리 근육량 변화 측정
- **영양** : 영양불량 정도를 측정
- **재활** : 피트니스를 통한 건강 지표 및 재활을 위한 객관적 지표로 활용

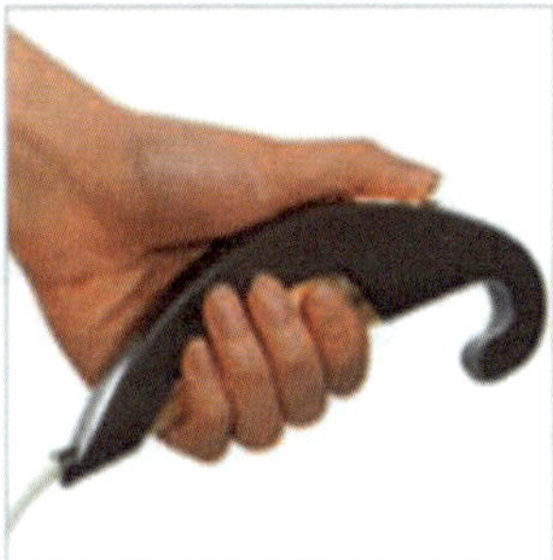

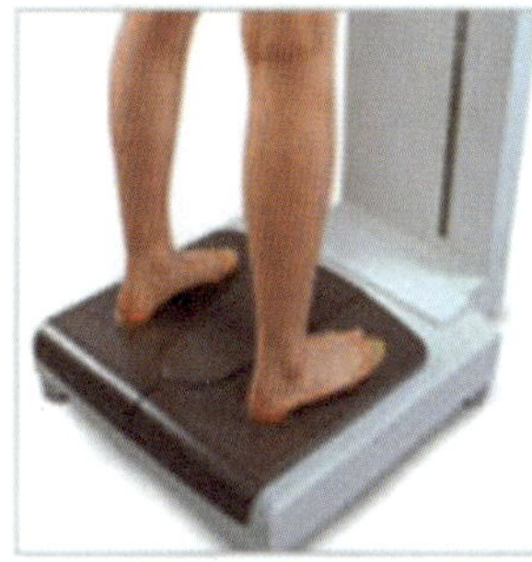

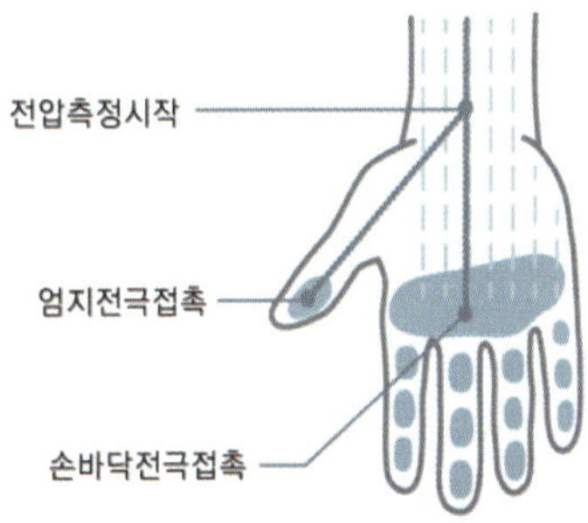
전압측정시작
엄지전극접촉
손바닥전극접촉

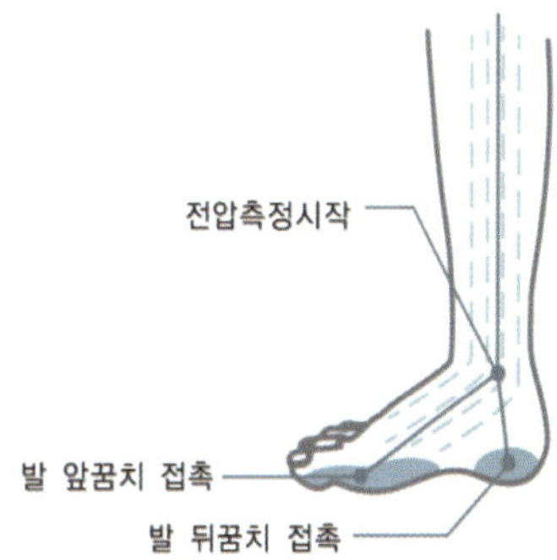
전압측정시작
발 앞꿈치 접촉
발 뒤꿈치 접촉

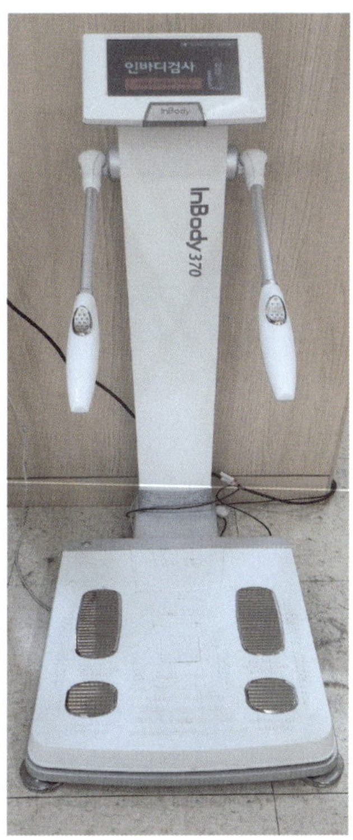
인바디검사
InBody 370

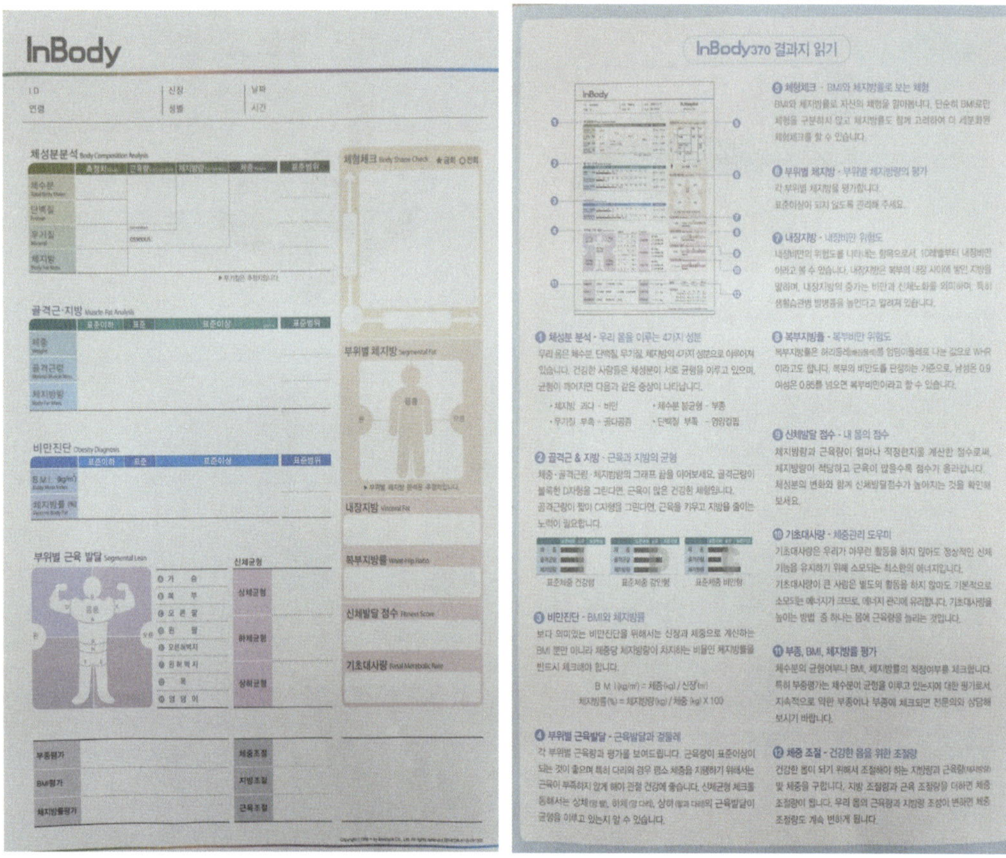

• 그림 10 • 인바디 측정 및 측정기

(2) 줄자(Tape Measure)

줄자는 일반적인 둘레 측정도구이다. 관측자의 줄자 사용 능숙도에 따라 측정값이 다를 수 있으므로 표준이 필요하다. [표 13]과 같은 사이즈 측정표를 참고하여 측정값을 작성할 수 있다.

- 관리 전후 측정자가 동일해야 한다.
- 관리 시 같은 자리를 3번 반복하여 측정한 후 평균값을 낸다.
- 힘을 주지 않고 편안한 상태로 진행해야 한다.

(3) 캘리퍼(Caliper)

비만도의 간편한 지표로서 이용되는 것으로 피부 두겹(skin-fold, 피부와 피하지방조직의 이중층) 집기에 의해서 피하지방의 두께를 구하는데 사용되는 기구이다.

(4) 기타

체중계, 신장측정기 등이 기구를 이용한 측정값으로 나타나는 대표적인 기구이며 또한, 다양한 공식을 통해 비만도를 측정한다.

5) 사이즈 측정

(1) 사이즈 측정 방법(Size Measurement)

표 8의 사이즈 측정 방법에 따라 예시 2)의 고객 체형 분석 차트의 「사이즈 측정」 항목과 고객 체형 상담 차트에 「고객 체형 분석」 항목에 관리자가 알아볼 수 있도록 체크를 할 수 있다.

| 표 8 | 사이즈 측정 방법

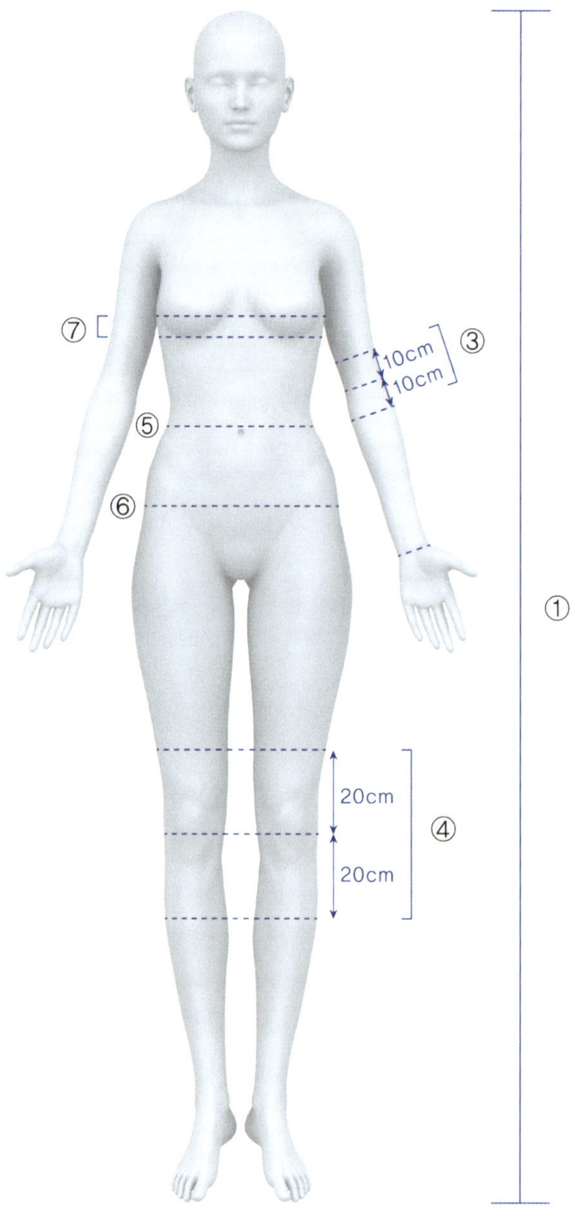

사이즈 측정	
① 키	
② 체중	
③ 팔 – 손목 – 팔목 아래 10cm – 팔목 위 10cm	
④ 다리 – 발목 – 무릎 아래 20cm – 무릎 – 무릎 위 20cm	
⑤ 허리	
⑥ 엉덩이	
⑦ 가슴 – 유두 라인 – 밑가슴 라인	

3 비만 측정 지수

1) 표준체중에 의한 평가

(1) Broca 변법에 의한 표준체중

- 일률적 적용 : 표준체중(kg) = (신장 - 100) × 0.9
- 신장에 따른 등급 분류
  - 161cm 이상 : 표준체중 = (신장 - 100) ×0.9
  - 150 ~ 160cm : 표준체중 = (신장 - 150) ×0.5 + 50
  - 150cm 미만 : 표준체중 = (신장 - 100) ×1.0

(2) 비만도 계산

비만도(%)=(현재체중-표준체중)/표준체중×100

| 표 9 | 비만도 기준

비만도(%)	〈10%	10 ~ 19%	20 ~ 30%	31 ~ 39%	40%〈
비만정도	정상	과체중	경도비만	중등도비만	고도비만

2) 표준체중에 대한 현재체중의 비율

상대체중(%)=현재체중/표준체중×100

| 표 10 | 상대체중 기준

분류	상대체중
저체중	〈90%
정상	92 ~ 109%
과체중	110 ~ 119%
경도비만	120 ~ 139%
중등도비만	140 ~ 199%
고도비만	200%〈

3) 체질량지수(Body Mass Index : BMI)

키와 몸무게를 이용하여 지방의 양을 추정하는 비만 측정법으로 16세 이상의 모든 남녀에게 적용된다. 성인 체중은 여성의 경우 18세, 남성의 경우 20세에 완성되는데, 그 이후에 체중이 증가하는 것은 체내지방이 증가하기 때문이다. 또 50세 이후에는 체중이 늘지 않아도 근육이 줄어들면서 체내 지방이 증가한다. 이 지수로 질병에 대한 확률도 알 수 있어서 만약 체질량 지수가 18 미만인 경우 영양부족으로 인한 무월경, 27 이상인 경우 고혈압, 당뇨 심장병에 걸릴 확률이 높아진다. 세계보건기구에서 정하는 체질량 기준에 따르면 과체중은 25 이상, 비만은 30 이상, 40 이상은 초고도비만이고, 아시아태평양지역은 과체중 23 이상, 비만 25 이상으로 체질량 기준을 정하고 있다.

$$BMI=weight(kg)/height(m)^2$$

| 표 11 | 체질량지수(BMI) 기준(세계보건기구)

kg/m²	20 미만	20~24.9	25~29.9	30~39.9	40 이상
BMI	저체중	정상	과체중	비만	초고도 비만
위험도	낮음	보통	경한 위험	중증도 위험	중증도 위험

| 표 12 | 체질량지수(BMI) 기준(한국인)

kg/m²	18.5 미만	18.5~22.9	23~24.9	25~29.9	30~34.0	35 이상
BMI	저체중	정상	과체중 (비만 전단계)	1단계 비만	2단계 비만	3단계 비만
위험도	낮음	보통	경한 위험	중증도 위험	중증도 위험	가장 높은 중증도 위험

4) 체지방에 의한 평가

(1) 피부 두겹지기(Skinfold Measurement)

캘리퍼(Caliper)를 사용하여 피하지방 두께를 측정하여 체지방을 산출한다.

(2) 생체전기 저항에 의한 측정법(Bioelectric Impedence Assessment : BIA)

다리와 팔에 약한 전류를 통과시켜 전기 저항으로 신체 내의 수분량과 체지방량을 측정한다.

(3) 수중밀도 측정법(Hydrodensity)

수중에서의 신체 부피를 측정하여 체비중을 계산하여 지방량을 산출하는 방법으로, 신체 부피를 측정하기 위해 폐의 잔류량을 측정한다. 금식 상태에서 측정하며, 시설이나 사용의 불편함으로 임상에서는 사용이 드물고 연구의 목적으로 연구소에서만 사용되고 있다.

(4) 복위(허리둘레) / 둔위(엉덩이둘레)비(Waist-Hip Ratio : WHR)

엉덩이에 대한 허리둘레의 비로 체지방의 국부적인 분포 상태를 나타내는 지표이다.

① **상체비만** : 남자 : 0.95 이상 / **여자** : 0.85 이상

② **하체비만** : 남자 : 0.85 이하 / **여자** : 0.75 이하

(5) 컴퓨터 단층 촬영(Computed Tomography)

컴퓨터의 단층 촬영으로 지방의 분포를 파악한다.

① **내장형 비만** : 내장지방 면적 / 피하지방 면적 〉 0.4

② **피하형 비만** : 내장지방 면적 / 피하지방 면적 〈 0.4

4 전신관리 계획

고객의 상태에 적합한 프로그램 계획을 수립하는 것은 원하는 체형을 가꾸기 위해서 전신관리 계획이 필수적이다. 체형 분석은 문진, 시진, 촉진, 기기 판독법을 종합하여 다음과 같은 요령으로 관리계획을 수립한다.

1) 고객 체형 상담 차트(Client Body Consultation Sheet) 작성하기

① 고객 정보

- 고객명과 연락처, 생년월일, 직업, 임신 기간 및 자녀 수를 파악하여 차트에 작성한다.
- 직업을 확인하여 업무적인 스트레스 정도를 파악할 수 있다.
- 임신 기간 및 자녀 수를 파악하여 생리 주기의 불안정성 등을 파악할 수 있다.

② 병력 사항 및 금기 사항

- 건강 상태, 피부 질환 및 이상증을 파악하여 고객의 병력 사항과 금기사항에 해당되는 항목이 있는지 체크하여 기재한다.
- 체형관리에 있어 고객에게 기대하지 못한 반응이나 이상 반응을 세밀하게 체크하여 관리를 진행하는 것이 필요하다.
- 관리에서의 안전성을 확보하고 효과적인 관리를 위하여 의료적인 병력 사항이나 금기 사항을 반드시 체크해야 하며, 고객이 승인을 필요로 하는 의학적 병력을 가지고 있는 경우에는 의사로부터 관리를 진행하도록 승인을 받았는지 여부에 대하여 체크하여 기록할 수 있도록 한다.

③ 고객 생활 패턴 평가

- 고객의 식생활 패턴, 운동 패턴, 스트레스 정도, 흡연 및 음주 등을 확인하여 건강 상태를 체크하여 고객에게 맞는 맞춤형 관리를 하는 것이 중요하다.
- 고객이 사용하고 있는 제품이나 바디 트리트먼트 경험이 있는지 파악하여 관리에 있어서 고객의 기호와 피부 상태에 맞는 관리 제품을 선택하여 관리를 진행할 수 있도록 한다.

④ 고객 체형 분석

- 키, 몸무게, BMI를 확인하여 과체중 관리와 비만 관리에 필요한 정보를 획득할 수 있도록 한다.
- 근육의 긴장도, 근육의 압통 등을 확인하여 관리 목적에 부합하는 신체부위를 확인하여 기재한다.
- 선천적 체형와 습관적 체형을 구분하고 신체구조의 장단점을 파악하여 고객 체형 분석 항목에 기재한다.

⑤ 관리 목적과 계획

- 선천적 몸매와 습관적 몸매를 구분하고 신체구조의 장단점을 파악하고 적절한 전신관리를 진행하였을 때의 관리 목적과 계획을 기재한다.
- 건강 상태, 피부타입을 파악하여 적절한 체형 관리를 진행하기 위한 관리 목적과 계획을 기재한다.
- 관리 목적에 부합하는 신체 부위를 체크한다.
- 관리하고자 하는 신체 부위의 피부 타입에 맞는 화장품(클렌징, 딥클렌징, 매뉴얼 테크닉 제품, 팩 및 마스크, 마무리 케어 등의 기초 화장품)을 체크한다.
- 고객의 건강 상태에 따라 시간 분배가 적절하게 분배가 되어야만 몸에 무리 없는 관리가 진행될 수 있기 때문에 시간을 체크해야 한다. 그리고 관리 순서와 관리 시 제품 성분을 자세하게 작성한다.

⑥ 자가 관리 조언(홈케어)

- 고객의 요구사항이나 트러블이 있는 부분을 미리 작성하여 실수하지 않도록 한다. 이는 고객의 반응을 적극적으로 체크하는 관리자의 자세이다.
- 자세, 식습관, 운동관리를 위하여 홈케어 가능한 전문가적인 조언을 한다. 체형이 정상으로 돌아가기 위한 기준을 제시하고 하나씩 지켜나간다면 성공할 수 있다는 자신감을 부여한다.
- 홈케어가 가능한 제품 및 다른 살론 트리트먼트를 제안하여 고객이 관리 후에도 생활 패턴에 꾸준한 홈케어 관리를 할 수 있도록 조언한다.

2) 수행 순서

① 고객 상담을 통해 생활습관, 식생활 스타일 등을 자세히 체크해 차트 작성을 한다.

② 고객을 가운으로 갈아 입힌 후 편안하게 세운 다음, 전신의 자세 분석 체크리스트에 따른 자세 분석, 문제 부위, 피부 장애 등의 관리가 필요한 부위의 상태를 인체 도해도 상의 기호로 표시하여 관리할 신체의 앞, 뒤, 옆면 부위를 체크한다.

③ 다시 고객을 베드에 눕힌 후 부위별 문제점을 촉진으로 파악한 후 근육량, 지방, 피부 상태 등을 체크한다.

④ 체형 분석한 결과를 가지고 부위별 전신관리 계획을 작성한다.

⑤ 몸매 분석이 끝나면 다음 단계로 들어가기 위해 탈의를 하고 타월로 잘 덮어준다.

| 표 13 | 몸매관리 계획 차트

고객 체형 분석 차트
(Client Body Assessment Sheet)

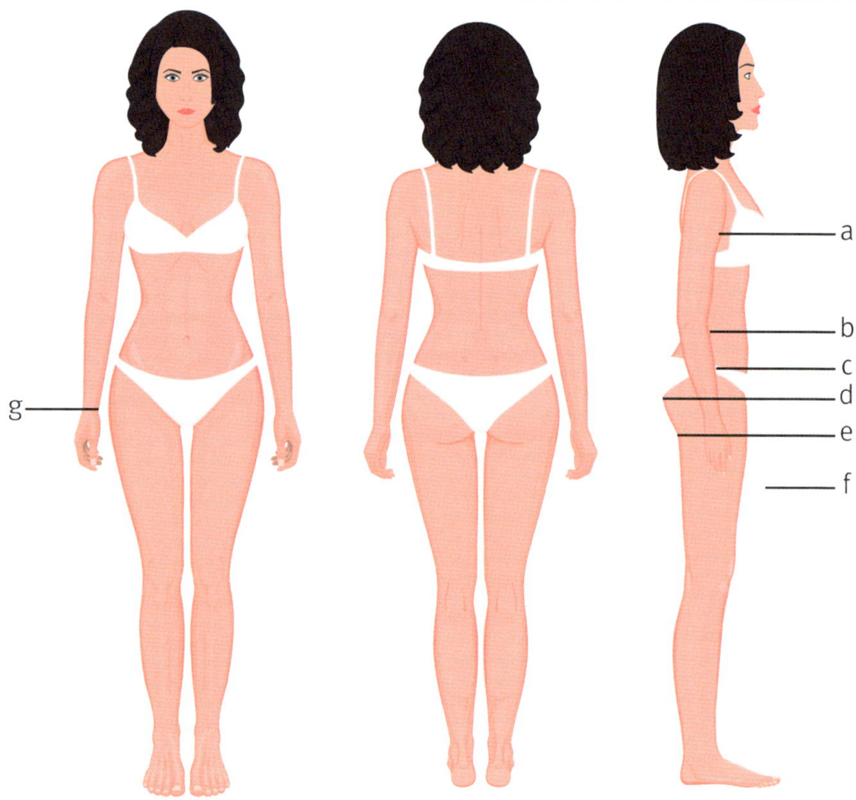

사이즈 측정	다음의 기호를 사용하여 체형 상태 표시
a – 가슴 e – 대퇴부 (오른쪽) b – 허리 f – 대퇴부 (왼쪽) c – 엉덩이 g – 손목 d – 둔부	• 지방 X X X X X X X X X X X • 셀룰라이트 /////////////////// • 약한 근육 긴장도 ############# • 튼살 SSSSSSSSSSSSSSSS
도해도 표시 • 자세 불균형 (↑ ↓) • 피부 장애 : 편평사마귀, 점, 팽창된 모세혈관, 상처, 하지정맥류 등을 포함한 피부장애	관찰된 다른 증상이나 상태 표시 (기호를 만들어 표시할 것)

고객 체형 상담 차트

(Client Body Consultation Sheet)

고객명 :	날짜 : 20 . . . (회차)

고객 정보

고객명 :	연락처 :
생년월일 :	직업 :
총 임신 기간 및 자녀 수 :	

병력 사항 및 금기사항

□ 심장 질환	□ 철판 / 철심 / 철핀 (수술과정에서 삽입)			□ 피부 질환
□ 혈압 이상증	□ 당뇨병	□ 흡연	□ 혈전증	□ 뇌전증 (간질)
□ 암	□ 알러지	□ 정맥류	□ 다른 질환 (리스트)	

고객 생활 패턴 평가

□ 식생활 패턴 :	□ 운동 패턴 :
□ 스트레스 정도 :	□ 흡연 및 음주 :
□ 사용 제품 :	□ 바디 트리트먼트 경험 :

고객 체형 분석

키 :	몸무게 :	BMI

근육 긴장도 :	좋음	보통	약함	체형
대퇴부	□	□	□	내배엽형 (endomorph)
복 부	□	□	□	중배엽형 (mesomorph)
둔 부	□	□	□	외배엽형 (extoporph)

근육의 압통 :	좋음	보통	뻣뻣함
( )	□	□	□

관리 일자	관리 목적과 계획

자가 관리 조언 (홈케어)

자세 조언 :
식습관 조언 :
운동 조언 :
제품 추천 :
살롱 트리트먼트 제안 :

PART 2

전신관리

CHAPTER 1

전신관리의 개요

학·습·목·표

- 전신피부유형에 맞는 제품과 테크닉으로 클렌징 할 수 있다.
- 온습포 또는 경우에 따라 냉습포로 닦아내고 토닉으로 정리할 수 있다.

1 전신관리 개요

전신관리는 얼굴을 제외한 몸의 피부를 관리하는 것으로 등, 가슴, 복부, 팔, 다리 부위를 일컫는다. 전신관리 시 얼굴과 동일하게 다양한 관리를 통해 관리가 가능하다.

특히 전신관리에 있어서 전신관리의 꽃인 스웨디쉬 마사지는 1812년 스웨덴의 생리학자이자 펜싱과 체조선수로 활동한 퍼핸릭링(Per Henrik Ling)에 의해 고안되었다. 퍼핸릭링이 운동선수로 활동하면서 팔꿈치의 통증을 풀어주기 위해 마사지를 하면서 통증 개선 및 연부조직의 가동성이 개선됨을 몸소 느끼게 된다. 이후 마사지의 혈액순환 효과와 체조의 근육이완 장점을 이용한 스웨디쉬 동작 치료를 만들게 되었고 이는 현대 마사지의 시초가 되었다.

특히 1813년 스톡홀름 왕립중앙체조대학의 교과과정에 마사지가 정식과목으로 채택되며 이 방법이 유럽에서 호응을 얻어 스웨덴식 동작치료학회가 설립될 만큼 체계적인 교육으로 발전되었다. 스웨디쉬 마사지는 내과 의사인 존 조지 메저(Johan Georg Mezger)에 의해 쓸어서 펴 바르기(Effleurage), 어루만져 펴 바르기(Petrissage), 밀착하여 펴 바르기(Friction), 토닥토닥 펴 바르기(Tapotment), 떨며 펴 바르기(Vibration) 같은 프랑스식 용어를 스웨디시 마사지에 사용하여 보급함으로써 최고의 마사지로 승화시켰다.

1) 전신관리의 효과

전신관리는 관리 방법에 따라 체형분석하기, 전신 클렌징하기, 전신 딥클렌징하기, 부위별 관리하기, 바디 팩·마스크하기, 전신관리 마무리하기에 걸친 관리를 총칭한다.

모든 관리 방법을 이용하거나 때에 따라서는 몇 가지만 활용할 수 있다. 체형관리를 하면 다음과 같은 효과를 얻을 수 있다.

① 피부의 과각질을 제거하며 간접세포 재생과 더불어 미세혈액순환이 된다.
② 피부가 탄력 있고 매끄러워진다.
③ 혈액순환이 촉진되어 세포에 에너지 생산이 증진된다.
④ 축적된 지방과 부종 및 셀룰라이트가 개선된다.
⑤ 상처의 회복과 재활이 빠르다.
⑥ 관절과 근육이 유연해져 운동 시 기능이 향상된다.
⑦ 림프의 기능이 향상되어 노폐물 배출이 용이하다.
⑧ 스트레스를 경감시킨다.
⑨ 신체의 기능에 활력을 준다.
⑩ 통증이 감소된다.
⑪ 피로한 신체의 에너지를 빠르게 회복시킨다.
⑫ 신체와 정신적 자신감이 상승된다.

2) 전신관리 방법

① 말단에서 심장방향을 향해 실시한다.
② 안에서 밖으로, 아래에서 위로, 근육결 방향으로 실시한다.
③ 쓸어서 펴 바르기(Effleurage), 어루만져 펴 바르기(Petrissage), 밀착하여 펴 바르기(Friction), 토닥토닥 펴 바르기(Tapotment), 떨며 펴 바르기(Vibration)의 5가지 동작으로 구성된다.

3) 전신관리 비적용증

(1) 정맥류

정맥의 혈류가 저해되어 발생하는 상태로 푸른 실핏줄이 피부 겉표면으로 터질 듯 울혈된 상태를 하지정맥류라 부른다. 정맥벽이 약화된 상태이기 때문에 강한 테크닉은 정맥판막이나 혈관을 파열시킬 수 있다. 매뉴얼 테크닉 시 직접적인 관리는 절대 금물이며 정맥류가 없는 곳만 적당한 압력으로 관리해야 한다.

(2) 심한 고혈압 환자

심장에서 동맥을 통해 혈액을 뿜어내었을 때 동맥벽이 받는 혈액압을 혈압이라 한다. 이때 수축기 혈압이 140mmHg 이상, 확장기 혈압이 90mmHg 이상이면 고혈압이라 한다. 고혈압은 관리 시 혈압을 높일 수 있으므로 심한 고혈압 환자는 림프드리니지로 이완시키는 방법을 고려해야 한다.

(3) 골다공증

나이가 든 중년 여성의 경우에 많이 나타나며 골밀도가 적으므로 강한 압을 실시했을 시 부러질 수 있다.

(4) 척추 후만증

척추가 굽어있는 상태를 말하며 강한 관리 시 척추의 디스크 손상의 우려가 있다. 부드럽게 관리를 하여 근육과 관절에 무리를 주지 않도록 한다.

(5) 암

암 환자나 현재 치료를 받고 있는 환자는 암세포의 전이가 되지 않게 하기 위하여 강한 자극을 주면 안된다. 다만 암치료를 통한 림프절의 제거나 방사선 치료로 인한 부종관리를 위하여 부드러운 관리인 림프드리니지를 시행하도록 한다.

(6) 임산부

임신 초기에는 본인의 임신 여부를 아는 경우가 거의 없다. 모르는 상태에서 강한 테크닉이나 복부관리를 시행 시 착상이 안 될 수 있기 때문에 항상 상담을 통해 임신 가능성을 물어봐야 한다. 임신 시에는 전문 시술자가 필요하며 임부일 때는 주로 부종관리 위주로 진행한다.

(7) 외상

피부 감염이나 근육의 손상이 있을 경우 관리를 하지 않는다. 오히려 냉찜질을 통해 염증을 가라앉히고 세균 침투가 힘들게 조직을 강화시키고 혈관이 수축되도록 관리해야 한다.

2 피부 유형 및 화장품 선택

1) 정상 피부

(1) 원인

한선과 피지선의 기능이 최적의 밸런스를 유지한다.

(2) 특징

① 유분과 수분의 밸런스가 적당하여 피부 기능이 정상적으로 유지되는 가장 이상적인 피부 타입이다.
② 피부의 결점이 없는 편이다.
③ 피부결이 매끄럽고 탄력성이 좋아 표정 주름 이외에는 주름이 없는 편이다.
④ 세안 후 피부 당김이 없는 편이다.
⑤ 피지 분비가 정상적이다.

(3) 관리

① 계절과 나이에 따라 변화가 심하므로 유·수분 공급을 적절히 하여 상태를 유지한다.

② 정상 피부에 맞는 클렌징 로션, 클렌징 오일, 클렌징 젤 등을 이용하여 노폐물을 제거하여 정상 피부를 유지하도록 한다.

(4) 화장품 선택

정상 피부관리에 사용하는 화장품의 추천 성분으로는 히알루론산, 아미노산, 세라마이드, 라벤더 오일, 알로에 등이 있다.

2) 건성 피부

(1) 원인

① 피지선의 기능이 저하되어 수분이 증발될 수 있다.
② 내부 혈액순환 기능이 저하되어 수분이 부족할 수 있다.
③ 과도한 냉난방으로 인한 탈수 현상일 수 있다.
④ 과도한 각질제거 및 필링, 레이저 치료로 인한 현상이 생길 수 있다.

(2) 특징

① 탄력과 윤기가 없으며, 유분과 수분이 부족하여 표면 주름이 생기기 쉬운 피부이다.
② 모공이 작고 섬세하며 때에 따라서는 기미나 주근깨가 생길 수 있다.
③ 피부에 피지 분비가 부족하여 수분을 유지하기가 어렵고 비듬처럼 각질이 일어나기 쉬운 피부이다.
④ 유 · 수분이 부족하여 들뜬 각질이 보일 수 있다.
⑤ 노화가 촉진될 가능성이 큰 피부이다.

(3) 관리

① 유 · 수분 밸런스관리, 매뉴얼 테크닉을 통한 혈액순환 및 신진대사를 촉진한다.
② 건성 피부에 맞는 클렌징 크림, 클렌징 오일 등을 이용하여 노폐물을 제거한다.

표피 건성 피부	주로 외부의 환경에 의해 수분이 빼앗기거나, 과도한 클렌징으로 인한 표피의 과각질 탈락으로 인한 유 · 수분 제거로 잔주름이 생기기 쉬운 피부이다.
진피 건성 피부	모세혈관이 존재하는 진피는 혈액순환이 저하되는 원인들에 의해 나타나는 건성현상이다. 주로 영양 결핍(또는 다이어트) 및 자외선으로 인한 MMP 발현으로 섬유조직의 변성, 혈액순환의 저하로 인한 진피 내 수분 함유량 감소로 깊은 주름이 생기기 쉬운 피부이다.

(4) 화장품 선택

건성 피부관리에 사용하는 화장품의 추천 성분으로는 콜라겐, 엘라스틴, 히알루론산, 아미노산, 세라마이드, AHA, 솔비톨, 레시틴, 해초, 플라센타, 레티놀, 비타민 E, 징코 등이 있다.

3) 지성 피부

(1) 원인

① 피지선의 기능이 활발한 상태이다.
② 임신이나 생리 전에 호르몬의 변화로 피지선이 자극된다.
③ 유전적인 영향이 있다.

(2) 특징

① T존과 U존 모두 피지분비가 활발하고, 환경적인 요인도 있지만 유전적 원인이 더 크다.
② 모공이 크고 넓으며, 각질층이 두꺼우며 피부결이 거칠다.
③ 피지분비량이 많아 메이크업이 잘 지워지고, 시간이 지날수록 다크닝 현상이 일어난다.
④ 블랙헤드, 화이트헤드 및 구진(뾰루지)이 날 수 있다.
⑤ 피부 표면이 번들거리며, 각질이 두껍다.
⑥ 건성 피부에 비해 잔주름이 덜 생긴다.

(3) 관리

① 피지조절과 모공축소를 위한 관리, 과도한 피지제거로 인한 피부 민감을 주의하며, 각질 제거를 통해 피부 청결관리를 한다.
② 지성 피부에 맞는 클렌징 젤, 클렌징 폼 등을 이용하여 청결하게 노폐물을 제거한다.

(4) 화장품 선택

건성 피부관리에 사용하는 화장품의 추천 성분으로는 레몬, 알로에, 썰퍼, 살리실산, 유칼립투스 오일, 티트리 오일, 라벤더 오일, 클레이, 카올린, 벤토나이트, 캄포 등이 있다.

4) 복합성 피부

(1) 원인

① 잘못된 피부관리로 인한 결과이다.
② 환경적 스트레스 및 호르몬의 불균형으로 밸런스가 깨졌다.

(2) 특징

① 피부에 피지 분비량이 일정치 않아 T존과 U존의 차이가 있어 두 가지 이상의 피부 유형이 나타나는 피부이다.
② T존은 피지분비가 과다하고, U존은 건조하다.
③ T존은 지성피부의 특징을 가지며, U존은 건성 피부의 특징을 가진다.
④ 피부결이 전체적으로 균일하지 않다.

(3) 관리

① T존과 U존의 관리를 다르게 진행해야 한다. T존은 피지 및 청결관리, U존은 유수분 밸런스관리를 통해 서로 다른 피부관리를 진행해야 한다.
② 전신관리 시 부위별 적절한 관리를 판단해야 한다. 등이나 가슴은 T존과 같이 지성피부일 가능성이 높고, 손과 팔 및 발과 다리는 건조하여 U존과 같이 건성 피부

이므로 적절한 관리가 필요하다.

③ 복합성 피부에 맞는 클렌징 로션, 클렌징 젤 등을 이용하여 노폐물을 제거한다.

(4) 화장품 선택

복합성 피부관리에 사용하는 화장품의 추천 성분으로 U존 제품은 콜라겐, 엘라스틴, 히알루론산, 아미노산, 세라마이드, AHA, 솔비톨, 레시틴, 해초 등이 있고, T존 제품에는 레몬, 알로에, 썰퍼, 살리실산, 유칼립투스 오일, 티트리 오일, 라벤더 오일, 클레이, 카올린, 벤토나이트, 캄포 등의 성분이있다.

5) 민감성 피부

(1) 원인

① 유전적으로 피부가 얇고 면역력이 저하된 피부이다.

② 영양이 결핍되거나 피부 마찰로 인해 예민해진 피부이다.

(2) 특징

① 피부결이 섬세하고 저항력이 떨어져서 색소 침착이나 주름이 생길 수 있다.

② 피부가 건조하기 쉬워 자극에 예민하고 홍반 및 혈관 파열, 멍, 염증현상이 나타날 수 있다.

③ 피부 조직이 얇아서 자주 붉어지는 경우가 있고, 화장품 성분에 예민한 반응이 일어날 수 있다.

(3) 관리

① 매뉴얼 테크닉은 마찰이 최소화된 림프순환관리 위주로 진행하며, 팩이나 마스크 도포 시 진정 성분을 이용하되 고열의 관리는 피한다.

② 화장품 성분에 예민할 수 있으므로 화장품 선택 시 신중해야 하며 관리 중에도 알러지 반응에 신경쓰도록 한다.

③ 민감성 피부관리에 맞는 클렌징 로션, 클렌징 젤 등을 이용하여 노폐물을 제거한다.

(4) 화장품 선택

복합성 피부관리에 사용하는 화장품의 추천 성분으로는 아줄렌, 알로에, 판테놀, 알란토인, 캐모마일, 비사볼롤, 위치하젤, 감초, 루틴, 비타민 B, C, K, P 등이 있다.

3 주의사항

1) 위생과 소독

① 피부미용사는 언제나 청결이 우선이다.
② 피부미용사의 손톱은 길거나 네일아트를 해서는 안 된다.
③ 고객을 위해 룸 위생을 철저히 점검한다.
④ 화장품 및 기구는 청결하게 정리 · 정돈한다.
⑤ 1인 1기구를 사용하여 감염에 주의해야 한다.

2) 관리자의 태도

① 항상 미소로 인사드린다.
② 고객의 관리 부위 이외에는 타월로 잘 감싸준다.
③ 전문가적인 자세로 고객에게 심리적 안정감을 주어야 한다.
④ 각 단계 시 고객에게 시술 설명과 주의사항 및 고객 배려 멘트를 전달한다.
⑤ 룸과 베드의 온도가 적절한지, 불편함은 없는지 확인한다.

memo

CHAPTER 2

전신 클렌징

학·습·목·표

- 전신피부유형에 맞는 제품과 테크닉으로 클렌징 할 수 있다.
- 온습포 또는 경우에 따라 냉습포로 닦아내고 토닉으로 정리할 수 있다.

1 전신 클렌징의 개요

1) 클렌징의 정의

피부의 첫 번째 단계에 사용되는 화장품으로서 피부에서 분비되는 피지와 땀, 먼지, 각질, 메이크업 잔여물 등을 제거하는 과정을 말한다.

2) 클렌징의 목적 및 효과

클렌징은 피부 표면의 피지와 땀, 먼지, 각질, 메이크업 잔여물을 제거하여 피부를 청결하게 하는 작업이다. 노폐물들과 메이크업 잔여물들이 피부에 오랜 시간 머물게 되면 모공을 막아 피부의 신진대사를 저해하고, 산패하거나 부패하여 미생물의 번식을 초래하기도 하며 피부를 자극한다. 한편 과도하게 세정할 경우 피지, 천연보습인자, 각질층 등이 지나치게 탈락되어 피부를 건조하고 예민하게 만들기도 한다. 따라서 사용 목적에 부합하는 적당한 클렌저를 선택하여 피지와 땀에 의한 오염물이나 메이크업 잔여물 등을 제거해야 된다.

최근에는 여름이 되면 쇄골이나 팔, 다리의 매끈함을 부여하기 위해 펄크림이나 파우더를 사용하기 때문에 전신 클렌징의 필요성이 부각되고 있다. 메이크업을 했을 때 뿐만 아니라 화장을 하지 않은 피부라도 자외선에 의해 피지(**특히 스쿠알렌**)가 산화되면

과산화지질을 만들게 되어 활성산소에 의한 피부의 노화가 일어나기 때문에 피부에 이상을 초래하는 것으로 알려져 있다. 그러므로 피부를 아름답게 유지하기 위해서라도 당일 세정은 필수적이다. 클렌징 제품의 세정력도 제품에 따라 다르므로 피부 상태나 사용 목적을 고려하여 자신의 피부에 맞는 제품을 선택하는 것이 중요하다.

클렌징제는 크게 두 가지 타입의 형태가 있는데, 첫째는 물을 사용하여 거품을 내서 사용하는 타입의 계면활성제형 세안제로 폼클렌저 같은 것이 대표적이다. 두 번째는 물을 사용하지 않고 얼굴에 제품을 도포한 후 닦아내는 타입의 용제형 세안제로 클렌징 로션, 클렌징 크림등이 대표적이다. 최근 색조화장품들은 화장 효과를 지속시키기 위해서 땀과 물에도 잘 지워지지 않는 방수 화장품들이 대부분이기 때문에 메이크업을 물로만 씻어서는 잘 지워지지 않는다. 따라서 색조화장품의 유성성분을 세정하기 위한 용제형 세안제로 닦아낸 후 계면활성제형 세안제로 씻어내는 2중 세안이 필요하다.

(1) 폼클렌저

피부 자극이 없어서 민감하고 약한 피부에 효과적이고 보습제와 에몰리언트제가 다량 배합되어 세안 후 당기거나 건조해지는 것을 방지한다.

(2) 클렌징 크림

피지나 메이크업 잔여물을 제거해 주며, 진한 메이크업 제거 시 효과적이다.
단 유분이 많아서 클렌징 폼이나 비누를 이용하여 이중세안을 해야 한다.

(3) 클렌징 로션

클렌징 크림보다 가벼운 타입으로 유분의 양이 적어 산뜻함과 끈적임이 적다. 유분이 적은 만큼 클렌징 크림보다 세정력이 떨어지므로 가벼운 메이크업을 지우는데 적합하다. 모든 피부에 적합하다.

(4) 클렌징 오일

유성성분이 많아 클렌징 크림을 대체하는 제품이다. 피부 침투성이 좋아 두꺼운 메이크업도 깨끗하게 닦아줄 수 있다. 미네랄 오일과 같은 유성기제에 그것을 유화시켜 제거하기 위해 비이온성 계면활성제가 배합된다. 이 타입은 사용 시 물을 혼입하여 유화시키는데 세정력 저하로 인하여 젖은 손으로는 사용이 불가능하다. 피부가 마른 상태에서 러빙 후 물을 묻혀 다시 한 번 러빙하여 유화시키고 물 세안을 하는 것을 추천한다. 현재 물이 혼입되어도 세정력이 저하되지 않는 클렌징 오일이 개발되고 있다. 또한 마스카라의 사용 증가로 오일 타입 사용이 증가되고 있다. 다만 끈적이는 느낌이 들 수 있으므로 건성 피부에게 추천한다.

(5) 클렌징 젤

비이온성 계면활성제와 다가알코올을 이용한 액정기제에 다량의 유분을 첨가한 것으로 유성의 더러움을 재빠르게 용해시킬 뿐 아니라 물로 씻어내는 것만으로도 쉽게 제거가 가능하다. 유분에 예민한 고객에게 100% 수분 클렌징 젤로 인기가 있으며 멘톨 성분을 섞어 산뜻하고 개운한 느낌이 있다. 일상적인 클렌저로 사용 가능하며 남성 피부나 지성, 여드름 피부에 적합하다.

(6) 클렌징 워터

오일 성분이 없는 세안제로 산뜻하고 가벼운 사용감을 가진다. 가벼운 메이크업이나 지성 피부에 적합하다. 마이크로 에멀젼을 이용한 것도 있다. 그러나 워터로 제거 시 미용솜에 묻혀 제거하므로 민감한 피부는 더 예민해질 수 있어 데일리 클렌저로는 적합하지 않다.

(7) 비누

비누는 지방산의 나트륨염으로 만든 알칼리성 클렌저로써 세안 시 피부의 각질을 과하게 제거할 수 있고, 그와 더불어 NMF의 소실이 눈에 띈다. 또한 pH가 일시적으로 상승하여 알칼리화되어 1차 면역 기관의 기능이 떨어진다. 보통 3시간 정도 후에 pH가 상승되나 민감한 피부는 피부 완충능이 약해 3시간 이후에도 원래의 pH로 돌아오지 않기 때문에 알칼리화되어 피부의 각질층이 연화된 상태로 존재하므로 세균이나 다양한 외부 물질의 침입이 쉽다.

(8) 토너

외국에서는 토너를 세 번째 클렌징 제품으로 분류한다. 세안 후 피부를 유연하게 하고 각질층에 수분을 공급하며, 세안 후 남아 있을 메이크업 잔여물을 제거하여 피부를 청결하게 유지할 목적으로 사용하는 투명하거나 반투명한 액상 제품이다. 또한 세안 후 피부의 pH가 일시적으로 알칼리성을 띠게 되는데, 화장수를 사용함으로써 피부의 pH를 원래의 약산성으로 되돌려 놓는 역할을 하여 피부 pH 회복 시간을 줄여주어 피부의 세균 침투와 외부물질의 침입을 막아준다.

일반적으로 화장수는 70~80%가 정제수를 기본으로 하여 보습제나 에탄올 등이 첨가된 액상 형태의 제품이다. 이는 가용화 현상을 이용한 대표적인 제품이다. 최근에는 제품의 성분을 강조한 마케팅으로 인해 정제수보다는 허브 추출수로 대체하는 추세이다. 또는 마이크로 에멀젼(Micro Emulsion) 기술을 이용한 반투명 화장수, 수용성 고분자 물질을 배합한 점성이 강한 화장수, 소량의 유분을 첨가한 불투명한 화장수도 제조하여 소비자의 니즈에 맞게 개발 · 유통되고 있다. 일반적으로 기능적 측면에서 유연화장수와 수렴화장수의 두 가지로 구분하며 알코올에 예민한 고객들을 위하여 무알코올 화장수가 출시되기도 한다.

① 유연화장수(Softening Lotion)

유연화장수는 물을 기본으로 하여 보습제와 유연제가 함유되어 있어 피부의 각질층을 촉촉하고 부드럽게 유지시켜 다음 단계의 화장품이 잘 흡수되도록 해주는 부스터의 역할을 한다. 과거에는 유연성을 위해 약알칼리성으로 만들었으나 최근에는 세안 후 일시적으로 알칼리화된 피부를 약산성 상태인 pH 5.5~6.5에 맞추어 되돌려 놓으며, 세균의 번식을 막아주는 역할도 한다. 피부 타입이나 연령에 따라 보습제, 에탄올, 수용성 고분자의 양을 다르게 배합하여 다양한 형태의 화장수가 출시되고 있다.

② 수렴화장수(Astringent Lotion)

지성이나 여드름 피부에게 추천하는 제품으로 아스트린젠트(Astringent)라고 불린다. 각질층에 수분과 보습 성분을 공급하고 과도한 피지를 억제하고 모공을 수축시켜 피부결을 가다듬고 정리해 준다. 일시적으로 단백질을 수축시키며 피부에 긴장감을 주고 과잉 분비되는 피지나 땀을 억제하기 때문에 여드름, 지성 피부에 많이 사용되는 화장수이다. 피부에 긴장감을 부여하는 성분에는 구연산이 사용된다. 알코올 배합량이 유연화장수에 비해 많아 피부에 청량감과 수렴효과를 부여한다.

③ **무알코올 화장수**(Non-Alcohol)

피부가 약해 알코올에 민감한 사람들을 위한 무알코올 화장수를 말하며 논알코올 화장수라고도 한다.

3) 습포하기

피부관리 시 고객의 화장품을 제거하거나 피부의 모공 확장(이완) 또는 수축(긴장)을 위하여 피부관리 단계에서 습포를 사용한다.

(1) 온습포

① **온습포의 효과**

온습포는 모공을 확장하여 피부 모공 속 노폐물과 잔여물을 제거해주고 피부의 온도 상승으로 혈액순환과 신진대사를 촉진시키게 되고 근육의 이완 및 영양분 흡수를 용이하게 하여 세포의 활성화를 촉진시킨다. 또한 피부각질이 연화되고 피지 분비가 원활해진다.

② **온습포 시 주의사항**

피부관리 시작단계에서 사용하되 온습포의 온도는 너무 높지 않아야 한다. 특히 민감성 피부, 모세혈관 확장 피부, 화농성 여드름 피부는 온습포 사용에 주의해야 하며, 일광화상, 제모, 선탠 후에는 온습포 사용을 금한다.

(2) 냉습포

① **냉습포의 효과**

냉습포는 모공을 수축시켜 피부의 탄력을 높이는 효과가 있다. 온도가 낮으므로 혈관을 수축시켜 여드름 염증이나 붉음증, 소양증을 완화시킨다. 일반적으로 민감성 피부, 모세혈관 확장 피부, 화농성 여드름 피부는 냉습포를 사용하는 것이 안전하다.

② **냉습포 시 주의사항**

피부관리의 마지막 단계에서 사용하며 피부에 도포된 제품을 강하게 제거 시에는 민감한 반응이 나타날 수 있으므로 마찰을 최소화한다.

2 전신 클렌징하기

1) 클렌징의 순서

① 고객의 머리카락을 터번으로 깔끔하게 감싼다.
② 알코올로 관리사의 손 소독을 꼭 해야 한다.
③ 제품은 보울(bowl)에 덜어서 사용한다.
④ 부위별로 피부에 맞는 클렌징 제품을 선택하여 가볍고 신속하게 닦아내야 한다.
⑤ 온습포 또는 피부 상태에 따라 냉습포로 닦아낸다.
⑥ 토닉으로 전신 피부의 잔여물을 깔끔하게 정돈한다.

2) 부위별 클렌징하기

(1) 등 클렌징하기

- **주의사항**

① 관리 부위는 목에서 엉덩뼈 위까지이다.
② 고객의 머리 위에서 진행한다.
③ 등 피부의 상태에 따라 클렌징 제품을 선택한다.
④ 매뉴얼 테크닉과 다르게 근육의 움직임이 없이 피부를 가볍고 신속하게 클렌징한다.
⑤ 토너를 이용하여 피부결을 정돈한다.

• 등 클렌징 테크닉

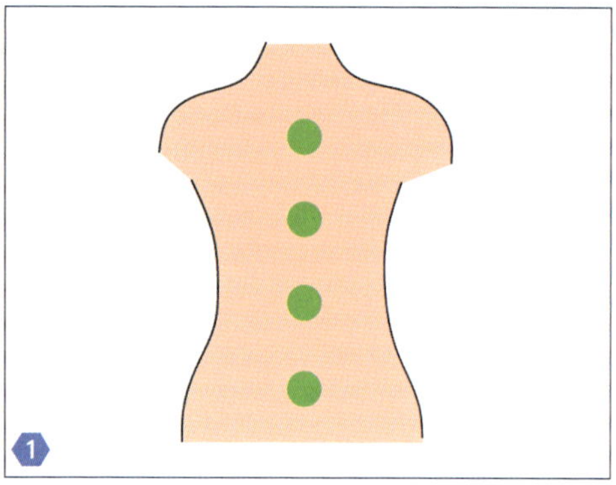

클렌저를 피부에 도포한다.

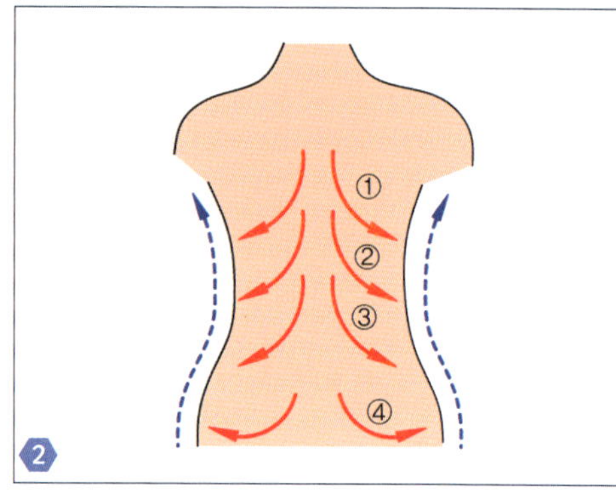

피부에 전체적으로 가볍게 문지른다.(3회)

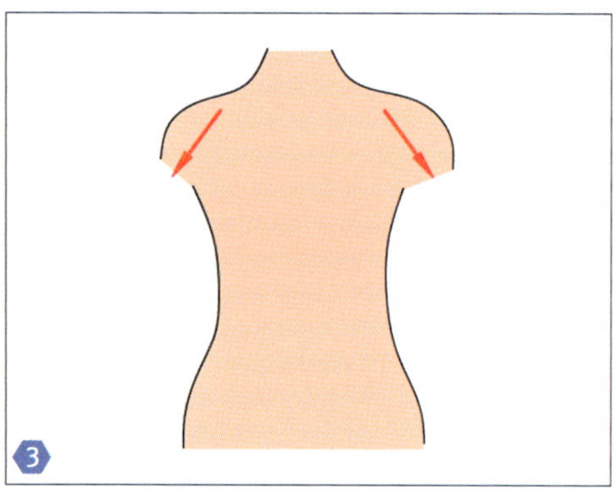

어깨에서 삼각근까지 쓰다듬어 준다.(수회)

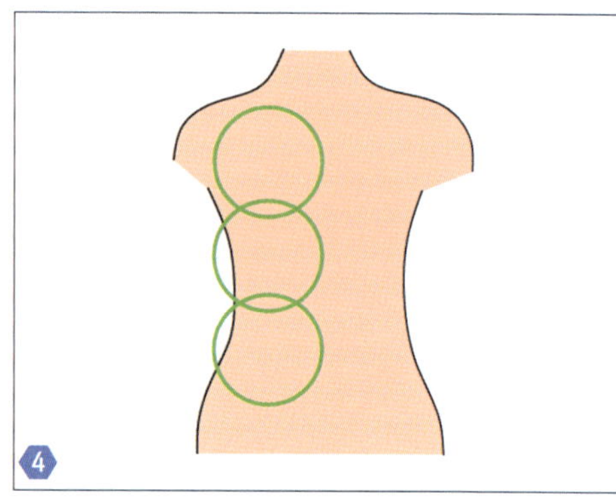

한쪽 등을 큰 원을 그리며 문지르며 내려가서 옆라인 타고 액와방향으로 올라온다.(3회)

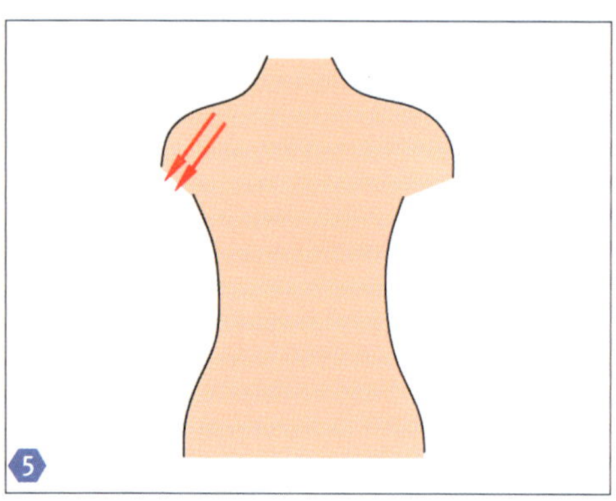

두 손을 이용하여 삼각근을 세심히 쓰다듬어 준다.(수회)

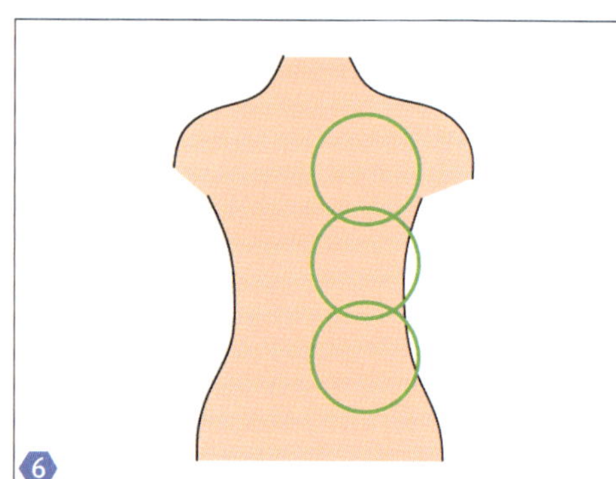

반대쪽 등을 큰 원을 그리며 문지르며 내려간다.(3회)

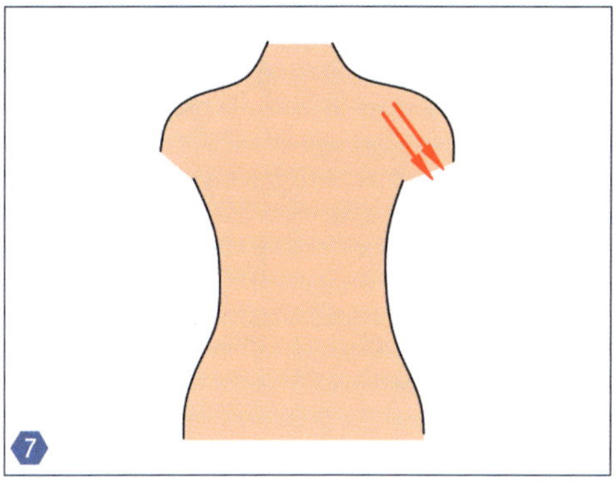

두 손을 이용하여 삼각근을 세심히 쓰다듬어 준다.(수회)

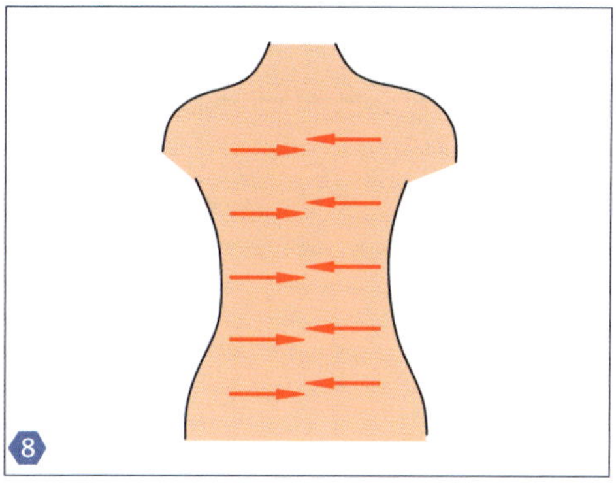

고객의 옆으로 이동한다. 그리고 각 손을 좌우 옆라인에 두고 모으듯 등 전체를 반죽해 준다.(3회)

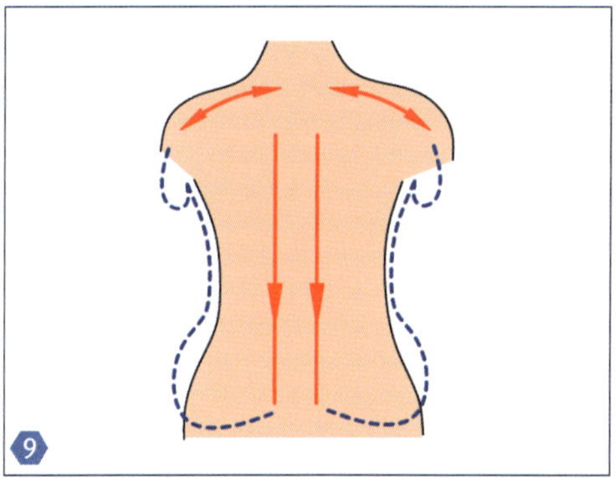

등 전체를 쓸어준 후 마지막 마무리로 어깨를 둥글려 준 후 목에서 마무리한다.(3회)

• 등 습포 테크닉

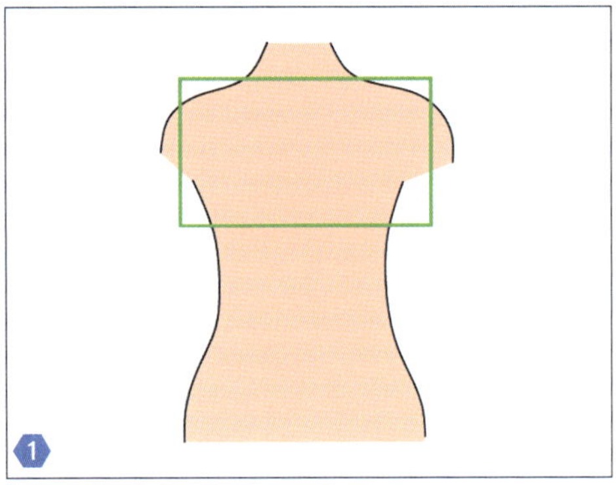

1/3 등분사이즈의 온습포를 견갑라인에 올려 두고 견갑골을 가볍게 스트레칭한다.

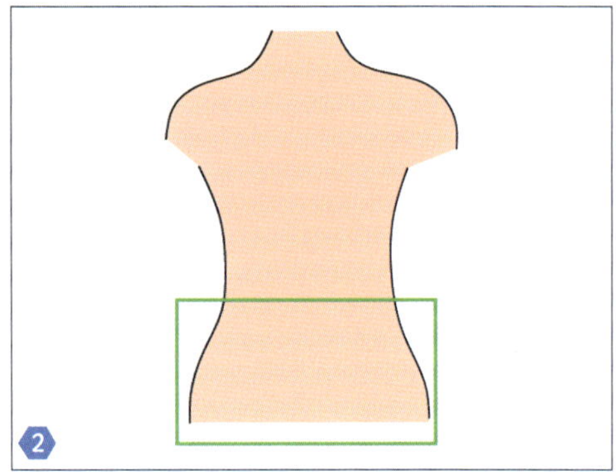

둔부방향으로 밀어준 후 천골을 가볍게 스트레칭한다.

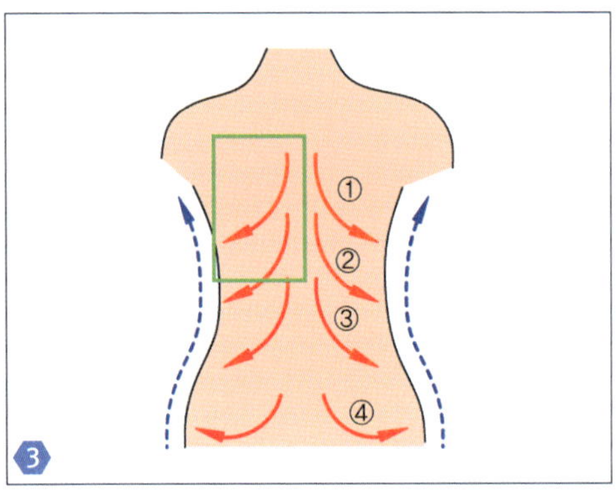

손에 글러브로 접어서 반쪽씩 등을 순서대로 닦아준다.

(2) 복부 클렌징하기

• 주의사항

① 관리 부위는 늑골 아래에서 서혜부 윗라인까지이다.

② 고객의 복부 옆에서 진행한다.

③ 복부 피부의 상태에 따라 클렌징 제품을 선택한다.

④ 고객의 호흡에 맞춰서 진행하며 장기가 있으므로 강하게 누르지 않도록 한다.

⑤ 매뉴얼 테크닉과 다르게 근육의 움직임 없이 피부를 가볍고 신속하게 클렌징한다.

⑥ 토닉까지 마무리 후 수분이 남아 있을 시 핸드 드라이하여 말린다.

• 복부 클렌징 테크닉

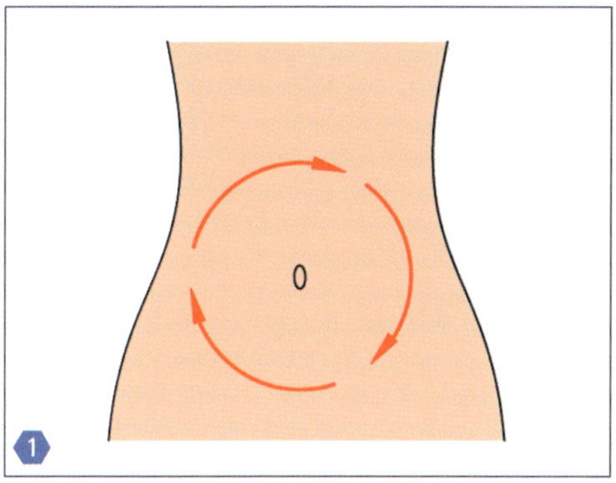

클렌저를 손에서 러빙하여 시계방향으로 쓸어 준다.(5회)

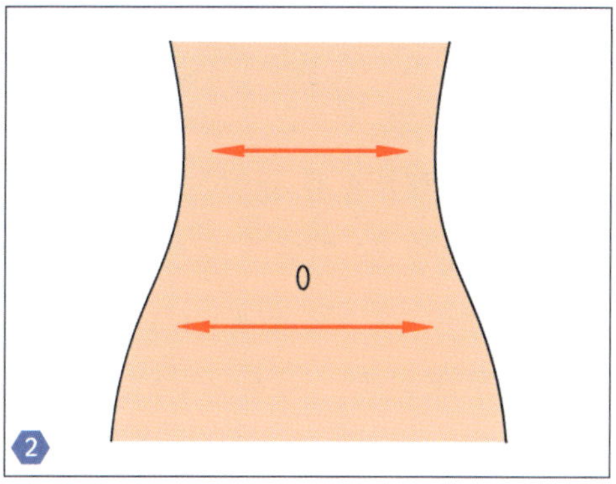

양손 복부 교대로 쓸어준다.(3회)

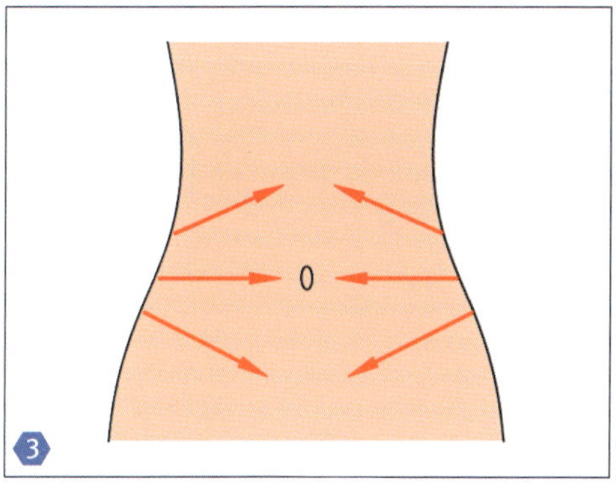

양 손을 엇갈리며 바깥쪽 허리에서 안쪽 배꼽 부분으로 쓸어서 펴 바르기 한다.(5회)

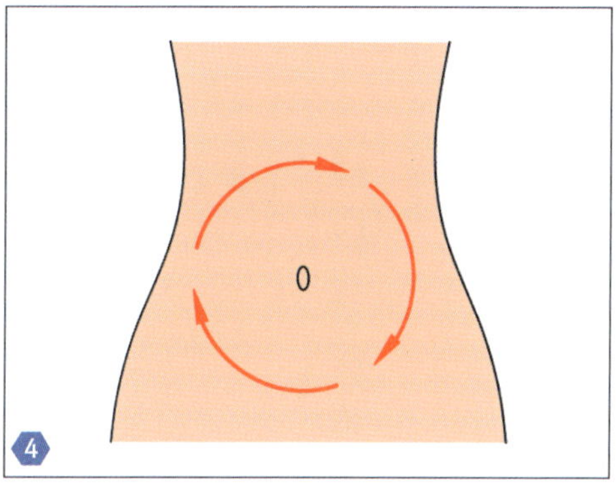

시계방향으로 쓸어준다.(5회)

• 복부 습포 테크닉

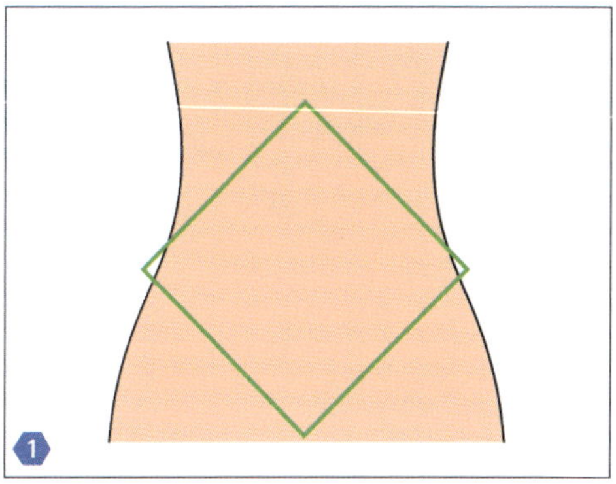

온습포를 반으로 접어 그림과 같이 얹어 온기를 느끼게 한다.

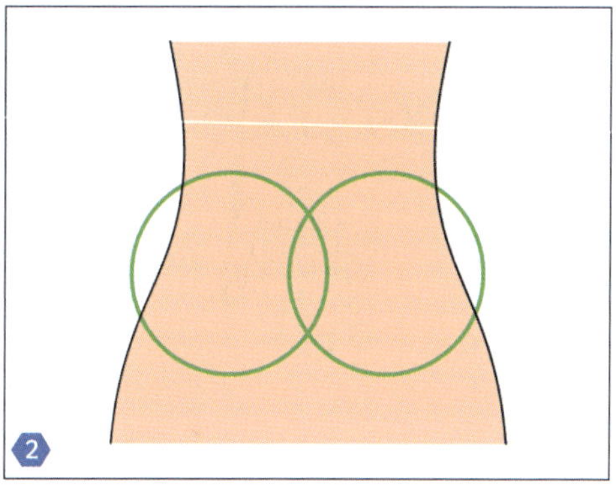

습포를 글러브로 만들어서 둥글려 닦아주고, 늑골과 서혜부 라인을 한번 더 세심히 닦아 준다.

(3) 손, 팔 클렌징하기

- **주의사항**

① 관리 부위는 어깨에서 손끝까지이다.

② 고객의 팔 옆에서 진행한다.

③ 손, 팔 피부의 상태에 따라 클렌징 제품을 선택한다.

④ 매뉴얼 테크닉과 다르게 근육의 움직임이 없이 피부를 가볍고 신속하게 클렌징한다.

⑤ 토너를 이용하여 피부결을 정돈한다.

- **손, 팔 클렌징 테크닉**

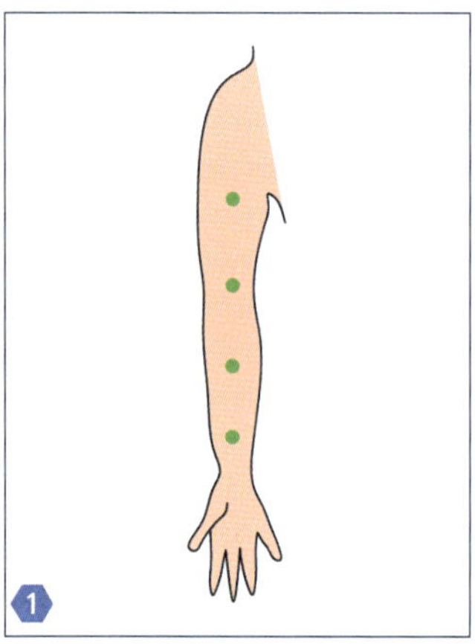

클렌저를 피부에 도포한다.

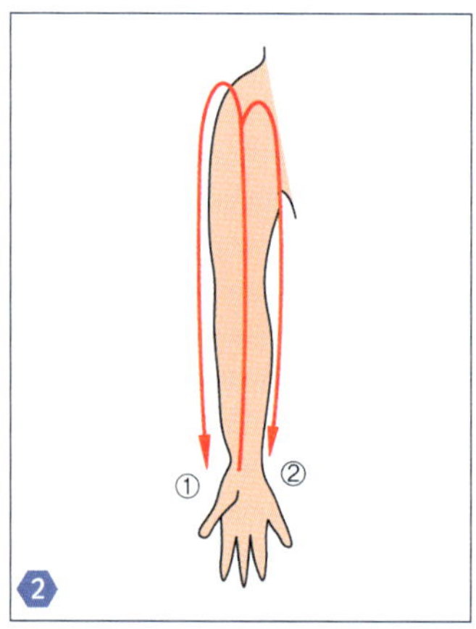

클렌저를 손에서 러빙하여 손끝에서 어깨방향으로 쓸어준다.(5회)

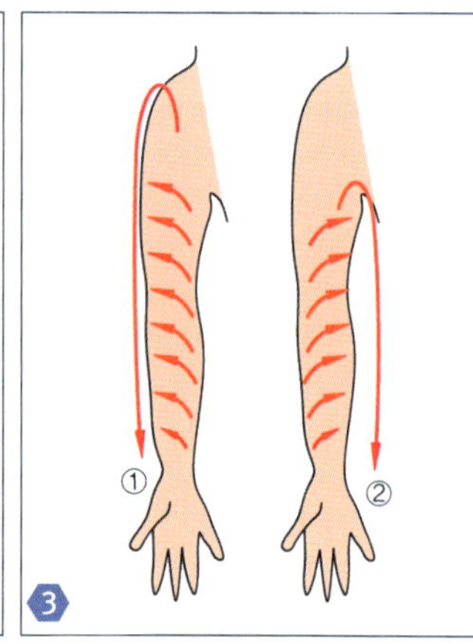

엄지를 이용하여 팔 바깥쪽, 안쪽 나선형 그려 올라가 손바닥으로 쓸어내린다.(3회)

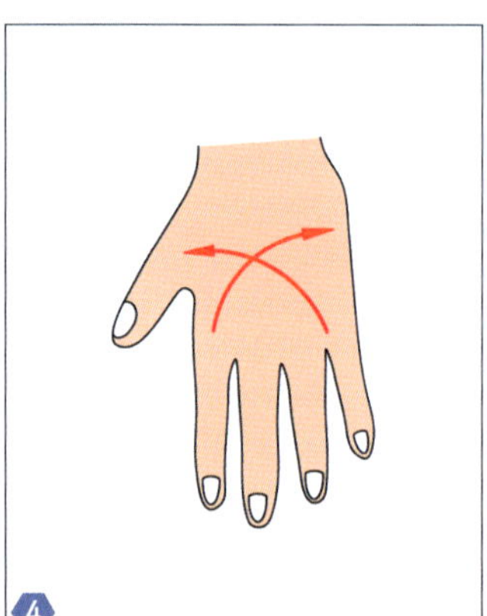

등, 손바닥을 수근으로 교차하며 문지른다.(수회)

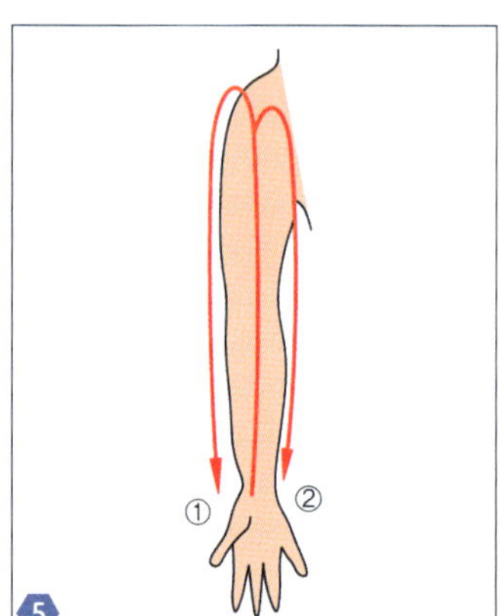

다시 1번 동작을 반복하며 마무리한다.(3회)

- **손, 팔 습포 테크닉**

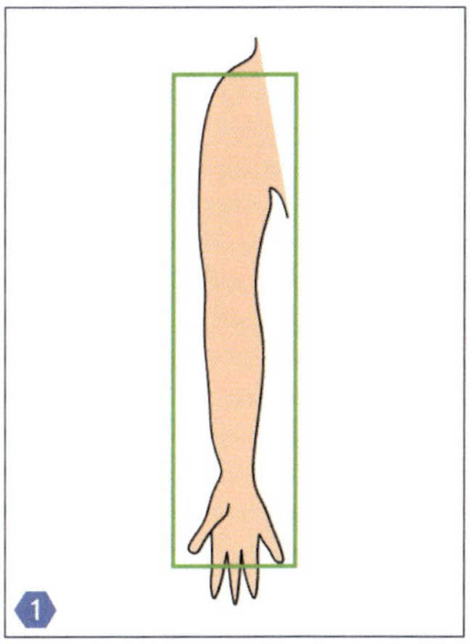

온습포 전체를 펼쳐서 팔 위에 얹는다.

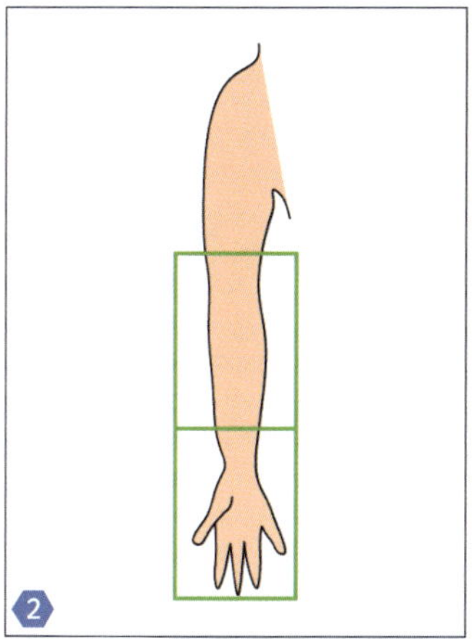

팔을 세등분하여 닦아내려 올 때마다 습포를 삼등분하여 접어 내려가며 깨끗한 부위로 닦는다.

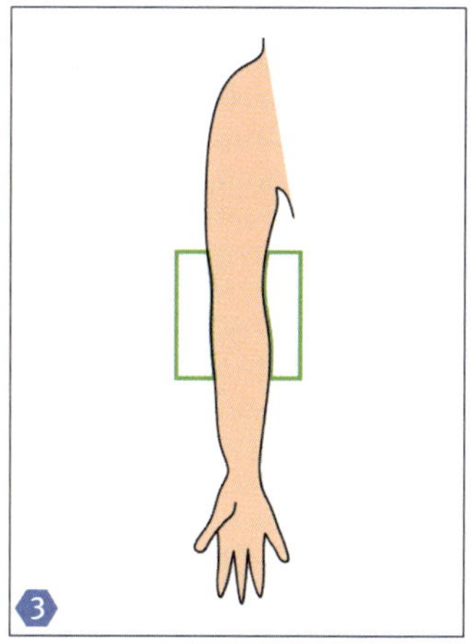

팔을 들어 접힌 습포로 닦아 내려온 후 펴서 손가락을 하나씩 닦아준다.

(4) 발, 다리 클렌징하기

- **주의사항**

① 관리 부위는 둔부에서 발끝까지이다.

② 고객의 다리 옆에서 진행한다.

③ 알코올솜을 이용해 발가락 사이사이를 닦아준다.

④ 발, 다리 피부의 상태에 따라 클렌징 제품을 선택한다.

⑤ 매뉴얼 테크닉과 다르게 근육의 움직임 없이 피부를 가볍고 신속하게 클렌징한다.

⑥ 토닉까지 마무리 후 수분이 남아 있을 시 핸드 드라이하여 말린다.

• 발, 다리 클렌징 테크닉

– 뒷면 다리

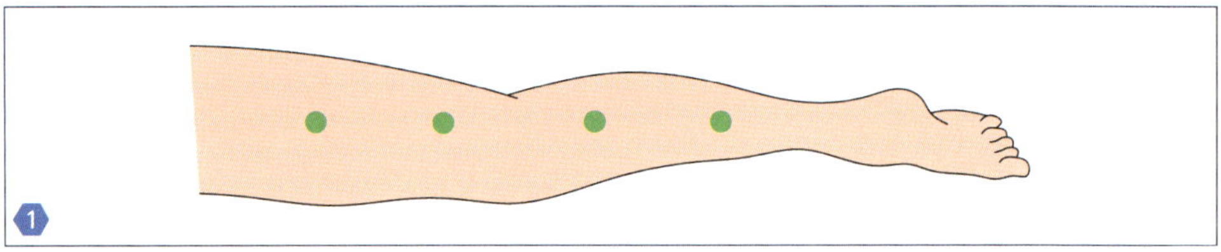

클렌저를 피부에 도포한다.

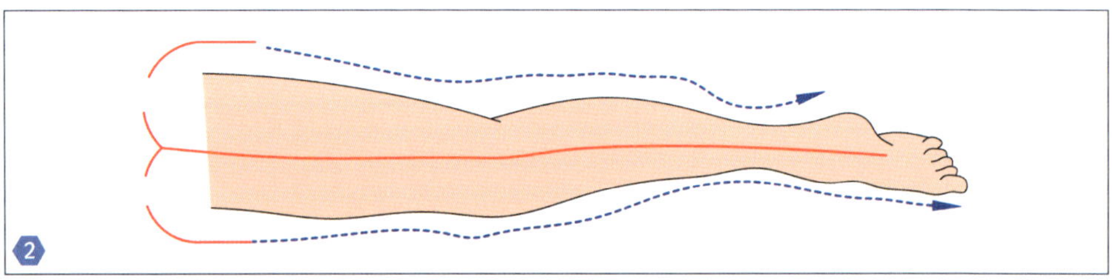

발뒤부터 허벅지까지 쓸어올라간 후 옆라인으로 돌아 내려와 발바닥을 쓰다듬는다.(3회)

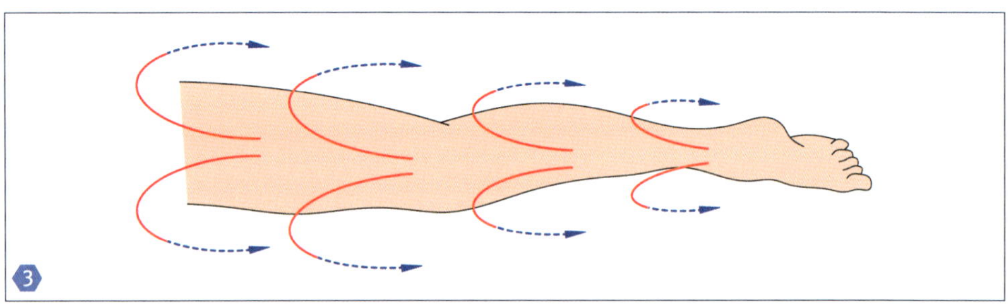

손바닥으로 하트를 그리며 올라간다.(3회)

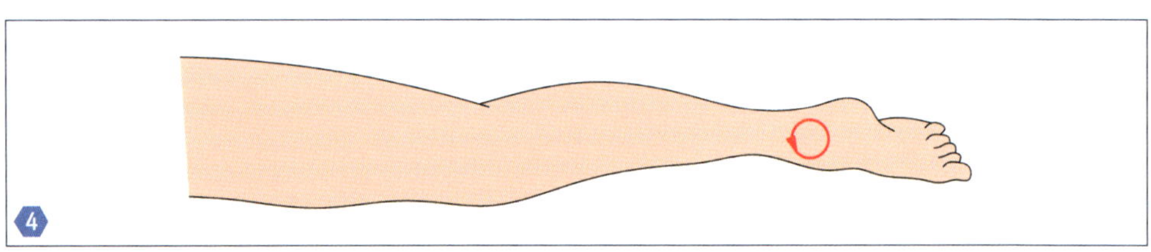

아킬레스건과 발뒷굼치를 손바닥으로 가볍게 쥐듯이 쓰다듬는다.(수회)

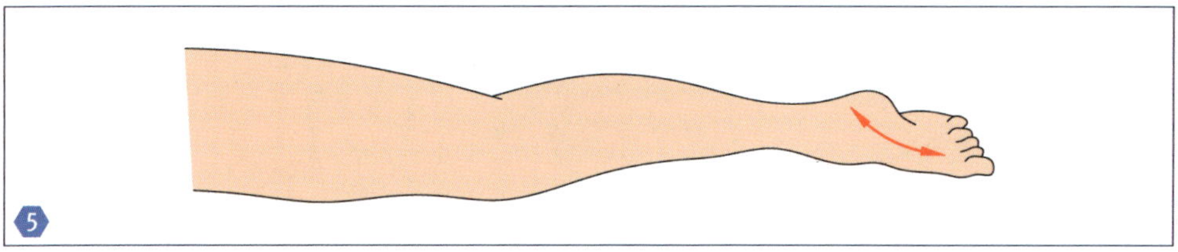

엄지를 이용해 발바닥과 발가락을 왕복으로 문지른다.(수회)

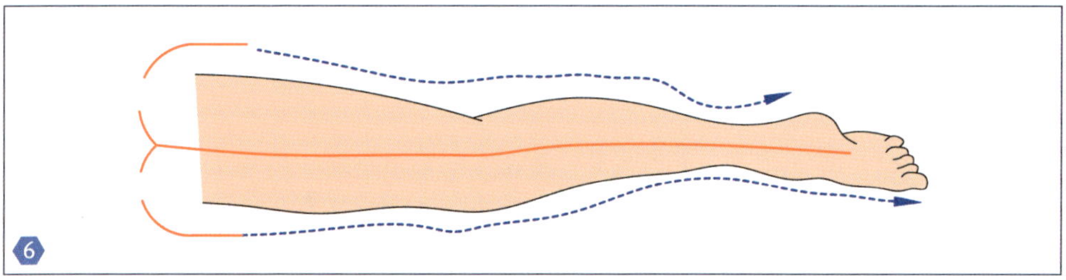

다시 1번 동작을 반복하며 마무리한다.(3회)

– 앞면 다리

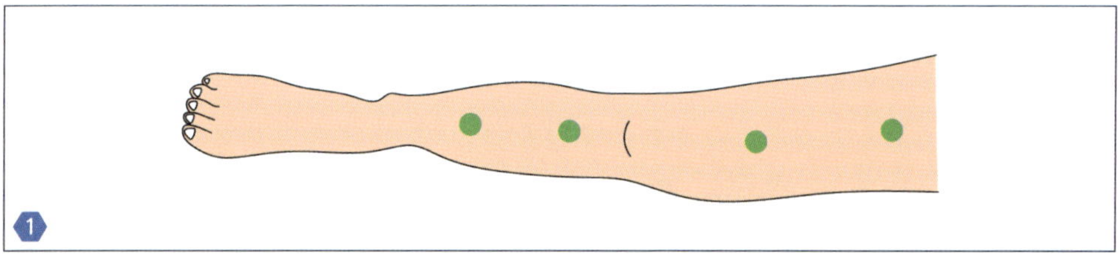

클렌저를 피부에 도포한다.

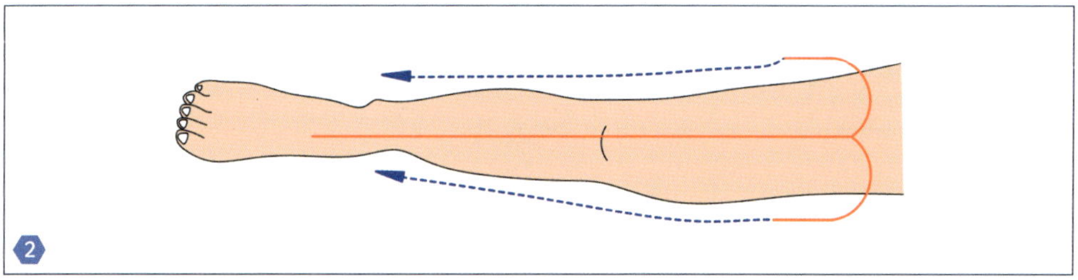

발등부터 허벅지까지 쓸어올라간 후 옆라인으로 돌아 내려온다.(3회)

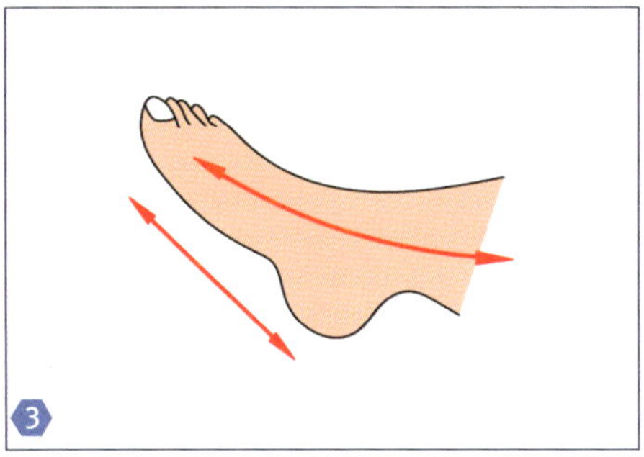

손바닥을 이용해 발등과 바닥을 쓸어준다.(수회)

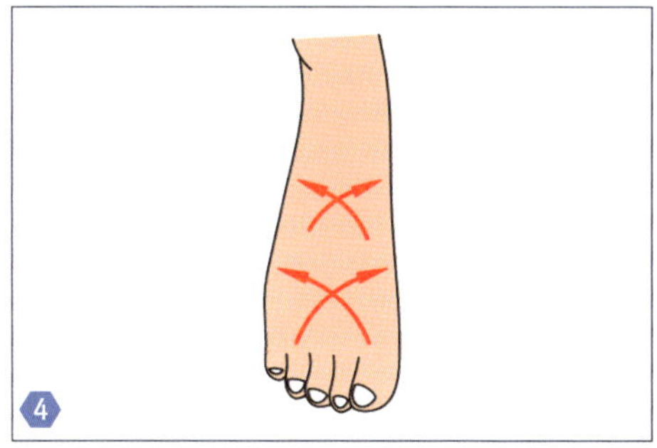

엄지손가락으로 발등을 쓸어준다.(수회)

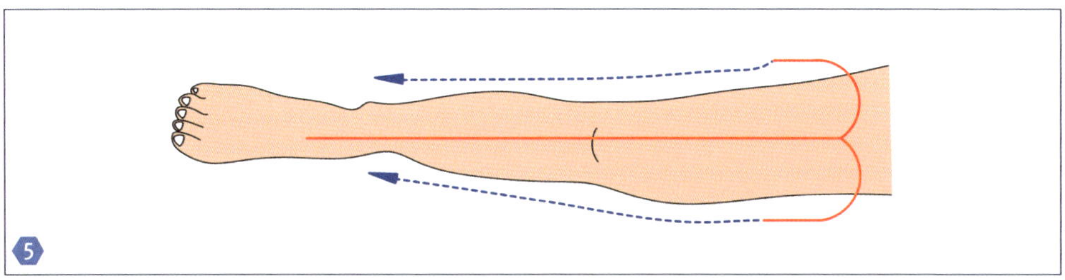

다시 1번 동작을 반복하며 마무리한다.(3회)

– 발, 다리 습포 테크닉

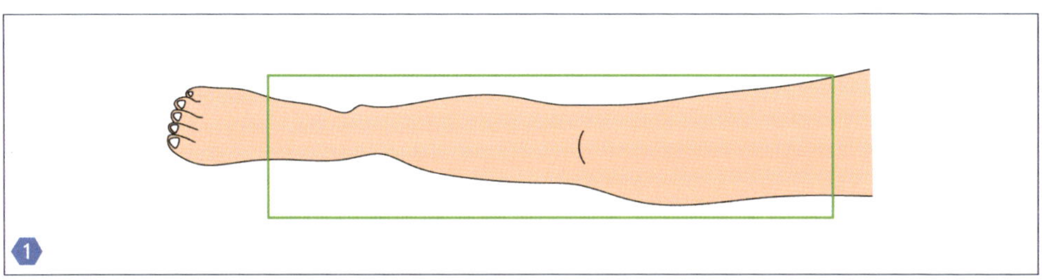

온습포 전체를 펼쳐서 다리 위에 얹는다.

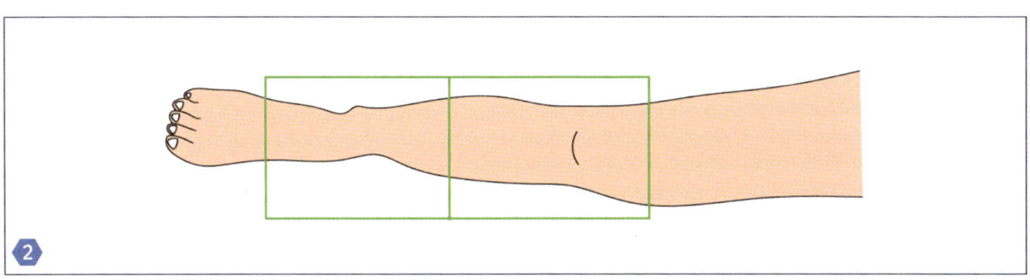

다리를 세등분하여 닦아내려 올 때 마다 습포를 삼등분하여 접어내려가며 깨끗한 부위로 닦는다.

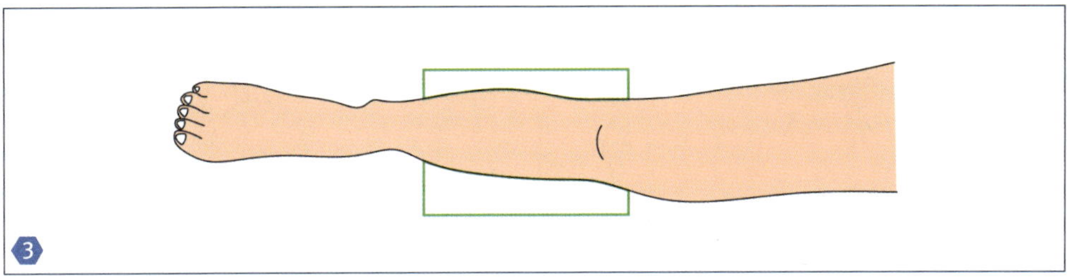

다리를 들어 접힌 습포로 닦아 내려온 후 펴서 발가락을 하나씩 닦아준다.

(5) 가슴 클렌징하기

• 주의사항

① 관리 부위는 쇄골에서 늑골까지이다.

② 고객의 머리 위에서 진행한다.

③ 유두는 유선과 연결되어 있으므로 테크닉하지 않는다.

④ 가슴 피부의 상태에 따라 클렌징 제품을 선택한다.

⑤ 매뉴얼 테크닉과 다르게 근육의 움직임이 없이 피부를 가볍고 신속하게 클렌징한다.

⑥ 토너를 이용하여 피부결을 정돈한다.

• 가슴 클렌징 테크닉

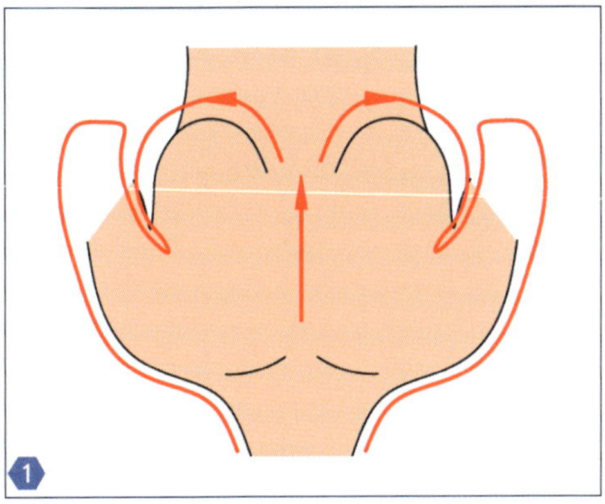

클렌저를 손에서 러빙하여 흉골라인을 따라 내려갔다가 가슴 밑라인 – 액와 팔안쪽 – 어깨라인으로 돌아온다.(5회)

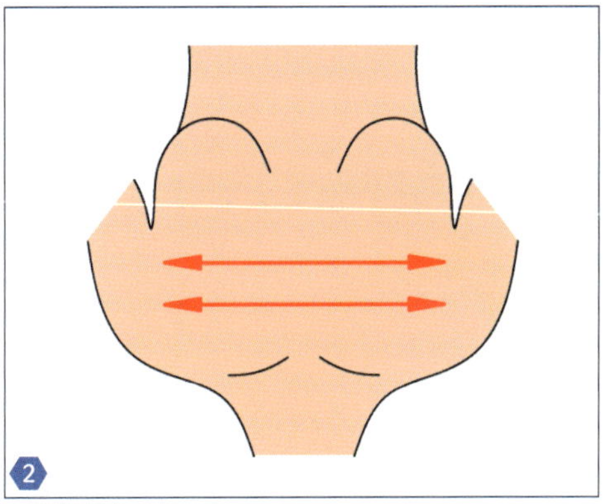

데콜데를 좌우로 쓰다듬는다.(수회)

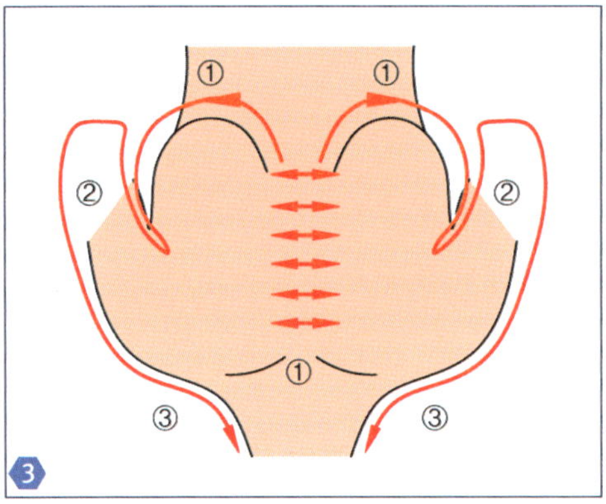

엄지손가락을 이용하여 흉골을 교차하며 내려가서 가슴 밑라인 – 액와 – 팔안쪽 – 어깨라인으로 돌아온다.(3회)

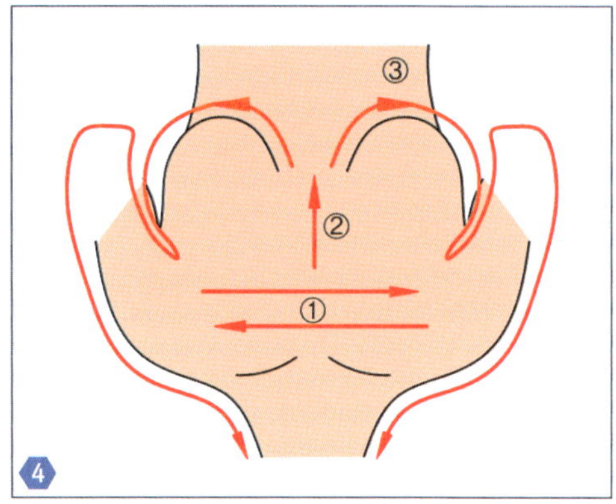

데콜데를 쓰다듬고 다시 1번 동작을 반복한다.(1회)

• 가슴 습포 테크닉

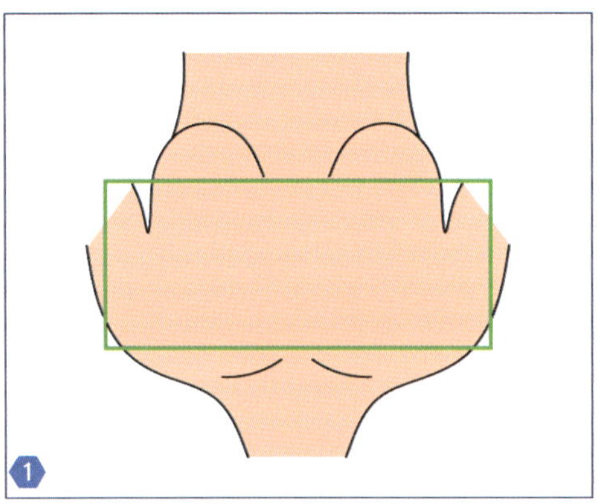

가슴 위에 온습포를 얹고 어깨를 가볍게 눌러준다.

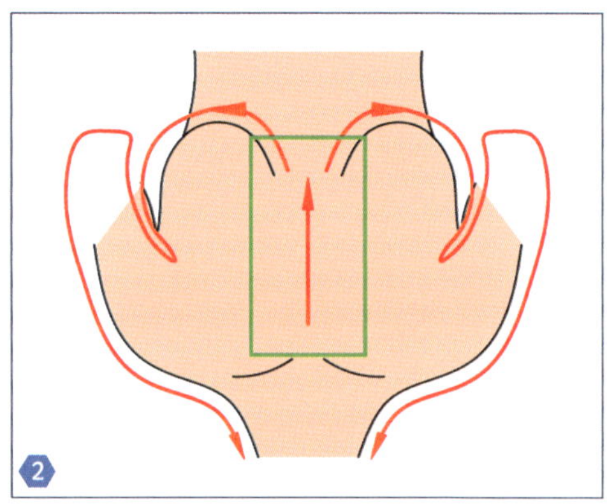

습포를 글러브로 만들어 가슴과 액와 및 팔, 어깨를 세심하게 닦아준다.

memo

3 전신 딥클렌징하기

CHAPTER

학·습·목·표

- 전신 피부 유형별 딥클렌징 제품을 선택할 수 있다.
- 딥클렌징 제품의 특성에 따라 전신 피부 유형에 맞게 적용하여 사용할 수 있다.
- 해당 피부미용 기기를 활용할 수 있다.

1 전신 딥클렌징의 개요

1) 딥클렌징의 정의

1차 클렌징으로 닦아지지 않는 모공 속의 노폐물, 죽은 각질을 2차 클렌징으로 닦아내는 행위로서 딥클렌징 제품과 피부미용 기기를 활용해 다음 단계인 영양물질 흡수를 용이하게 도와준다.

2) 딥클렌징의 목적 및 효과

딥클렌징은 클렌징으로 제거되지 않는 모공 속의 노폐물 및 피지를 제거할 수 있기 때문에 청결 상태를 높일 수 있는 단계이다. 혈액순환의 촉진으로 피부 표면을 부드럽게 하고 혈색을 좋게 해주고, 각질층의 미세 연마작용으로 피부결관리 및 간접 재생효과를 준다. 그리고 다음 단계의 화장품 유효성분의 침투를 촉진시키는 기능을 한다. 딥클렌징은 물리적 방법과 화학적 방법, 기기를 이용한 방법으로 구성되어 있다. 딥클렌징의 제품은 고객의 피부 타입에 맞는 제품을 선택하여 사용한다.

(1) 물리적 방법

① 스크럽(Scrub)

알갱이의 연마 성질을 이용해 물리적으로 피부 표면의 각질을 제거하는 방법이다. 알갱이는 천연의 씨앗, 조개껍데기 등을 사용하기도 하나 모양이 불규칙하고 거칠기 때문에 피부의 민감화나 스크래치가 생길 수 있다. 그래서 최근에는 합성 알갱이를 많이 사용하는 추세이다. 스크럽은 예민해질 수 있기 때문에 심한 러빙은 피하고 마사지 동작이 아닌 부드러운 관리가 진행되어야 한다. 눈이나 코, 입에 들어가지 않도록 주의해야 한다. 피부가 두껍고 칙칙한 안색인 피부에 사용하면 효과적이다. 단, 화농성 여드름, 흉터가 심한 피부, 민감성, 혈관 확장 피부에 사용을 금한다.

② 고마쥐(Gommage)

효소를 크림제형으로 제조한 제형으로, 제품을 도포 후 마르면 손을 이용하여 물리적으로 밀어서 제품과 함께 각질을 탈락시키는 방법이다. 제거 시에 눈, 코, 입에 들어가지 않도록 주의하며 홍반, 모세혈관 확장성 피부, 화농성 피부에는 적합하지 않다.

(2) 화학적 딥클렌징

① 효소(Enzyme)

효소는 촉매작용이 있어 화학적으로 죽은 각질을 분해하며, 대표적인 효소에는 파파인, 브로멜린, 라이스브랜 등이 있으며, 효소가 가장 활발히 활동하기 위해 온도(37℃), 습도(70%), pH(5~7)의 적합한 조건에서 활성화가 된다. 모든 피부에 적용 가능하며, 특히 건성 및 예민성 피부에 적합하다.

② AHA(α -hydroxy Acid)

AHA는 화학적 딥클렌징으로 과일 및 채소에서 자연적으로 발생되는 친수성 천연산이다. 피부에 사용 가능한 허용기준은 농도 10% 미만, pH 3.5 이상이어야 하며 그 이상의 농도는 의료기관에서 가능하다. Glycolic acid(사탕수수 추출 유기산), Lactic Acid(젖산), Malic Acid(사과산), Tartaric Acid(포도산), Citric Acid(감귤류 추출 유기산)으로 구성되어 있고 각질 탈락을 통한 간접 재생 및 보습의 기능을 가지고 있어 건성, 노화 피부에 적합하다. 다만 민감 피부는 주의해야 한다.

③ **BHA**(β -hydroxy Acid)

버드나무 껍질, 윈터그린, 자작나무에서 추출된 친유성 각질 제거제로 대표적으로 살리실산(Salicylic acid)이 있다. 친유성이기 때문에 모공 안쪽 각질도 제거가 가능하다. 살리실산은 아스피린의 파생물이기 때문에 항염 기능이 있어 여드름 관련 화장품에 포함되기도 한다. 각질 제거제로 0.5~2% 농도를 사용하며, 8~12% 농도는 사마귀 제거로 사용될 만큼 강한 효과를 가진다. 아스피린에 알레르기 반응을 보인다면 BHA의 사용을 금한다.

(3) 기계를 이용한 딥클렌징

① **전동브러시**(Frimator)

클렌저를 도포한 후 브러시의 회전을 통해 물리적으로 각질을 제거하는 방법이다. 대표적인 기계로는 프리마톨이 있다. 자극이 적은 부드러운 천연모를 사용하여 모공 및 묵은 각질을 제거한다. 피부에 자극이 없는 부드러운 천연 털의 브러시를 선택하여 미리 손등에 회전 속도를 테스트한다. 회전을 통한 마찰이기 때문에 미세 혈액순환 및 신진대사 활성화에 도움이 되며, 노폐물을 배출하기 때문에 림프순환에 도움이 된다. 딥클렌징 효과가 있으므로 안색이 맑아진다.

사용 시 브러시를 직각으로 피부에 닿도록 해서 회전시킨다. 가볍게 밀착시키지 않고 압을 가하면 예민해질 수 있다. 피부 타입에 따라 브러시의 터치를 조절해야 한다. 지성 피부는 거친 브러시를 빠르게 적용하고, 건성 피부는 부드러운 브러시로 느리게 적용한다(일반적으로 회전속도를 조절할 수 있다). 사용한 브러시는 중성세제에 세척해서 자외선 살균기에 소독 후 건조시켜야 한다. 단, 모세혈관 확장 피부, 화농성 피부, 알레르기, 일광화상, 제모 후, 상처가 있는 피부는 사용을 금한다.

2 전신 딥클렌징하기

1) 딥클렌징의 순서

(1) 효소(Enzyme)

① 고객의 머리카락을 터번으로 깔끔하게 감싼다.
② 알코올로 관리사의 손소독을 꼭 해야 한다.
③ 파우더와 물을 보울(bowl)에 적당량 섞어 충분히 개어준다.
④ 일정한 두께로 붓을 이용해 부위별로 펴 바른다.
⑤ 스팀을 분사하거나 따뜻한 온습포를 올려놓는다.
⑥ 10~15분 경과 후 온습포를 이용하여 깨끗하게 닦아낸다.
⑦ 토너를 이용하여 피부결을 정돈한다.

(2) 스크럽(Scrub)

① 고객의 머리카락을 터번으로 깔끔하게 감싼다.
② 알코올로 관리사의 손소독을 꼭 해야 한다.
③ 알갱이가 있는 스크럽을 보울(bowl)에 덜어 부위별로 골고루 바른다.
④ 5~7분 정도 지난 후에 물을 손에 적시면서 문지른다.
⑤ 온습포를 이용하여 깨끗하게 닦아낸다.
⑥ 토너를 이용하여 피부결을 정돈한다.

(3) AHA(α -hydroxy Acid), BHA(β -hydroxy Acid)

① 고객의 머리카락을 터번으로 깔끔하게 감싼다.
② 알코올로 관리사의 손소독을 꼭 해야 한다.
③ 제품을 보울(bowl)에 덜어 브러시로 골고루 바른다.
④ 10분 정도 지난 후에 냉습포를 이용하여 깨끗하게 닦아낸다.
⑤ 토너를 이용하여 피부결을 정돈한다.

(4) 후리마톨(Frimator)

① 고객의 머리카락을 터번으로 깔끔하게 감싼다.
② 알코올로 관리사의 손소독을 꼭 해야 한다.
③ 제품을 보울(bowl)에 덜어 부위별로 펴 바른다.
④ 선택된 브러시로 본인의 손등에 회전속도를 테스트한다.
⑤ 몸매 근육결에 따라 브러시를 회전시킨다.
⑥ 3~5분 정도로 딥클렌징한다(피부 유형에 따라 시간은 조절할 수 있다).
⑦ 온습포를 이용하여 깨끗하게 닦아낸다.
⑧ 토너를 이용하여 피부결을 정돈한다.

2) 부위별 클렌징하기(스크럽 기준)

(1) 등 딥클렌징하기

• **주의사항**

① 관리 부위는 목에서 엉덩뼈 위까지이다.
② 고객의 머리 위에서 진행한다.
③ 등 피부의 상태에 따라 딥클렌징 제품을 선택한다.
④ 매뉴얼 테크닉과 다르게 근육의 움직임이 없이 피부를 가볍고 신속하게 딥클렌징한다.
⑤ 토너를 이용하여 피부결을 정돈한다.

• 등 딥클렌징 테크닉

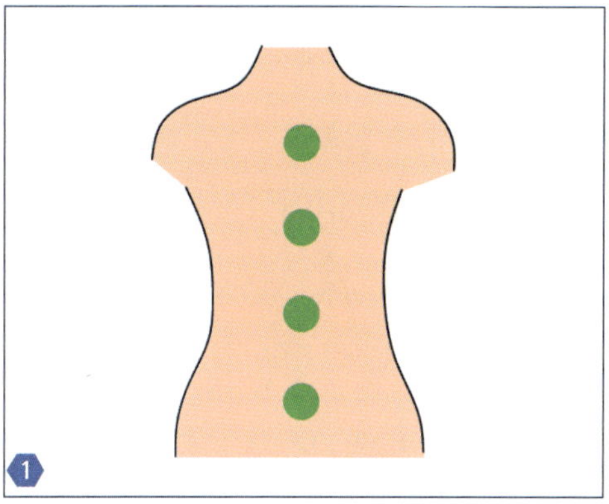

딥클렌저를 피부에 도포한다.

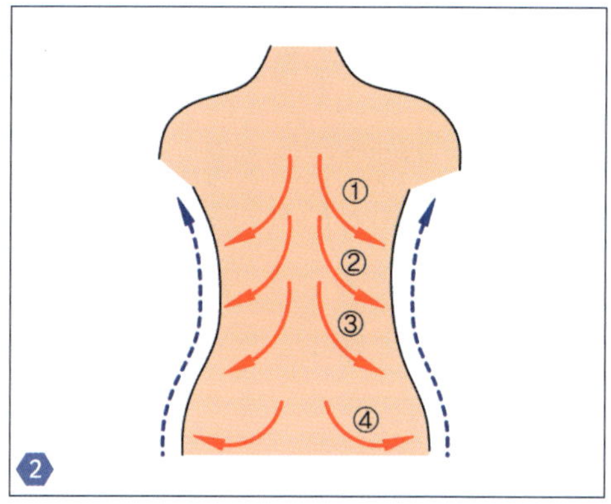

피부에 전체적으로 가볍게 문지른다.(3회)

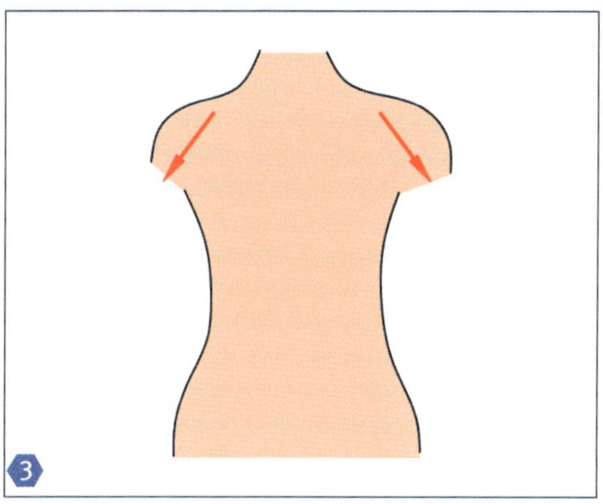

어깨에서 삼각근까지 쓰다듬어 준다.(수회)

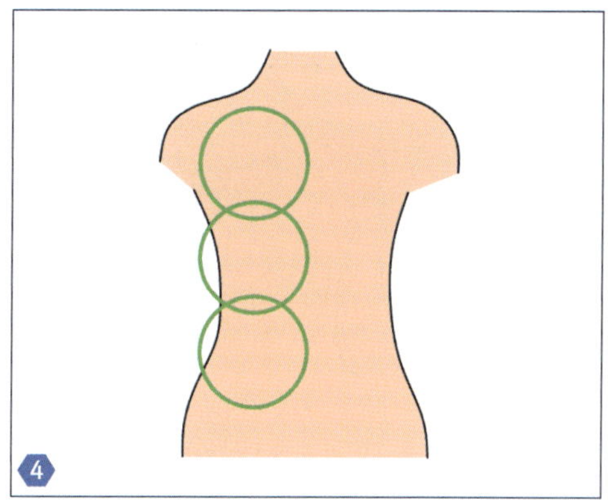

한쪽 등을 큰 원을 그리며 문지르며 내려가서 옆라인 타고 액와방향으로 올라온다.(3회)

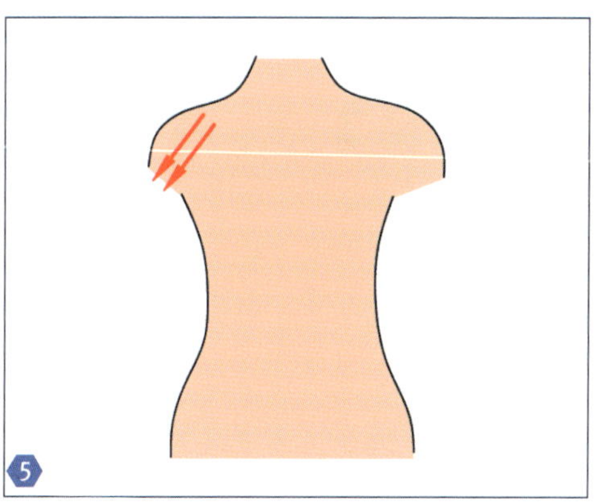

두 손을 이용하여 삼각근을 세심히 쓰다듬어 준다.(수회)

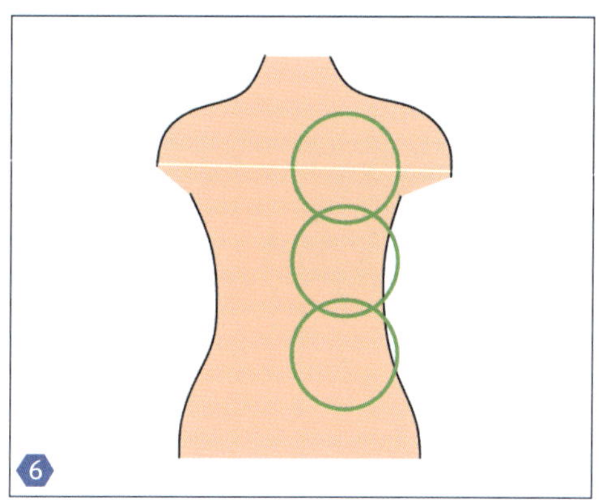

반대쪽 등을 큰 원을 그리며 문지르며 내려 간다.(3회)

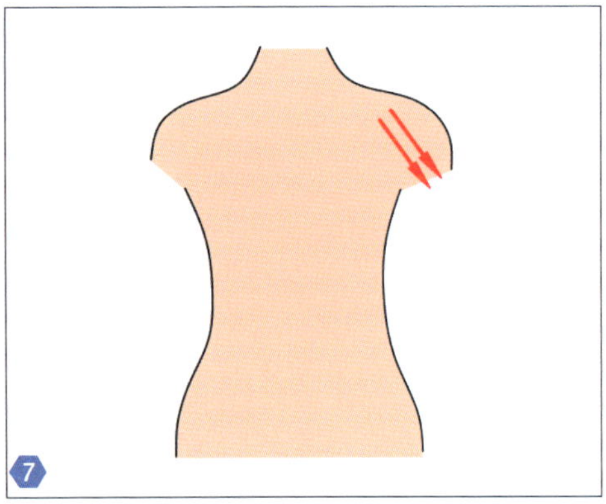

두 손을 이용하여 삼각근을 세심히 쓰다듬어 준다.(수회)

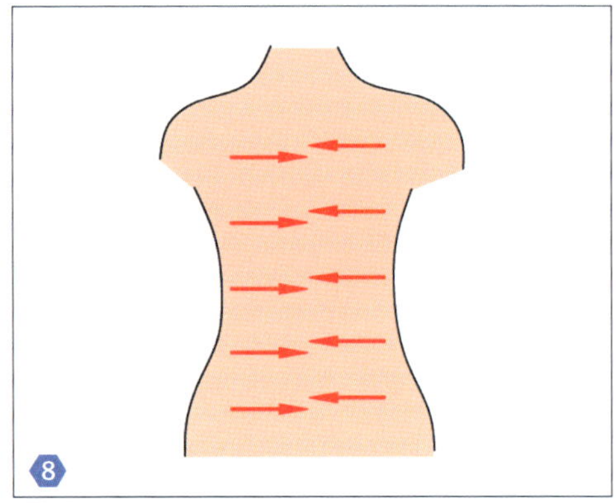

고객의 옆으로 이동한다. 그리고 각 손을 좌우 옆라인에 두고 모으듯 등 전체를 반죽해 준다.(3회)

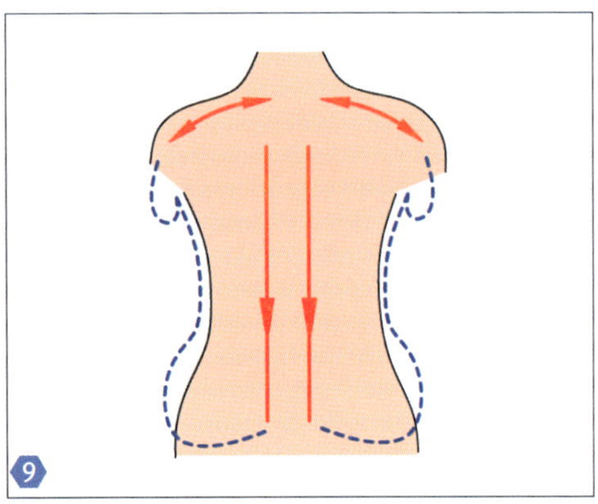

등 전체를 쓸어준 후 마지막 마무리로 어깨를 둥글려 준 후 목에서 마무리한다.(3회)

(2) 복부 딥클렌징하기

• 주의사항

① 관리 부위는 늑골 아래에서 서혜부 윗라인까지이다.

② 고객의 복부 옆에서 진행한다.

③ 복부 피부의 상태에 따라 딥클렌징 제품을 선택한다.

④ 고객의 호흡에 맞춰서 진행하며 장기가 있으므로 강하게 누르지 않도록 한다.

⑤ 매뉴얼 테크닉과 다르게 근육의 움직임이 없이 피부를 가볍고 신속하게 딥클렌징한다.

⑥ 토너를 이용하여 피부결을 정돈한다.

• 복부 딥클렌징 테크닉

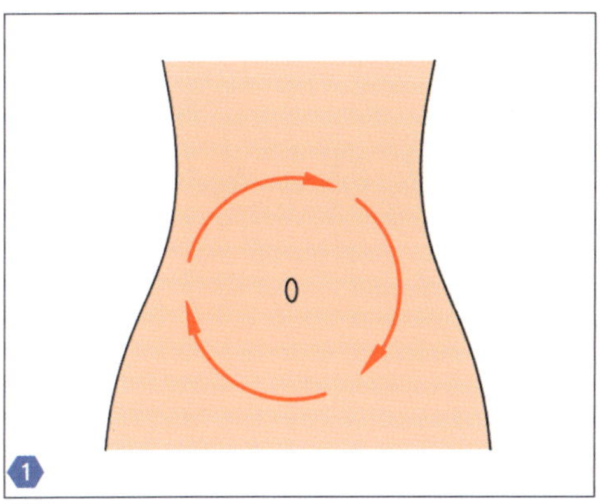

딥클렌저를 손에서 러빙하여 시계방향으로 쓸어준다.(5회)

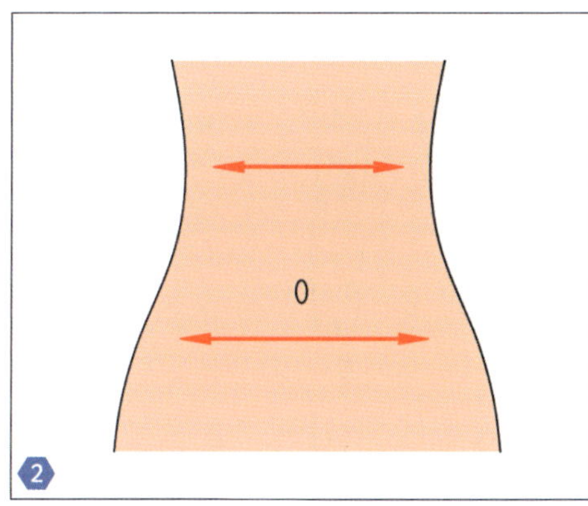

양손 복부 교대로 쓸어준다.(3회)

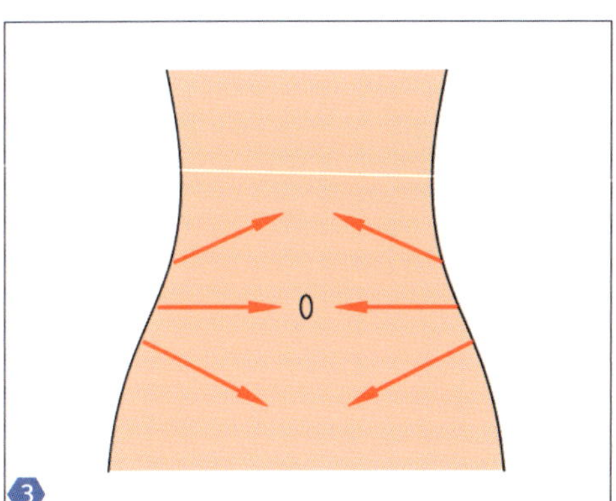

양 손을 엇갈리며 바깥쪽 허리에서 안쪽 배꼽 부분으로 쓸어서 펴 바르기 한다.(5회)

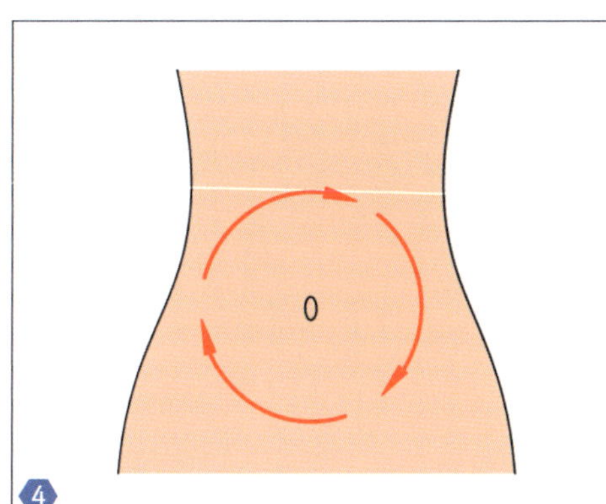

시계방향으로 쓸어준다.(5회)

(3) 손, 팔 딥클렌징하기

- **주의사항**

① 관리 부위는 어깨에서 손끝까지이다.

② 고객의 팔 옆에서 진행한다.

③ 손, 팔 피부의 상태에 따라 딥클렌징 제품을 선택한다.

④ 매뉴얼 테크닉과 다르게 근육의 움직임 없이 피부를 가볍고 신속하게 딥클렌징한다.

⑤ 토너를 이용하여 피부결을 정돈한다.

- **손, 팔 딥클렌징 테크닉**

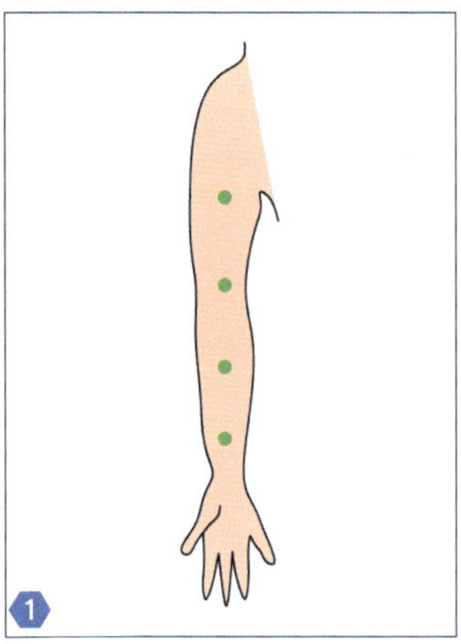

딥클렌저를 피부에 도포한다.

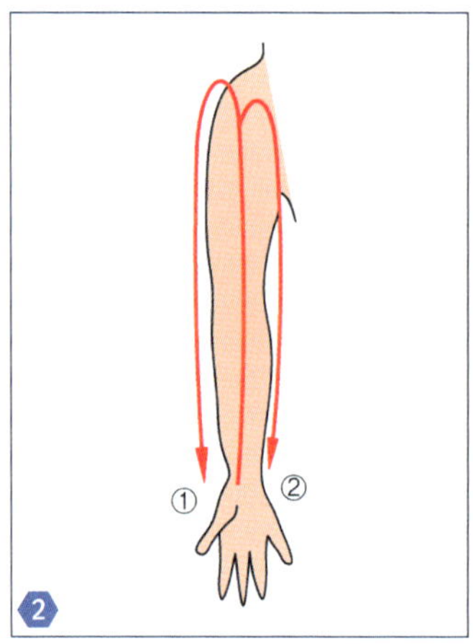

클렌저를 손에서 러빙하여 손끝에서 어깨방향으로 쓸어준다.(5회)

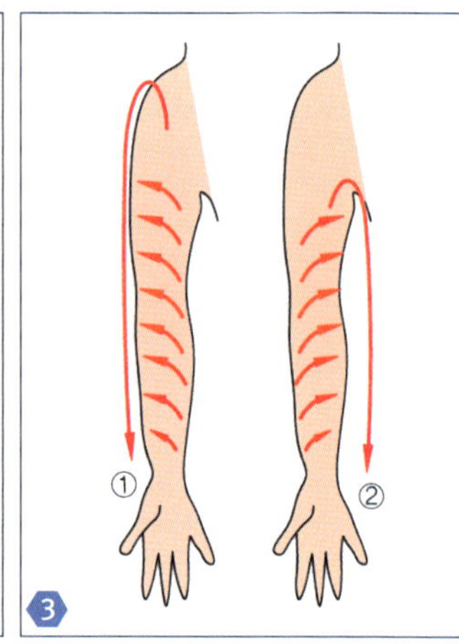

엄지를 이용하여 팔 바깥쪽, 안쪽 나선형 그려 올라가 손바닥으로 쓸어내린다.(3회)

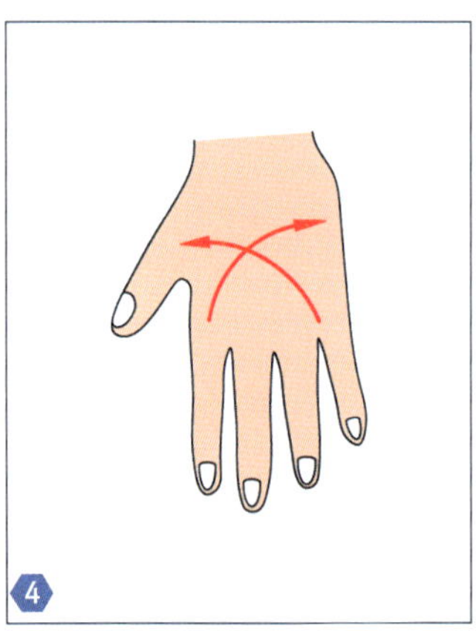

손등, 손바닥을 수근으로 교차하며 문지른다.(수회)

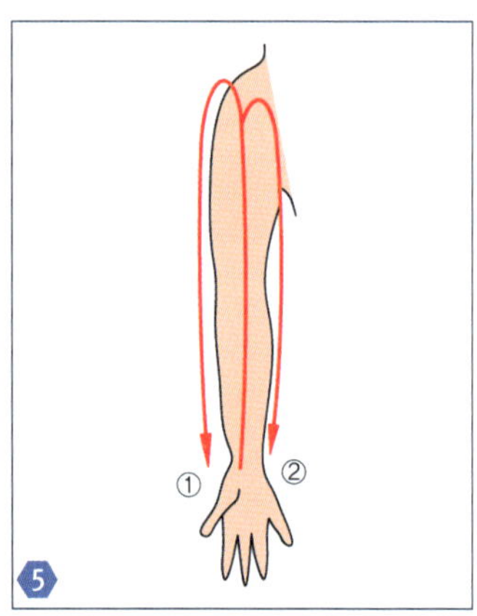

다시 1번 동작을 반복하며 마무리한다.(3회)

(4) 발, 다리 딥클렌징하기

• **주의사항**

① 관리 부위는 둔부에서 발끝까지이다.

② 고객의 다리 옆에서 진행한다.

③ 발, 다리 피부의 상태에 따라 딥클렌징 제품을 선택한다.

④ 매뉴얼 테크닉과 다르게 근육의 움직임이 없이 피부를 가볍고 신속하게 딥클렌징한다.

⑤ 토너를 이용하여 피부결을 정돈한다.

• **발, 다리 딥클렌징 테크닉**

– 뒷면 다리

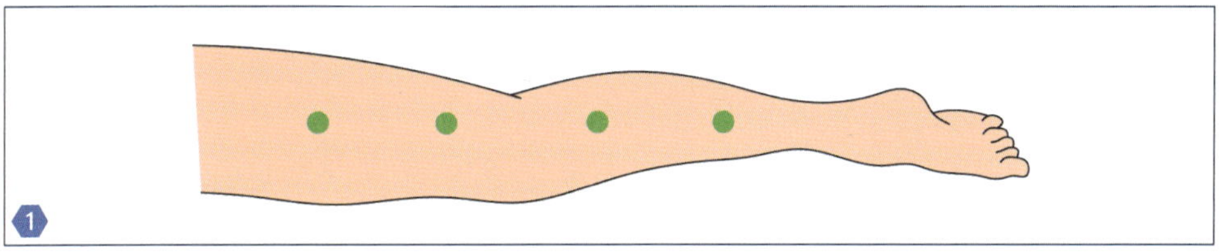

딥클렌저를 피부에 도포한다.

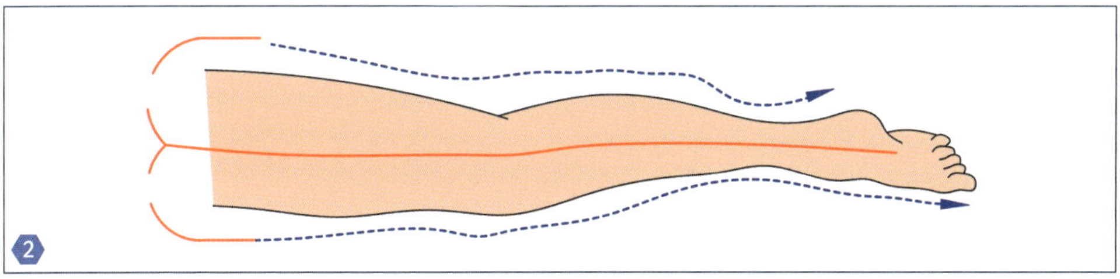

발 뒤부터 허벅지까지 쓸어올라간 후 옆라인으로 돌아 내려와 발바닥을 쓰다듬는다.(3회)

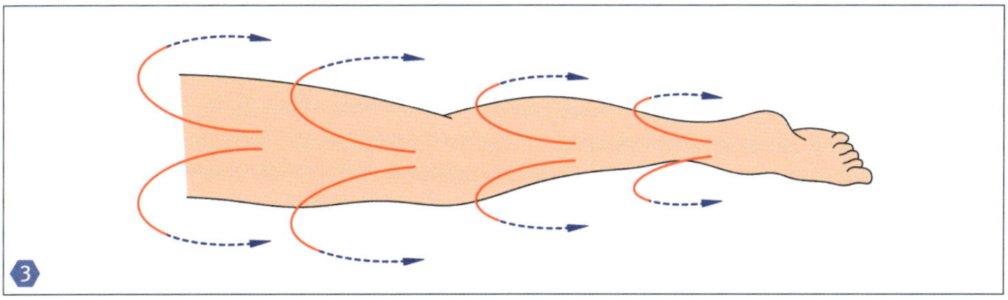

손바닥으로 하트를 그리며 올라간다.(3회)

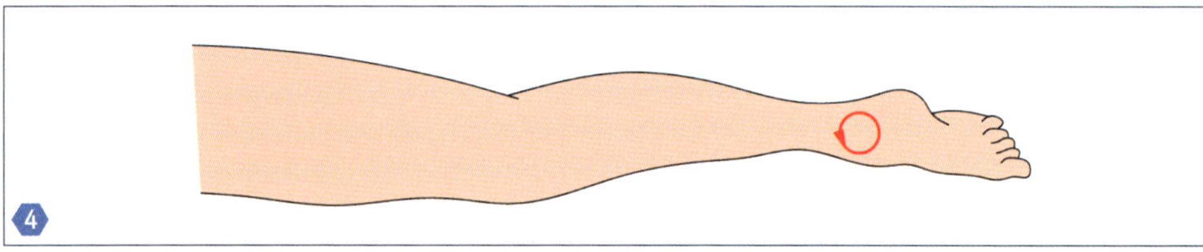

아킬레스건과 발뒷굼치를 손바닥으로 가볍게 쥐듯이 쓰다듬는다.(수회)

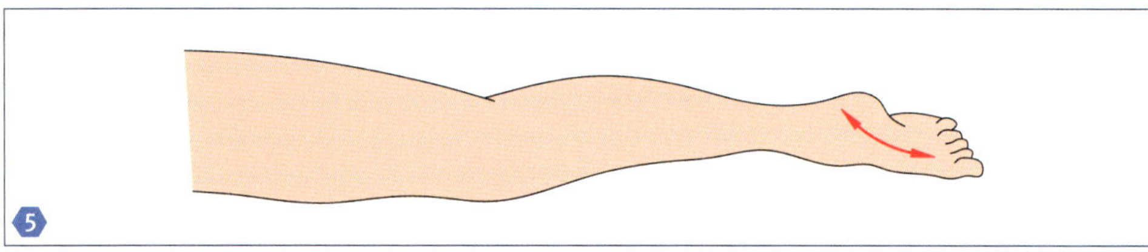

엄지를 이용해 발바닥과 발가락을 왕복으로 문지른다.(수회)

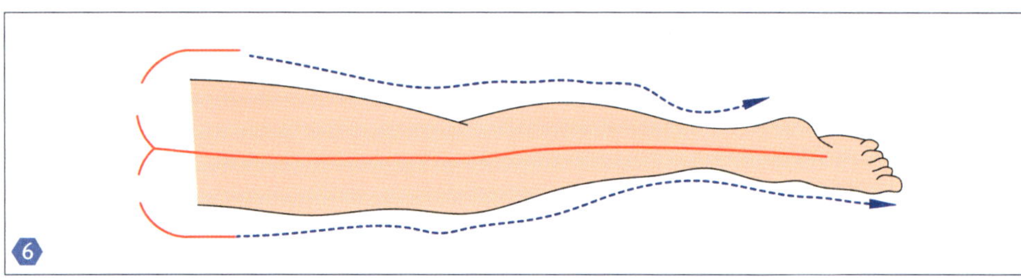

다시 1번 동작을 반복하며 마무리한다.(3회)

– 앞면 다리

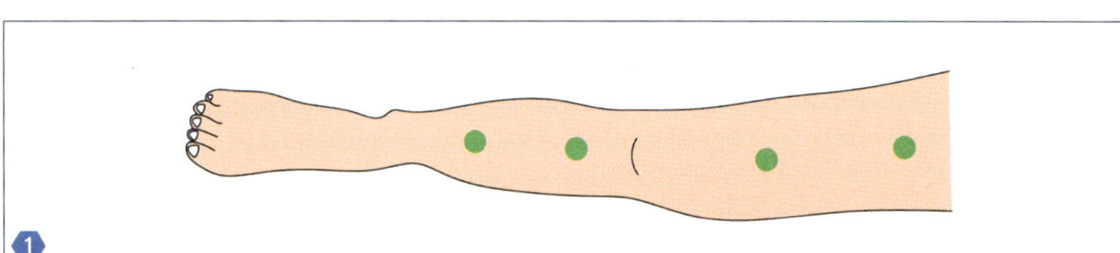

딥클렌저를 피부에 도포한다.

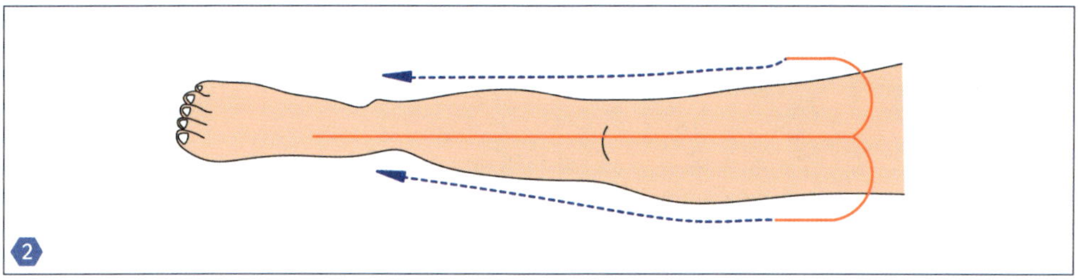

발등부터 허벅지까지 쓸어올라간 후 옆라인으로 돌아 내려온다.(3회)

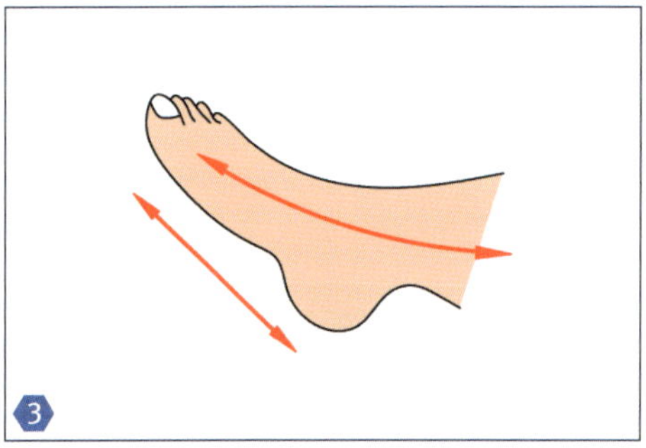

손바닥을 이용해 발등과 바닥을 쓸어준다.(수회)

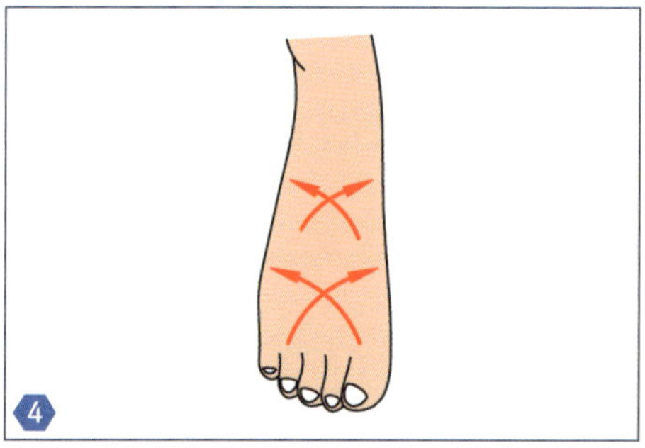

엄지손가락으로 발등을 쓸어준다.(수회)

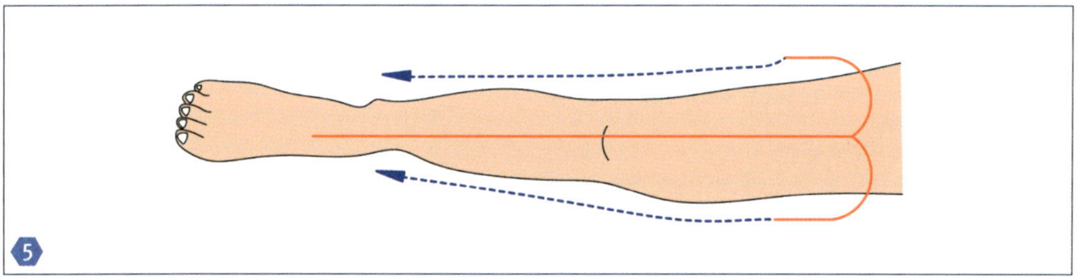

다시 1번 동작을 반복하며 마무리한다.(3회)

(5) 가슴 딥클렌징하기

- **주의사항**

① 관리 부위는 쇄골에서 늑골까지이다.

② 고객의 머리 위에서 진행한다.

③ 유두는 유선과 연결되어 있으므로 테크닉하지 않는다.

④ 가슴 피부의 상태에 따라 딥클렌징 제품을 선택한다.

⑤ 매뉴얼 테크닉과 다르게 근육의 움직임 없이 피부를 가볍고 신속하게 딥클렌징한다.

⑥ 토너를 이용하여 피부결을 정돈한다.

- **가슴 딥클렌징 테크닉**

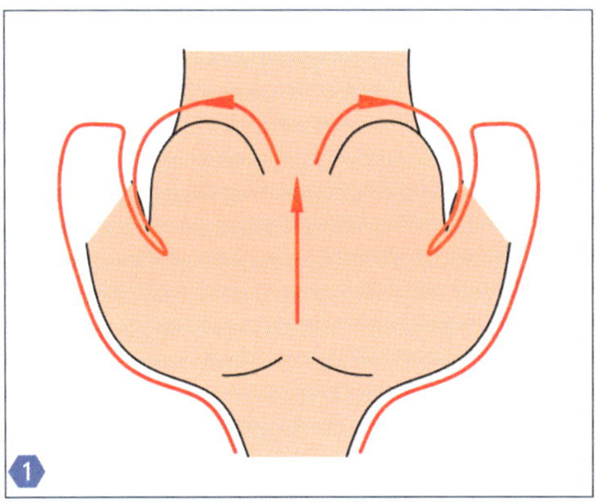

딥클렌저를 손에서 러빙하여 흉골 라인을 따라 내려갔다가 가슴 밑라인–액와 팔안쪽–어깨 라인으로 돌아온다.(5회)

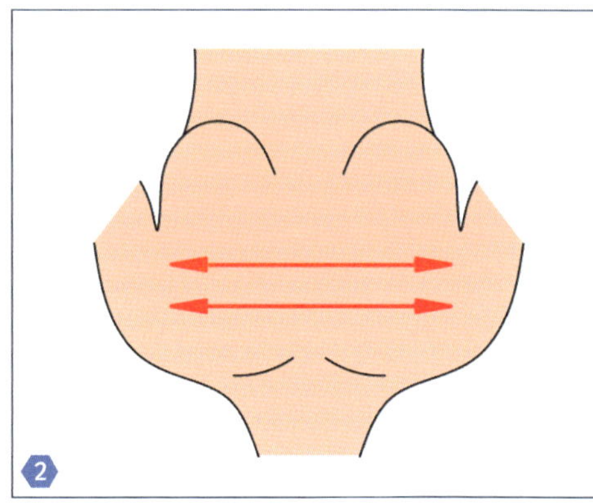

데콜데를 좌우로 쓰다듬는다.(수회)

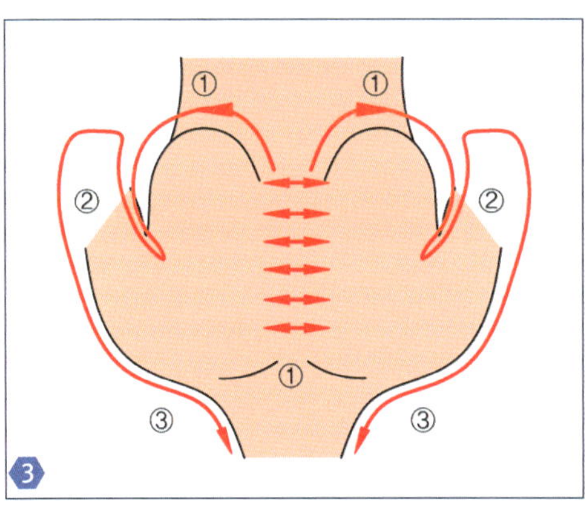

엄지손가락을 이용하여 흉골을 교차하며 내려가서 가슴 밑라인–액와–팔안쪽–어깨라인으로 돌아온다.(3회)

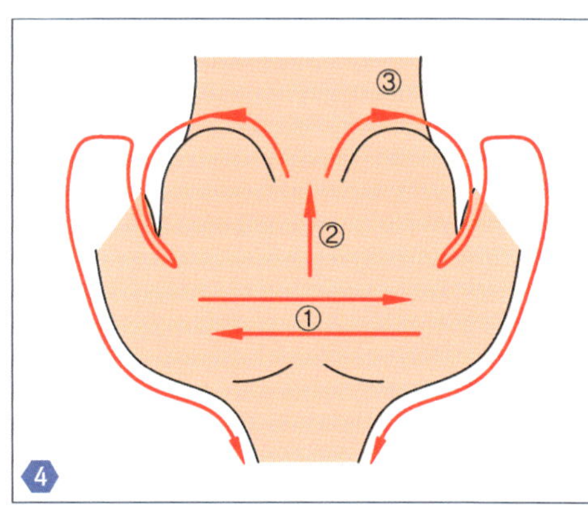

데콜데를 쓰다듬고 다시 1번 동작을 반복한다.(1회)

memo

CHAPTER 4

전신 매뉴얼 테크닉하기

1 전신 매뉴얼 테크닉의 개요

수기를 통해 전신 또는 부위별 피부와 근육을 관리하는 것으로 혈액순환을 돕고 노폐물을 배출하여 신진대사의 효율성을 높이는 대표적인 전신관리 방법이다. 가장 난이도가 높으며 관리사의 테크닉 차이를 많이 느끼는 관리이므로 해부학에 대한 이해와 피부의 생리를 심도 있게 공부하고 익숙해질 수 있도록 반복적인 연습이 필요하다.

2 전신 매뉴얼 테크닉의 목적 및 효과

매뉴얼 테크닉은 전신관리에서 가장 직접적인 효과를 주는 테크닉으로 밸런스를 유지시켜 준다. 뭉친 근육을 이완시킴으로써 틀어진 체형의 균형을 유지해주며 혈액순환을 도와 전신의 피부 세포에 영양을 공급하고 노폐물을 신속하게 배출시키는 데 효과가 있다. 현대인의 스트레스 해소에 도움을 주며 신경계에 진정효과가 있어 육체와 정신의 안정을 도모한다.

1) 전신 매뉴얼 테크닉의 효과

① 피부의 신진대사가 활발해지고, 피부에 영양분을 공급한다.
② 피지선 및 한선의 기능을 촉진시켜 모공을 열어주고 피지와 땀의 분비를 촉진시킨다.
③ 모세혈관을 튼튼하게 한다.
④ 피부의 혈액순환을 촉진시켜 산소 및 영양공급을 원활하게 한다.

⑤ 림프 흐름이 촉진되어 체내에 발생한 노폐물 배출이 용이하게 하고 면역력을 향상시켜 준다.

⑥ 세포의 재생을 도와준다.

⑦ 부종과 진통 및 긴장을 완화시킨다.

⑧ 교감신경의 과도한 긴장을 풀어주어 균형이 회복되고, 부교감 신경계가 자극되어 정신적인 스트레스 완화 및 심리적인 안정 효과를 준다.

⑨ 근육 속의 혈액이나 림프의 흐름을 촉진시켜 노폐물 배출을 도와주고, 긴장 완화 및 피로 회복에 효과를 준다.

⑩ 관절 내의 혈액순환을 좋게 하고 관절액의 분비를 촉진시켜 관절 운동의 유연성을 높여준다.

⑪ 근육량이 부족한 체형과 비만체형을 위한 체형관리에 적용할 수 있다.

3 전신 매뉴얼 테크닉 활용 방법

1) 쓸어서 펴 바르기(쓰다듬기, Effleurage)

① 매뉴얼 테크닉의 처음과 마무리 단계에 쓰인다.

② 손바닥을 이용하여 피부 표면을 쓰다듬는 동작으로 피부 표면에 모세혈관을 확장시켜 혈액을 피부 표면에 많이 흐르게 하며 신경을 알맞게 자극한다.

③ 일정한 속도와 압력으로 적용한다.

④ 가장 일반적으로 많이 사용하며 피부의 안정감을 준다.

⑤ 정맥과 림프의 순환에 도움을 준다.

2) 밀착하여 펴 바르기(문지르기, Friction)

① 쓰다듬기보다 조금 더 깊은 조직에 효과가 있다.

② 넓은 부위에 주로 많이 쓰이며 손바닥 부분을 이용하여 지그시 밀착하여 움직이는 동작으로 체형관리에 가장 많이 쓴다.

③ 부착된 근육을 분리하는데 적용한다.

④ 관절과 연결조직에 적용한다.

⑤ 압력을 통해 조직 사이에 부종을 짜주는 역할을 한다.

3) 어루만져 펴 바르기(반죽하기, Petrissage)

① 근육을 쥐고 손가락 전체를 이용하여 반죽하듯 주물러서 부드럽게 하는 방법이다.
② 주무르고, 당기고, 돌리고, 쥐어짜고, 밀고, 올리고 하는 테크닉을 포함한다.
③ 신체에 활력을 불어 넣는다.
④ 운동 후 젖산을 제거할 때 적용한다.
⑤ 압력을 통해 조직 사이에 부종을 짜주는 역할을 한다.

4) 토닥토닥 펴 바르기(두드리기, Tapotement)

① 손가락을 이용하여 빠른 동작으로 리듬감있게 두드린다.
② 영양을 고루 보충시키기 위해서 가볍게 두드린다.
③ 두드리는 모든 종류의 테크닉을 포함한다.
④ 짧은 시간 동안 적용하면 근육에 활력을 불어넣는다.
⑤ 긴 시간 동안 적용하면 근육을 안정시킨다.

5) 떨며 펴 바르기(흔들어주기, Vibration)

① 손끝이나 손 전체로 등을 진동시킨다.
② 신경 조직을 진정시킨다.
③ 장부의 연동운동을 돕는다.
④ 장시간의 떨며 펴 바르기는 통증을 완화시키는 효과가 있다.

1 등관리하기

학·습·목·표

- 등 피부 유형에 맞는 제품을 선택할 수 있다.
- 등의 상태를 파악하고 목적에 맞는 매뉴얼 테크닉을 적용할 수 있다.
- 시간, 속도, 리듬, 밀착, 세기를 고려하여 등 매뉴얼 테크닉을 구사할 수 있다.

1) 등관리하기 개요

현대인들에게 가장 문제가 되는 어깨, 허리통증 및 측만증 등을 보면 몸의 중심을 잡는 척추가 있다. 잘못된 습관에 의해 틀이 무너지면서 건강한 체형이 유지되지 못하고 만성 문제들이 지속되고 있다. 특히 승모근의 경우 가장 스트레스 받는 근육으로 솟아오른 형태로 보여지고, 미용적으로 이 부분을 낮추기 위해 보톡스 주사를 맞기도 할 정도이다.

등관리는 몸의 중심을 세우는 척추를 중심으로 연결된 근육을 관리하여 운동성을 확보해 준다. 그리고 등의 척추뼈 안에 존재하는 중추신경계와 척추뼈 사이로 빠져나온 말초신경계의 전달능력을 높임으로써 질 높은 건강을 도모할 수 있다. 분석표에 의한 피부 상태, 몸매 균형 등을 고려하여 목적에 맞는 매뉴얼 테크닉과 피부미용 기기 및 기구를 활용하여 피부 유형별 제품을 선택해서 테크닉을 구사한다.

2) 등관리 목적

습관에 의하여 불균형된 몸매의 균형을 잡아주고 중추신경과 자율신경의 밸런스를 맞춰 주는 행위로서 근육을 이완시켜 관리한다.

3) 등 근골격계

(1) 등 골격

① 척주(Vertebral Column)

척주(Vertebral Column)는 몸통의 지주를 이루고 있으며 그 위치에 따라 경추(Cervical) 7개, 흉추(Thorocic) 12개, 요추(Lumbar) 5개, 천추(Sacral) 5개, 미추(Coccyx) 3~5개로 이루어져 있다. 그중 천추 5개가 융합하여 천골이 되고, 미추 3~5개가 융합하여 1개의 미골이 되었다.

척주는 우리 몸의 중심을 잡아주는 역할을 하며, 자세의 불균형 시 측만증, 전만증, 후만증 등이 생길 수 있으며, 보행의 불편함이나 얼굴의 비대칭 등으로 인한 다양한 문제점이 발생되기도 한다.

㉠ 경추(Cervical Vertebae)

경추는 7개이며 목을 구성하고 있다.

㉡ 흉추(Thoracic Vertebae)

흉추는 12개로 구성되어 있으며 경추와 요추의 중간 사이즈이다. 극돌기가 길고 아래쪽으로 급경사를 이룬다.

㉢ 요추(Lumbar Vertebae)

요추는 5개로 구성되어 추체가 크며 극돌기는 짧고 도끼 모양이다. 가장 스트레스 받는 곳이므로 추체가 크고 튼튼하다.

㉣ 천골(Sacrum)

5개의 천추가 융합되어 형성되었으며 천골의 전면은 오목하고 매끈하나 천추의 융합선인 횡선(Transverse Line)이 존재한다. 그 양쪽에는 4개의 전천골공(Anterior Sacral Foramen)이 있다.

㉤ 미골(Coccyx)

미추 3~5개가 융합되어 1개의 미골이 되었으며 천골과 연결되어 있다.

② 견갑골(Scapula)

견갑골은 흉곽 후면 외측 상방에 존재하며 제2~7번 늑골 범위 안에 걸친 크기이다. 견갑은 쇄골과 연결되는 견봉(Acromion)과 부리처럼 생긴 오훼돌기(Coralcoid Process)로 이루어져 가슴과 팔 관련 근육의 부착 부위로 존재하며 이는 견갑이 뒤로 빠지지 않게 균형을 잡아주는 역할을 한다.

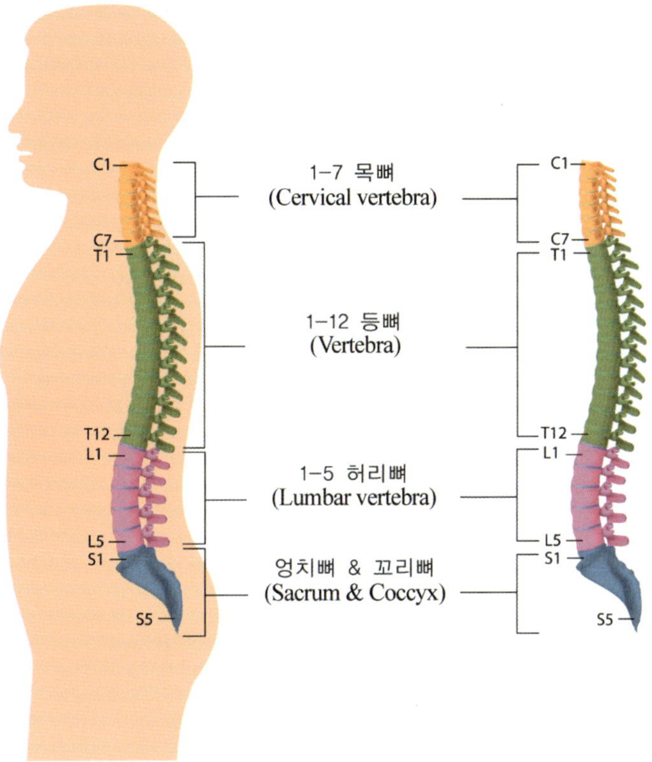

[척추부위 (VERTEBRAL REGIONS)]

• 그림 11 • 등 골격계

(2) 등근육

① 승모근(Trapezius)

승모근은 좌우 견갑골을 척주쪽으로 움직여서 가슴을 펴는 운동을 한다.

㉠ 상승모근

- 작용 : 견갑골을 위로 당기며 머리를 뒤나 옆으로 굽힌다.

㉡ 중승모근

- 작용 : 견갑골을 내측으로 당긴다.

㉢ 하승모근

- 작용 : 견갑골을 아래로 당기면서 외측 회전시킨다.

② **광배근(Latissimus Dorsi)**

상완을 내전과 내회전을 담당한다. 수영이나 노젓기 등 팔을 뒤로 잡아당기는 데 관여한다.

- 작용 : 상완의 신전, 내전, 내회전

③ **능형근(Rhomboideus)**

승모근의 아래에 있으며 견갑골을 내상방으로 잡아당긴다.

㉠ 소능형근(Rhomboid Minor)

- 작용 : 견갑골 내전과 회전

㉡ 대능형근(Rhomboid Major)

- 작용 : 견갑골 내전과 회전

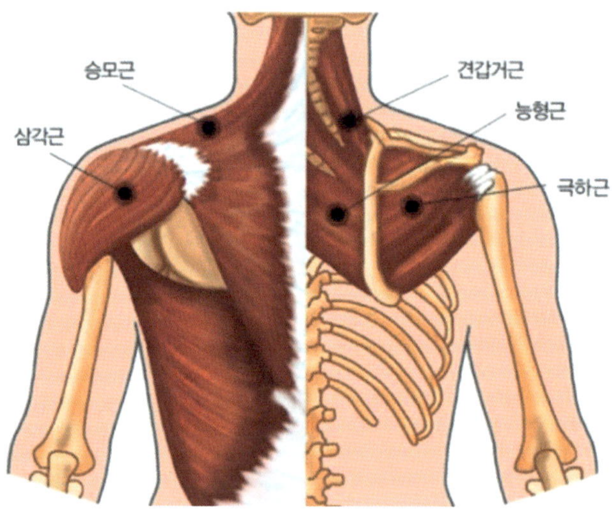

• 그림 12 • 등 근육계

4) 주의사항

① 관리 부위를 제외한 나머지 부분은 타월로 잘 감싸준다.

② 뼈에 무리가 가는 동작은 삼가한다.

5) 등 관리하기

① 관리 부위 외 신체 다른 부위는 타월로 잘 감싸준다.

② 피부 유형에 맞는 성분의 오일이나 크림을 바른다.

③ 등 부위 피부와 근육 상태에 맞게 5가지 동작(쓸어서 펴 바르기, 밀착하여 펴 바르기, 어루만져 펴 바르기, 토닥토닥 펴 바르기, 떨며 펴 바르기)을 리듬, 세기, 속도, 밀착, 시간을 고려하여 테크닉한다.

④ 전신관리 기기를 활용하여 관리한다.

⑤ 온습포를 이용하여 깨끗하게 닦아낸다.

⑥ 토너를 이용하여 피부결을 정돈한다.

⑦ 피부 유형과 고객의 니즈에 맞는 크림이나 로션으로 마무리한다.

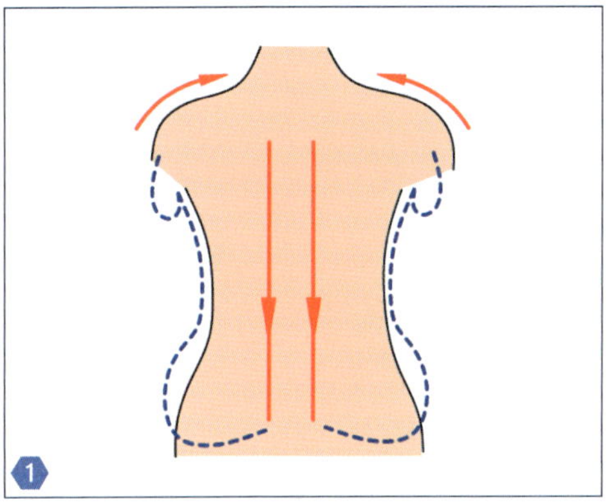

손바닥으로 등 전체를 쓸어서 쓸어준다. (6회)

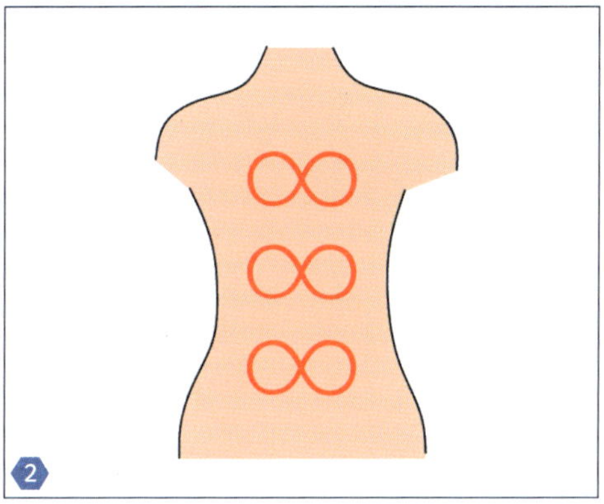

등 전체를 8자로 쓸어준다.(2회)

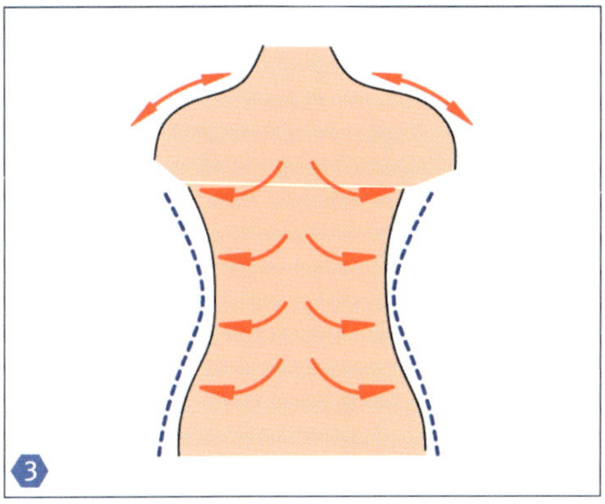

손바닥과 손가락으로 4~5등분으로 나누어 쓸고내려가 옆라인을 따라 올라온 후 어깨를 왕복 쓰다듬는다.(3회)

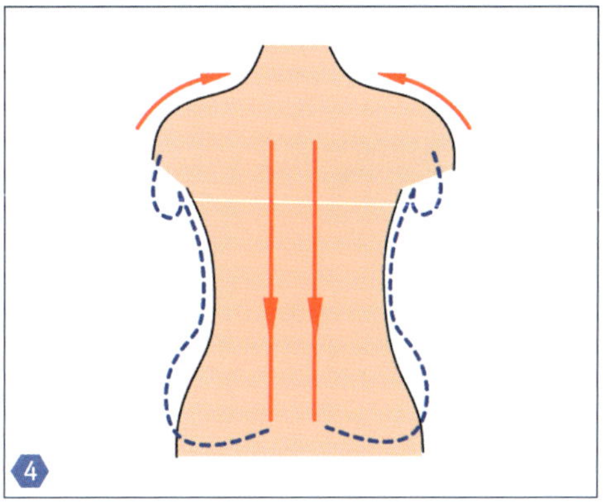

손바닥으로 등 전체를 쓸어서 쓸어준다. (3회)

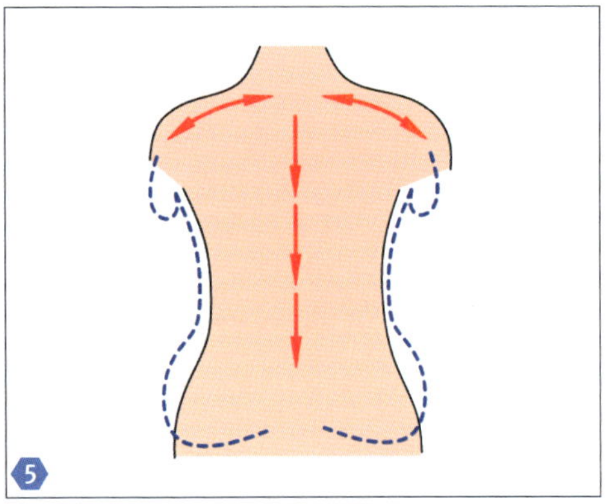

척추라인 따라 손을 교차하며 내려가 둔부에서 돌아 올라온 후 어깨를 왕복 쓰다듬는다.(3회)

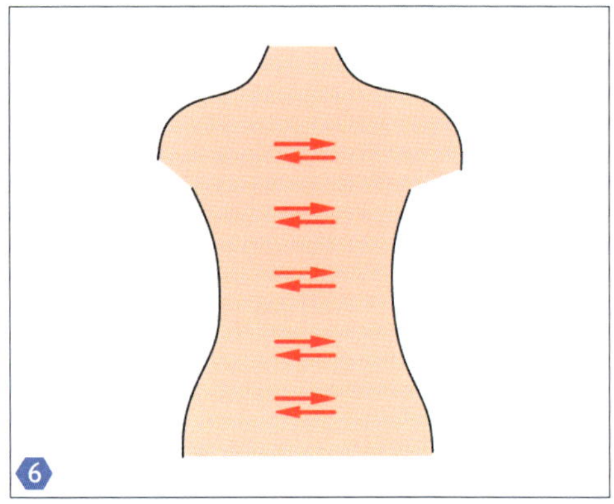

양 엄지손가락으로 척추 마디마다 문질러 준다.(3회)

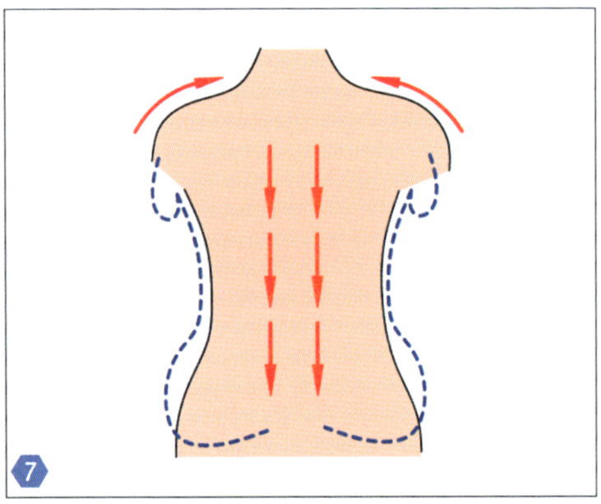

주먹을 가볍게 쥐고 등을 상, 중, 하로 나누어 왕복하며 내려갔다가 다시 올라온다.(3회)

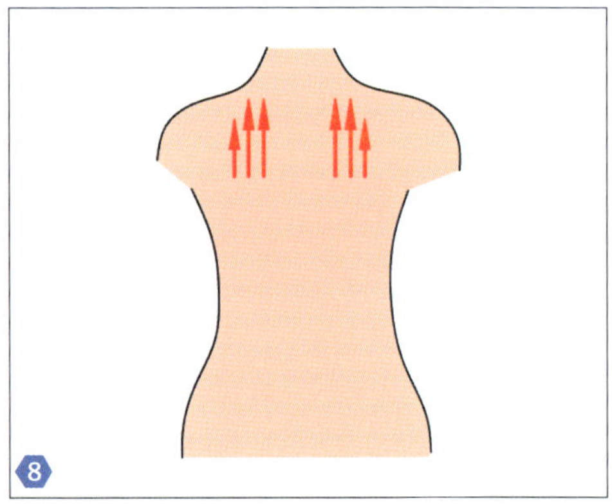

견갑과 척추 사이를 엄지를 이용하여 고객의 윗 방향으로 문지른다.(3회)

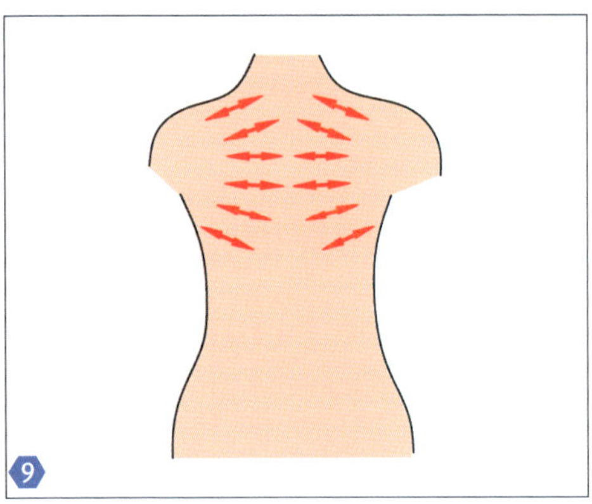

견갑내측라인을 엄지손가락으로 교차하며 문지른다.(3회)

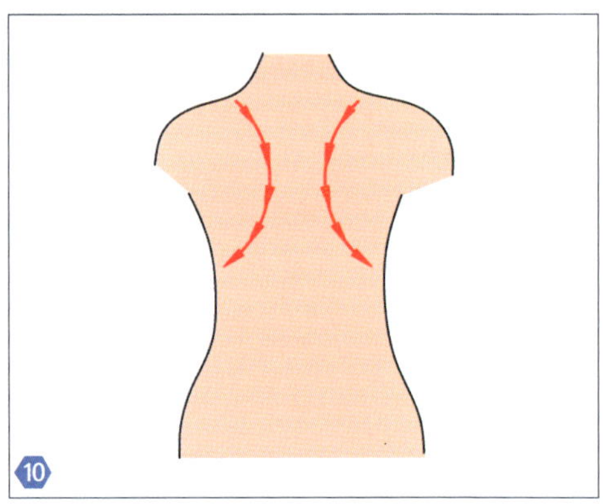

손가락과 손바닥으로 견갑내측을 쓰다듬어 내려간다.(6회)

(한쪽파트 시행, 8~10회 세트로 진행 후 반대편)

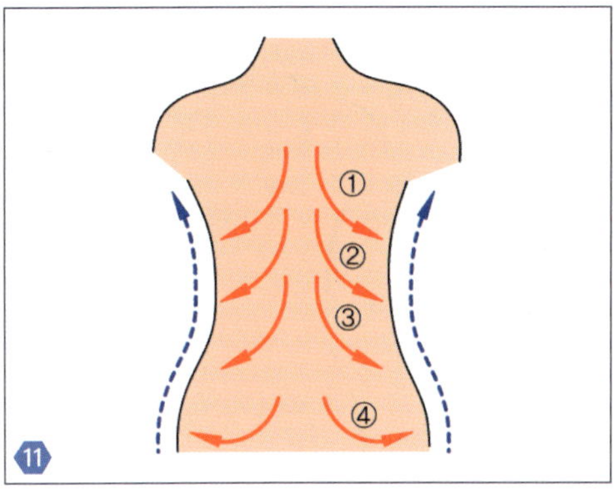

두 손의 손가락으로 늑골을 파내려간다. 천골을 쓰다듬어 옆라인을 따라 올라온다.(3회)

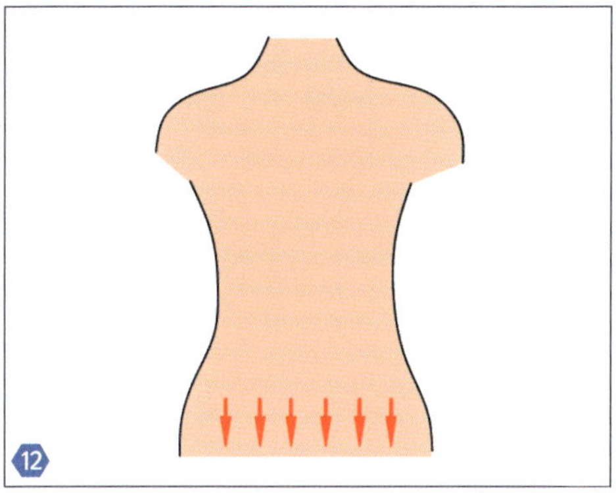

지과면을 이용하여 천골 부위를 문지른다.(6회)

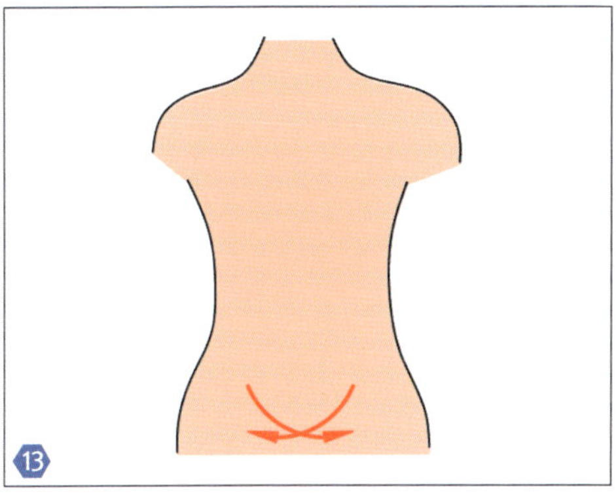

손바닥을 이용하여 천골부위를 문지른다.(6회)

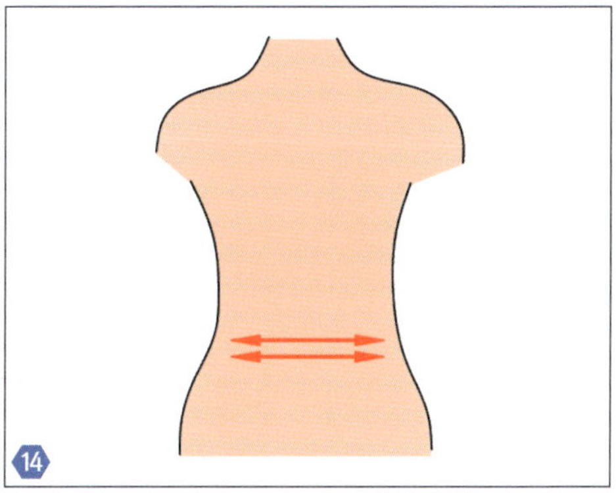

측면으로 이동하여 손의 옆면으로 천골라인을 왕복하며 열을 낸다.(수회)

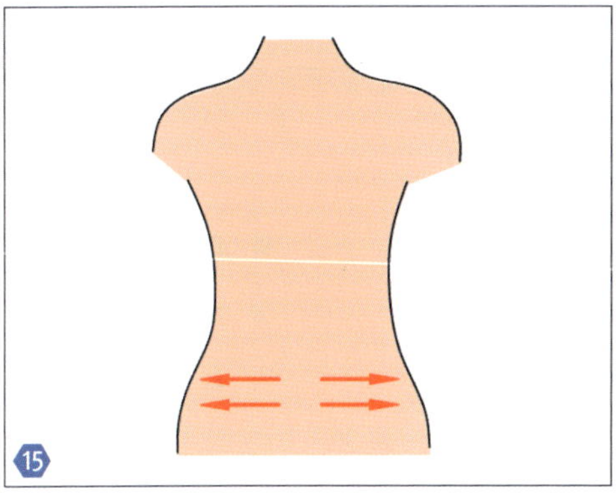

장골라인을 주먹과 손바닥으로 교대로 쓰다듬어 내린다.(6회)

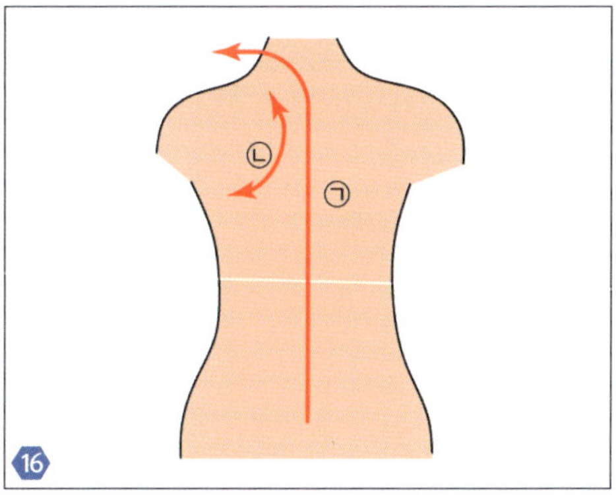

손바닥을 밀착하여 척추기립근을 올라온 후 전완을 이용해 견갑골지나 어깨관절로 쓸어내린다.(3회)
팔을 등 뒤로 가볍게 올려 고정 후 견갑골 부위에 원을 그리듯 쓸어준다.(6회)

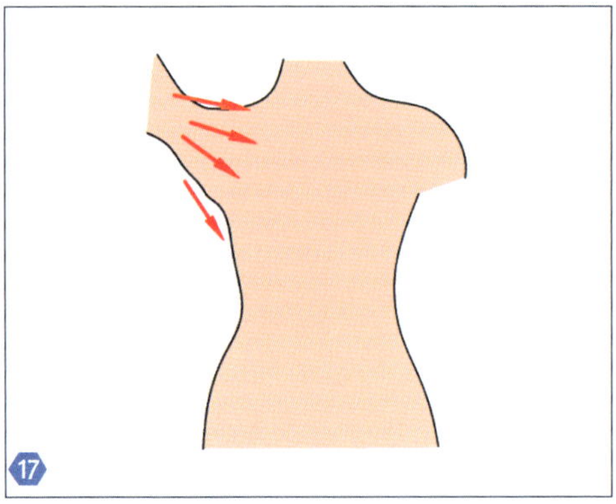

⑰

팔을 대각선으로 스트레칭 후 삼각근과 견갑위를 밀착하여 쓸어주고, 연결하여 승모근과 옆구리로 밀착하여 쓸어준다.(1회)
(한쪽 파트 시행, 15~17번 세트로 진행 후 반대편)

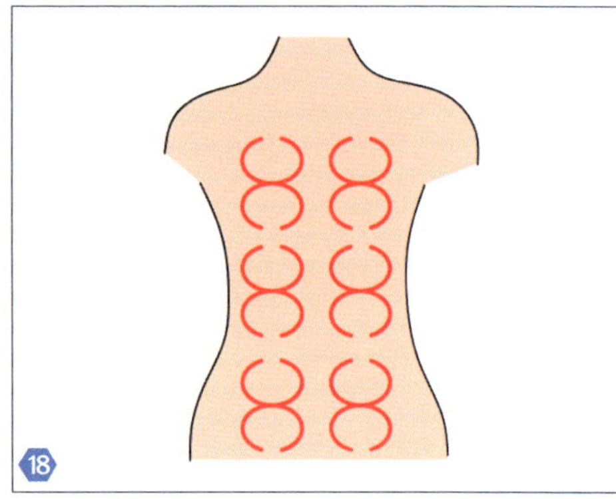

⑱

제자리로 이동 후 등 전체를 전완으로 하트를 그리며 왕복한다.(2회)

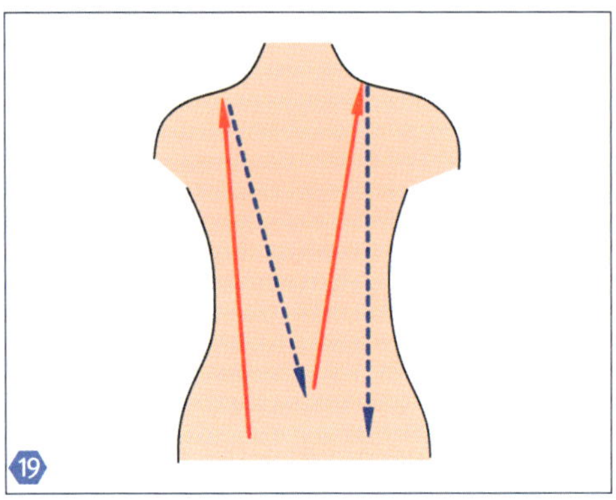

⑲

등 전체를 M자 모양으로 쓸어준다.(2회)

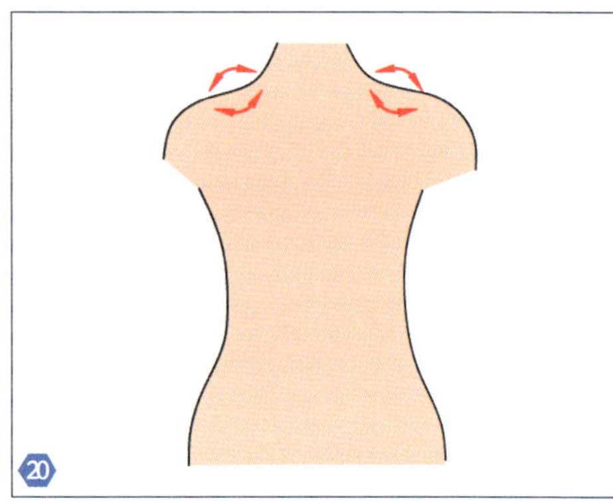

⑳

머리 위로 자리 이동하여 승모근 라인을 반죽하기 한다.(6회)

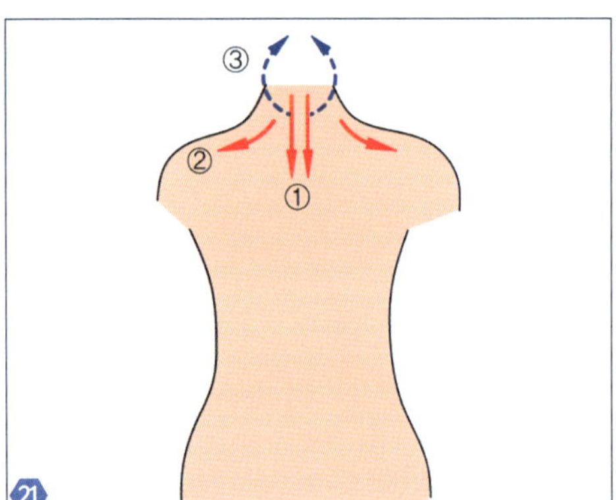

㉑

주먹을 가볍게 쥐고 왕복 밀착하여 쓸어내린 후 지과와 지과면으로 승모근 부위를 쓸어준다. 두 수근으로 목 주변을 원을 그리며 반죽한다.(6회)

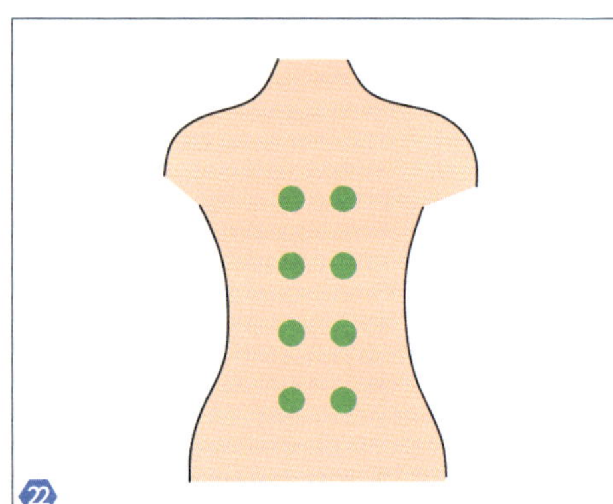

㉒

주먹 쥐고 도장 찍듯이 가볍게 기립근 라인을 따라 두들겨 준다.(2회)

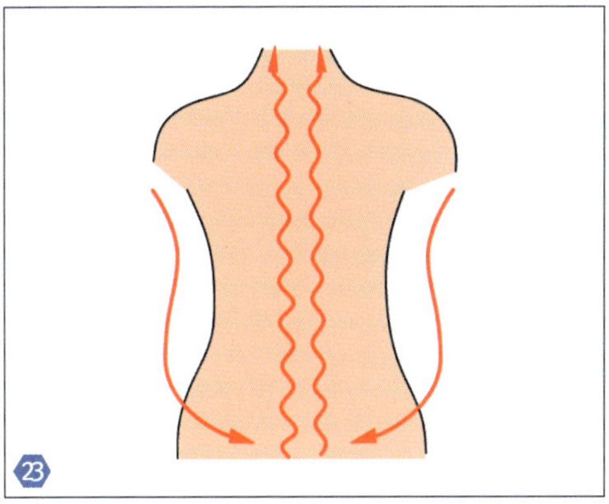

양 손끝으로 척추 기립근을 가볍게 자극하며 올라간다.(3회)

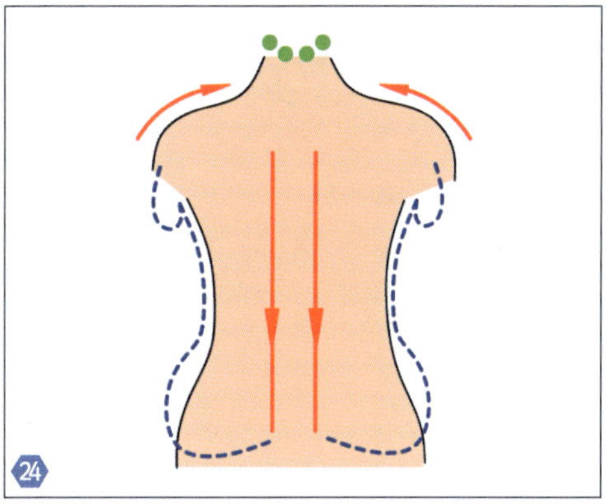

등 전체를 쓸어주고 후두부에서 압하며 마무리한다.(3회)

2 복부관리하기

학·습·목·표

- 고객의 복부 상태에 따른 금기사항을 파악할 수 있다.
- 복부 피부 유형에 맞는 제품을 선택할 수 있다.
- 복부의 상태를 파악하고 목적에 맞는 복부 매뉴얼 테크닉을 적용할 수 있다.
- 시간, 속도, 리듬, 밀착, 세기를 고려하여 복부 매뉴얼 테크닉을 구사할 수 있다.

1) 복부관리하기 개요

복부에는 장기를 비롯한 다양한 근막이 모이는 곳으로 건강의 이상이 있을 때 복부에 트러블이 일어날 수 있다. 복부의 상태를 파악하고 피부 유형별 제품을 선별하여 복부관리 목적에 맞는 매뉴얼 테크닉과 피부미용 기기를 활용해 탄력과 긴장감을 회복시켜 복부를 편안하게 해야 한다.

특히 냉방과 냉음료, 얇고 짧은 의상으로 냉기가 많은 현대인에게 복부관리는 매우 중요하다. 복부를 따뜻하게 관리해주어 복부 부분의 장기를 편한 상태로 유지시킬 수 있는 관리이다. 피부 상태와 유형에 따라 화장품으로 보습 효과를 주며, 여성들의 경우 출산 전후에 나타나는 처진 피부, 튼살 등을 화장품이나 미용 기기를 활용하여 보다 좋은 피부와 탄력 상태로 만들 수 있다.

2) 복부관리 목적

복부관리는 전신 혈액순환을 위한 관리 효과를 가지며, 급격한 체중 증가나 임신으로 인한 튼살관리 및 출산 후 또는 급격한 체중 감소로 인한 탄력 저하된 복부에 긴장감과 퍼밍 효과를 줄 수 있다. 복부관리로 복부를 따뜻하게 하며, 하지의 림프 순환 경로이므로 복부의 관리가 꼭 필요하다.

3) 복부 장기와 근육계

(1) 복부 장기

① **위**(Stomach)

복강의 왼쪽 상복부에 있는 납작한 주머니 모양의 기관으로 상부는 횡격막의 아래면과 접하고 있다. 위의 용적은 1.0~2.5리터로서 신축성이 높다. 식도와 위가 접하는 부분을 분문(Cardia), 둥근 천장 모양의 상부를 위저(Fundus), 아래의 넓은 부분을 위체(Body), 위와 십이지장이 이어지는 부분을 유문(Pylorus)이라 한다. 유문은 유문괄약근(Pylorus Sphincter)이 있어 십이지장으로 배출되는 것을 조절한다.

② **소장**(Small Intestine)

소장은 직경 2~3cm이고 길이 6~7m의 가늘고 긴 관으로, 십이지장, 공장, 회장으로 구성되어 있다.

㉠ 십이지장 : 길이 25cm 정도로 손가락이 12마디 폭에 해당하는 C자형의 장기이다. 장간막이 없고 후복벽에 깊게 밀착하고 있기 때문에 이동하지 않는다.

㉡ 공장과 회장 : 장간막에 의해 후복벽에 매달려 있는 형태이다. 장간막(Mesentery)은 제2요추 왼쪽에서 오른쪽 아래로 향하는 15cm 선상의 후복벽에서 시작하여 부채모양으로 넓어진다.

③ **대장**(Large Intestine)

소화관의 끝부분이며 길이 약 1.5m의 굵은 관이다. 맹장, 결장, 직장으로 구성되며 주로 수분을 흡수하는 역할을 한다. 맹장은 회장과 연결되어 아래로 뻗어있으며 가장 굵으나 길이는 7~8cm 정도 밖에 안된다.

㉠ 맹장(Cecum) : 좌측 후방에 길이 6~7cm의 충수(Vermiform Appendix)가 붙어 있다. 맥버니 포인트를 이용하여 그 위치를 알 수 있다. 맥버니 포인트는 배꼽과 우상전장골극을 연결하는 선상의 외측 1/3 지점을 말한다.

㉡ 결장(Colon) : 크게 4부분으로 구성되는데 상행결장, 횡행결장, 하행결장, S상 결장으로 구성된다. 상행결장은 복막이 앞면에만 덮고 있어 운동이 제한적이고, 횡행결장은 결장 중 가장 길며 복막에 싸여 있고, 운동성이 풍부하다. 하행결장은 후복벽에 접해 있고 장간막이 없어 운동성이 제한되어 있다. S상 결장은 형태가 굽어져 골반강으로 들어가 직장으로 연결된다. 복막에 싸여 있고 S상결장간막이 있어 운동성이 풍부하다.

ⓒ **직장**(Rectum) : S상결장에서 천골 앞쪽으로 내려가 항문에 이르는 10cm의 장기이다.

④ **간**(Liver)

횡격막의 바로 밑 복강 오른쪽 상부에 위치하며 무게가 1.5kg나 되는 인체에서 가장 큰 장기이다. 간은 독물질이나 대사산물을 해독하고 쿠퍼세포에 의한 식작용 기능, 즉 해독작용을 한다. 적혈구의 성숙에 필요한 물질을 공급하는 조혈작용, 혈중 아미노산과 당을 흡수하여 탄수화물과 단백질의 대사를 담당하고, 하루 약 600ml의 담즙을 분비하여 지방의 소화를 돕는다. 또한 항혈액응고제인 헤파린(Heparin)을 생산한다.

⑤ **췌장**(Pancreas)

십이지장과 비장 사이에서 위 뒤쪽으로 퍼져있는 15cm의 가늘고 긴 장기이다. 외분비선인 소화액과 내분비선인 호르몬을 분비하는 두 가지 역할을 한다. 소화액으로는 트립신, 리파제, 아밀라아제, 말타아제 등을 분비하며, 호르몬으로는 혈당량 저하 호르몬인 인슐린(Insulin)과 혈당량 상승 호르몬인 글루카곤(Glucagon), 인슐린 · 글루카곤 · 가스트린의 분비를 억제하는 소마토스타틴(Somatostatin)을 분비한다.

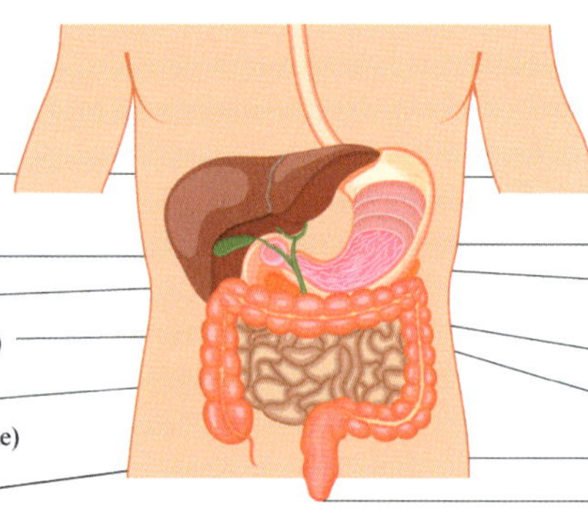

• 그림 13 • 복부 장기

(2) 복부 근육

① **복직근**(Rectus Abdominis)

치골부터 시작하여 제 5~7늑연골과 검상돌기에 연결되어 있다. 복직근에는 3~4개의 건획에 의한 가로 주름이 있다. 근육의 내측연에는 백선(Linea Alba)이 있으며 임신 시 백선이 늘어나게 된다.

② **외복사근**(External Abdominal Oblique)

제 5~12늑골에서 톱니 모양으로 근육이 시작되어 백선과 서혜인대로 연결되어 있다. 몸통의 굴곡과 회전, 복압상승에 관여한다.

③ **내복사근**(Internal Abdominal Oblique)

외복사근 아래층에 있으며 몸통의 굴곡과 복압 상승 시 작용한다.

④ **복횡근**(Transversus Abdominis)

가장 안쪽에 있는 복근으로 복부내장을 압박하여 늑골을 밑을 당긴다. 자연 복대라고 한다.

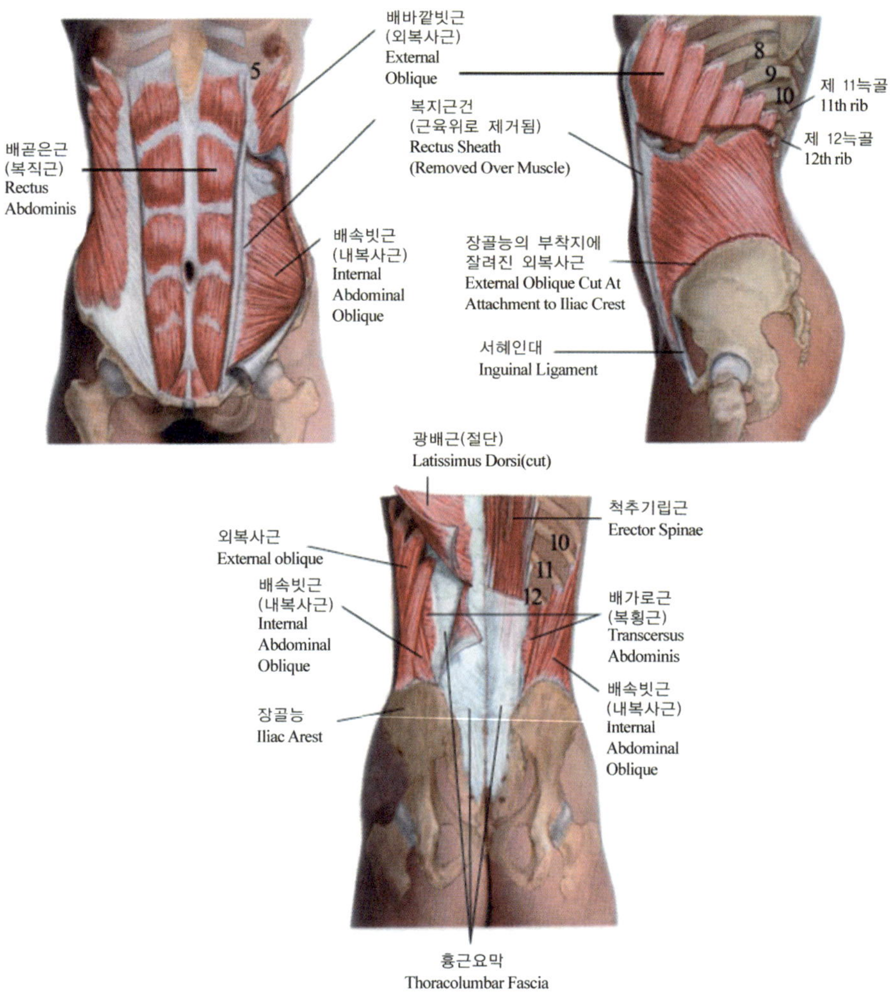

• 그림 14 • 복부 근육계

4) 주의사항

① 관리 부위를 제외한 나머지 부분은 타월로 잘 감싸준다.
② 임산부는 가벼운 쓰다듬기 이외에는 하지 않는다. 튼살크림을 바르는 정도만 가능하다.
③ 접촉성 피부염, 아토피 피부 화장품 트러블이나 마찰로 인한 열발생으로 질환이 더 악화될 수 있다.
④ 내장 질환이 있는 사람 내장기가 약화되어 복부관리 압에 의해 문제가 생길 수 있다.
⑤ 생리 중일 때는 장기의 예민도가 커져 있고 출혈이 있기 때문에 과도한 순환을 제한한다.
⑥ 장기에 무리한 압력을 주지 않도록 고객의 표정과 손의 감각을 이용하여 테크닉 강도를 조절한다.

5) 복부 관리하기

① 관리 부위 외 신체 다른 부위는 타월로 잘 감싸준다.
② 피부 유형에 맞는 성분의 오일이나 크림을 바른다.
③ 복부 부위 피부와 근육 상태에 맞게 5가지 동작(쓸어서 펴 바르기, 밀착하여 펴 바르기, 어루만져 펴 바르기, 토닥토닥 펴 바르기, 떨며 펴 바르기)을 리듬, 세기, 속도, 밀착, 시간을 고려하여 테크닉한다.
④ 전신관리 기기를 활용하여 관리한다.
⑤ 온습포를 이용하여 깨끗하게 닦아낸다.
⑥ 토너를 이용하여 피부결을 정돈한다.
⑦ 피부 유형과 고객의 니즈에 맞는 크림이나 로션으로 마무리한다.

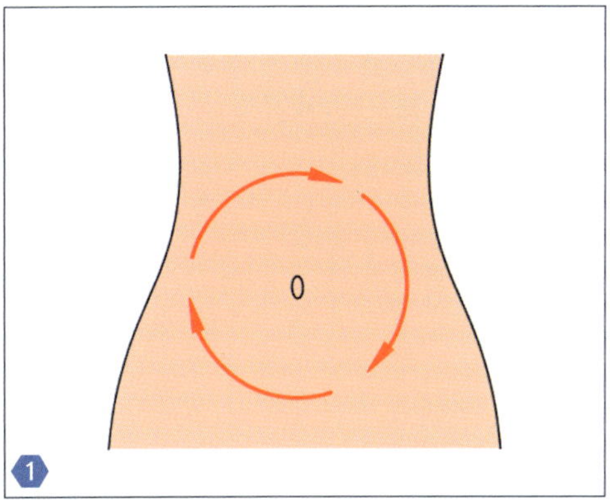

두 손바닥을 밀착하여 시계방향으로 원을 그리며 쓸어준다.(6회)

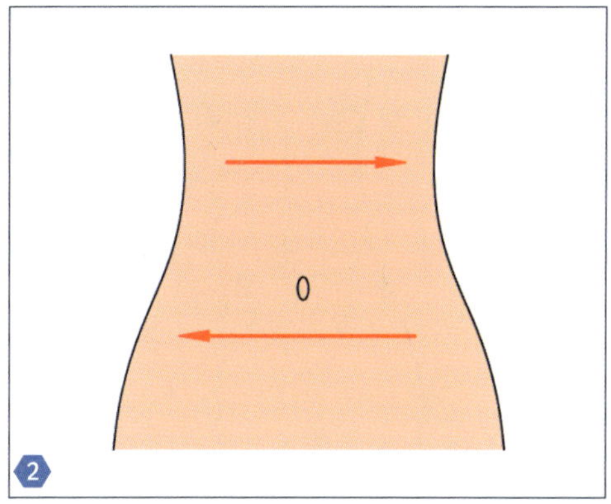

두 손바닥을 측면에서부터 복부중앙으로 쓸어올린 후 손 교차하여 다시 반복하여 반죽한다.(6회)

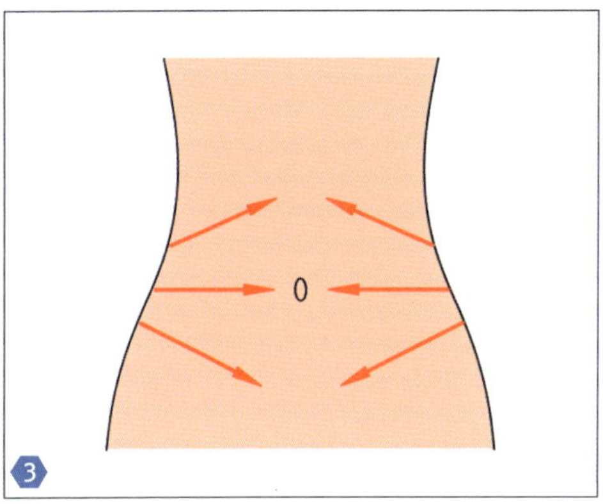

복부를 3부분으로 나누어 두 손을 교대로 허리중앙에서 배꼽, 명치, 치골방향으로 쓸어올린다.(6회)
(반대편 실시 후 다시 제자리로 이동)

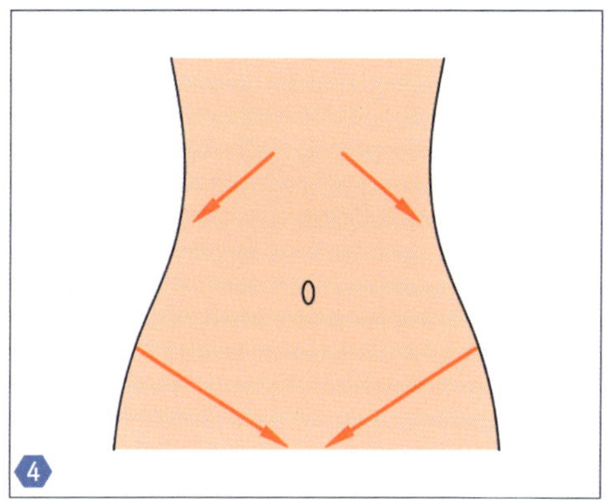

양 엄지로 늑골라인 자극한 후 허리중앙에서 손바닥으로 밀착하여 장골안쪽라인 쓸어주며 치골로 마무리한다.(3회)

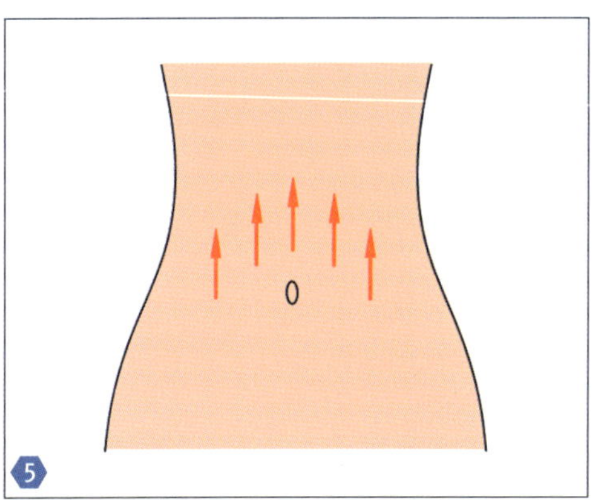

양 엄지로 늑골 방향으로 밀어올린다.(3회)

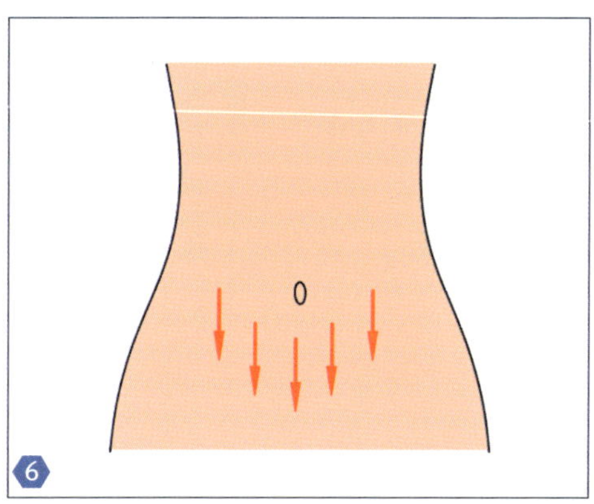

양 엄지로 서혜부 방향으로 쓸어내린다.(3회)

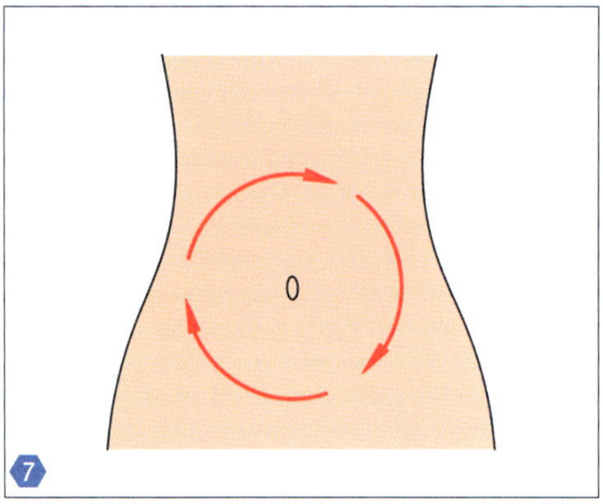

두 손바닥을 밀착하여 시계방향으로 원을 그리며 쓸어준다.(6회)

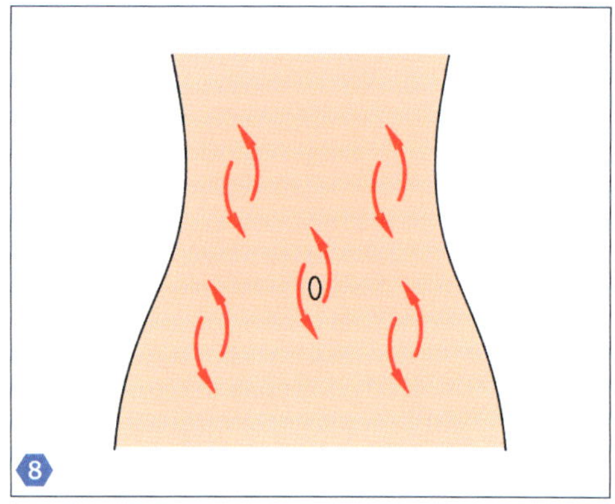

복부 전체를 반죽한다.

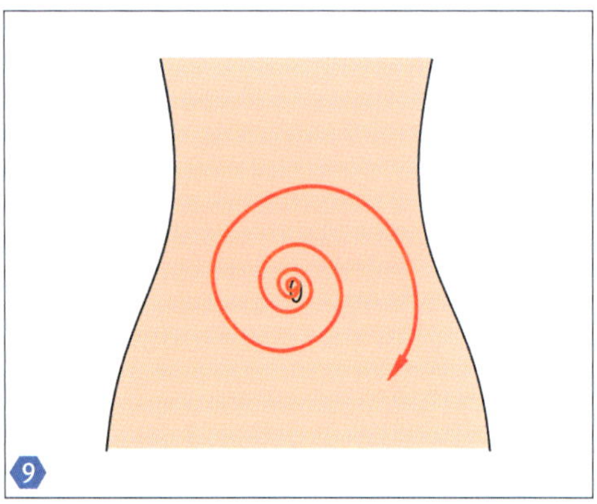

수근을 이용하여 시계방향으로 배꼽부터 점점 크게 문지른다.(5회)
이때 고객의 상태를 체크한다.

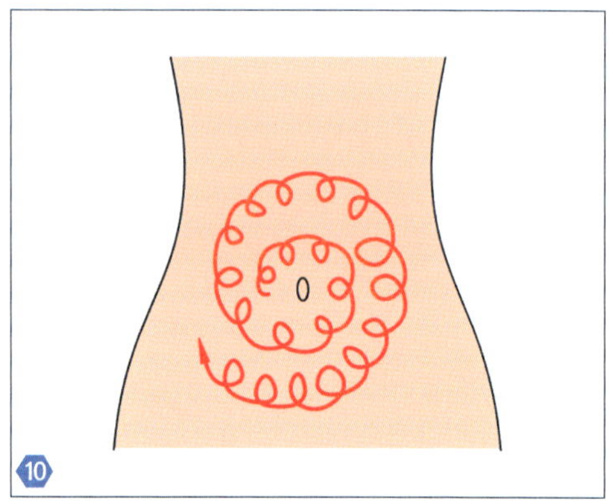

수근을 이용하여 시계방향으로 배꼽부터 점점 크고 깊게 문지른다.(5회)
이때 고객의 상태를 체크한다.

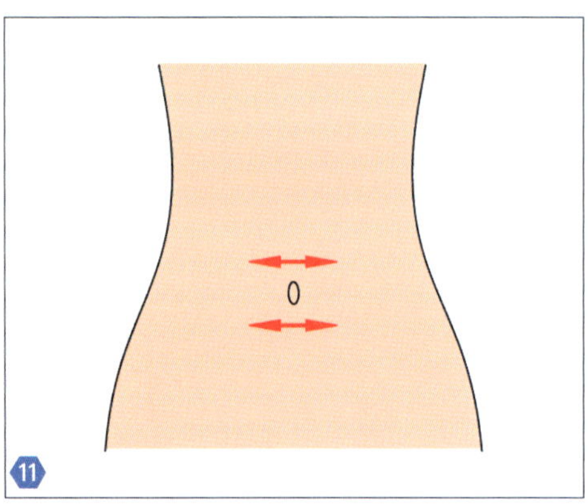

양손을 나란히 복직근에 올리고 장을 자극하듯이 좌우로 밀고 당긴다.(6회)

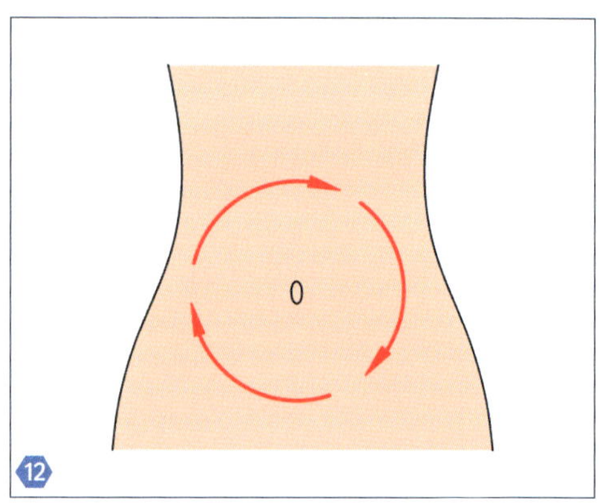

두 손바닥을 밀착하여 시계방향으로 원을 그리며 쓸어준다.(6회)

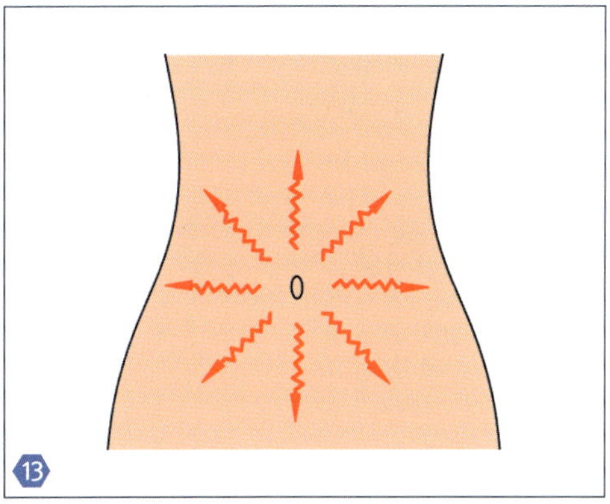

손바닥을 배꼽 위에 두고 복식호흡을 하게 하며 숨을 내쉴 때 함께 내려가며 진동을 준다. (3회)

3 가슴관리하기

학·습·목·표

- 고객의 가슴 피부를 파악하여 금기해야 할 관리와 유두 부위를 피할 수 있다.
- 가슴 피부 유형에 맞는 제품을 선택할 수 있다.
- 가슴의 형태를 파악하고 목적에 맞는 매뉴얼 테크닉을 적용할 수 있다.
- 시간, 속도, 리듬, 밀착, 세기를 고려하여 가슴 매뉴얼 테크닉을 구사할 수 있다.

1) 가슴관리하기 개요

가슴관리는 단순히 가슴 피부와 가슴의 탄력뿐만 아니라 호흡과 관련된 근육이 연결되어 있어 한국에만 있다는 화병관리에도 활용되는 것이 가슴관리이다. 최근에는 가슴 확대수술을 받는 여성들이 많아지면서 수술 후 관리만이 아니라 처진 가슴 탄력관리 및 산후 모유 수유를 위한 관리로 특화 발전해 왔다. 가슴은 여성의 자존심인 만큼 예민할 수 있으니 관리사의 배려가 매우 중요하다. 가슴의 형태와 피부 유형을 파악하고 시간, 속도, 리듬, 밀착, 세기를 조절하여 테크닉을 구사하는 행위이다(유두 부분은 감염이 잘 되므로 절대 만지면 안 된다).

2) 가슴관리 목적

유착된 근육 부위에 혈액순환을 개선하여 탄력을 개선한다. 그리고 제품을 사용하여 건조한 피부에 보습을 주어 노화를 지연시키고, 모유 수유를 원활하게 하는 데 목적이 있다. 관리 시 림프의 순환을 돕는 마사지로 노폐물 배출을 촉진하는 것을 목적으로 한다.

3) 가슴 근골격계

(1) 흉곽

① **늑골**(Ribs)

12쌍의 편평골로 이루어져 있으며 제 1~7늑골은 직접 흉골과 연결되어 있어 진늑골(True Ribs)이라 하고, 제 8~12늑골은 흉골에 직접 연결되지 않아 가늑골(False Ribs)이라고 한다. 그중 제 11~12늑골은 끝이 관절 없이 떠 있으므로 부유늑골(Floating Ribs)이라고 한다.

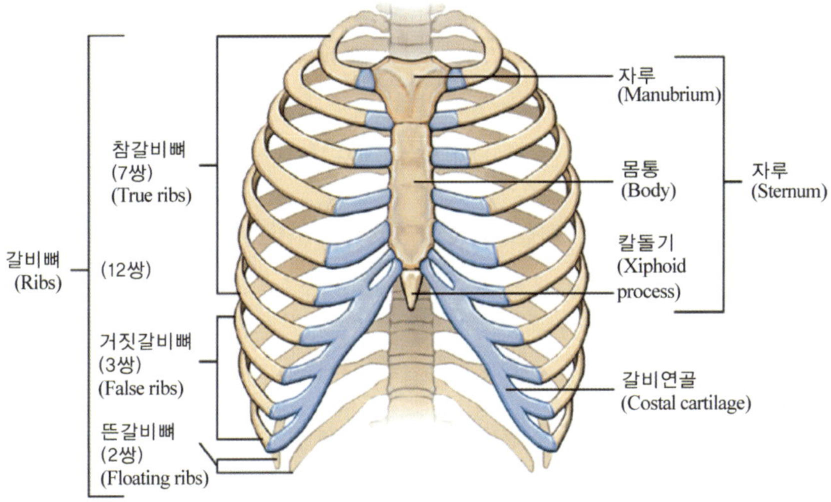

• 그림 15 • 가슴 골격계

(2) 가슴 근육

① **대흉근**(Pectoralis Major)

상완의 굴곡과 내전, 내측회전을 주도하고 흉골과 늑골을 위로 당기는데 관여한다. 호흡 중 흡기에 관여하여 늑골을 올려 흉강을 넓힌다. 또한 유방이 이 근육과 관련 있다.

② **소흉근**(Pectoralis Minor)

대흉근 아래에 있는 근육으로 견갑골을 전하방으로 당기는 역할을 한다.

③ 전거근(Serratus Anterior)

견갑골을 앞으로 당기는 작용을 한다. 주로 복서들이 주먹 펀칭 시 사용되는 근육이다.

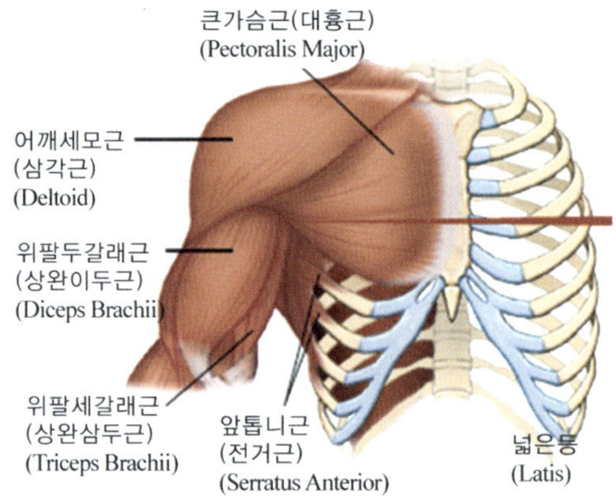

• 그림 16 • 가슴 근육계

(3) 가슴의 구조

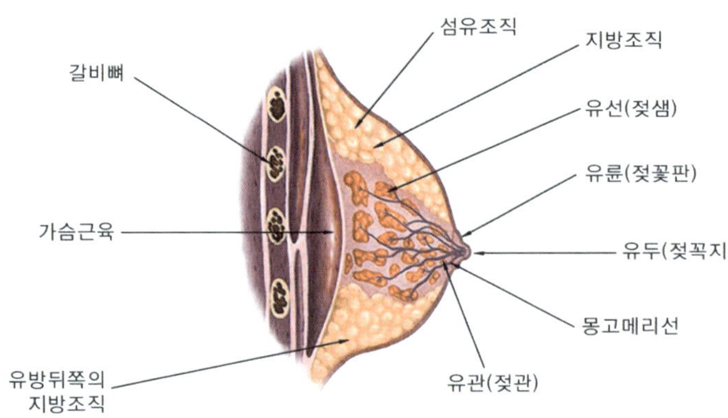

• 그림 17 • 가슴의 구조

① 유두

일반적으로 젖꼭지라 불리며 양쪽 가슴의 중앙에 있어 모유가 사출되는 곳이다. 유두는 4번째 갈비뼈 부근에 위치하며 약간 바깥쪽을 향하고 있으며, 뒤로는 약 15~25개의 유관이 연결되어 있다. 유두에는 땀샘이 존재하므로 사이에 노폐물이 낄 수 있어 청결하지 않을 경우 냄새가 날 수 있다.

② **유륜**

젖꽃판이라고 하며 유륜 주변부를 둘러싸고 있는 피부조직으로, 일종의 젖물림판 역할을 한다. 작게는 1.5~6cm에 이른다. 임신 시 색이 진하게 착색되기도 한다.

③ **몽고메리선**

유륜에 분포되어 있는 피지선으로 유륜을 부드럽게 하는 윤활액을 분비하여 애기가 젖을 먹을 때 입술 점막을 다치지 않게 하며, 입술에서 잘 미끄러지지 않게 고정하는 역할을 하게 된다. 임신 시 간혹 피지선의 발달로 여드름과 같이 울퉁불퉁하게 솟아오르는 경우가 있는데, 이때 피지를 제거하면 유륜이 약해지거나 분비선 부위에 염증 등 문제가 발생될 수 있다.

④ **유관**

유선에서 분비된 젖의 이동 통로로 유두를 통하여 배출한다.

⑤ **유선**

젖샘으로 유방 한쪽에 약 15~20개 정도 있으며 유방에 골고루 분포하여 모유를 생산한다. 유선 조직은 젖을 생산하는 꽈리샘과 생산된 젖이 분비되는 젖관으로 되어 있는데, 젖샘이 수십 개 또는 백 개 정도 모여 소엽(小葉)을 이루고, 다시 이들 소엽이 20~40개 모여서 대단위 젖샘을 이룬다.

⑥ **지방조직**

유방 전체에 분포하여 부드러움을 갖게 한다.

⑦ **섬유조직**

유방의 형태를 유지시켜 주며 탄력을 부여한다.

⑧ **가슴근육**

가슴의 모양을 유지하고, 어깨와 팔에 정지하여 팔운동이 가능하게 한다.

⑨ **유방 뒤쪽 지방조직**

흉근막과 유방을 분리하는 역할을 한다.

4) 가슴 형태 분류

유방의 형태는 유전, 인종, 연령, 영양 상태, 임신, 분만, 수유의 영향을 받아 다양해질 수 있다. 유방의 형태는 돌출 형태에 따라 4종류로 나눌 수 있다.

(1) 사발형(Bowl-shaped type)

주로 사춘기 후기에서 많이 보이는 형태로 앞으로 돌출한 길이가 유방 기저부 주위의 반지름보다 작다. 유방의 아래쪽이 위쪽보다 더 발달되어 있기 때문에 유두가 약간 위로 향한 느낌이 든다.

(2) 반구형(Hemispherical type)

한국 여성들에게 비교적 많은 형태로 성형외과에서 인기있는 물방울 가슴성형의 형태이다. 아래와 위가 서로 대칭적으로 유방 조직이 고루 발달되었으며, 조형적으로 아름다운 모양을 나타낸다.

(3) 원추형(Conical type)

주로 흑인 여성들에게서 나타나는 가슴 형태로 유방에서 유두까지 뾰족한 느낌을 주어 속옷을 입었을 때 풍만함이 드러나는 형태이다.

(4) 하수형(Elongated type)

수유를 길게 하거나 나이가 많은 여성들에게 나타나는 형태로서 앞으로 돌출된 유축의 길이가 너무 길어 늘어지는 형태를 말한다. 유두가 아래로 향해 있어 처진 느낌이 든다.

5) 주의사항

① 신체 부위 중 가장 민감한 부위이므로 고객의 노출을 배려하는 태도를 가진다.
② 유두는 유선과 연결되어 있으므로 직접적으로 만지면 세균감염의 문제가 된다.
③ 근육의 결을 따라서 테크닉하며 림프의 방향에 따른 노폐물 배출을 용이하게 한다.

6) 가슴관리하기

① 관리 부위 외 신체 다른 부위는 타월로 잘 감싸준다.

② 유두 부위를 소독한다.

③ 피부 유형과 고객의 니즈에 맞는 성분의 오일이나 크림을 바른다.

④ 가슴 부위 피부와 근육 상태에 맞게 5가지 동작(쓸어서 펴 바르기, 밀착하여 펴 바르기, 어루만져 펴 바르기, 토닥토닥 펴 바르기, 떨며 펴 바르기)을 리듬, 세기, 속도, 밀착, 시간을 고려하여 테크닉한다.

⑤ 전신관리 기기를 활용하여 관리한다.

⑥ 온습포를 이용하여 깨끗하게 닦아낸다.

⑦ 토너를 이용하여 피부결을 정돈한다.

⑧ 피부 유형과 고객의 니즈에 맞는 크림이나 로션으로 마무리한다.

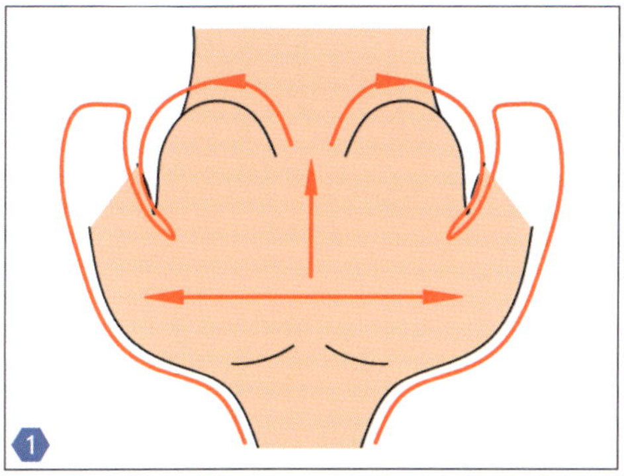

데콜데 – 가슴중앙, 가슴 라인, 어깨라인을 쓸어 준다.(3회)

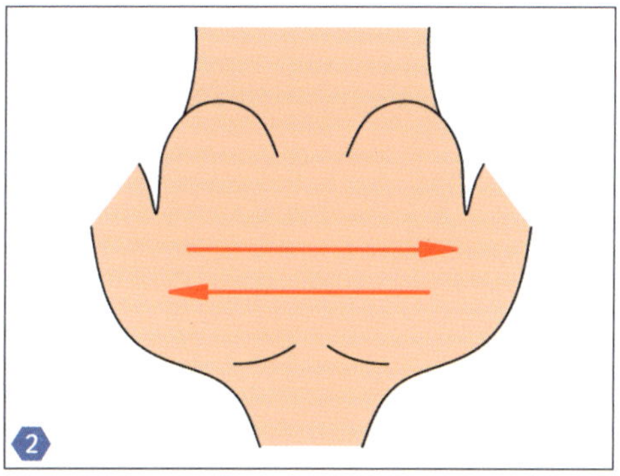

데콜데 부위를 손바닥으로 쓸어준다.(6회)

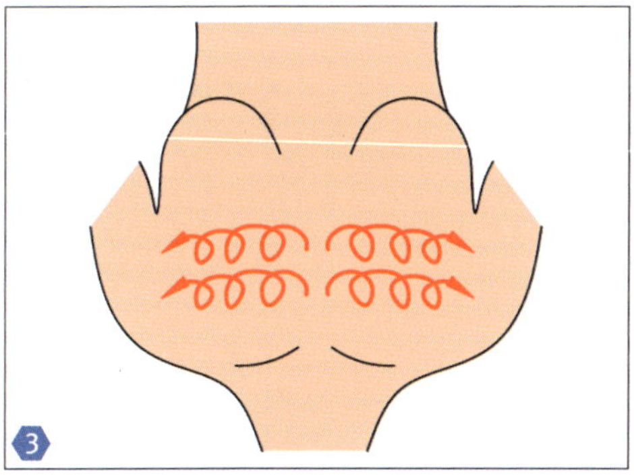

지과면을 이용하여 데콜데 부위를 나선형 모양으로 굴려준다.(3회)

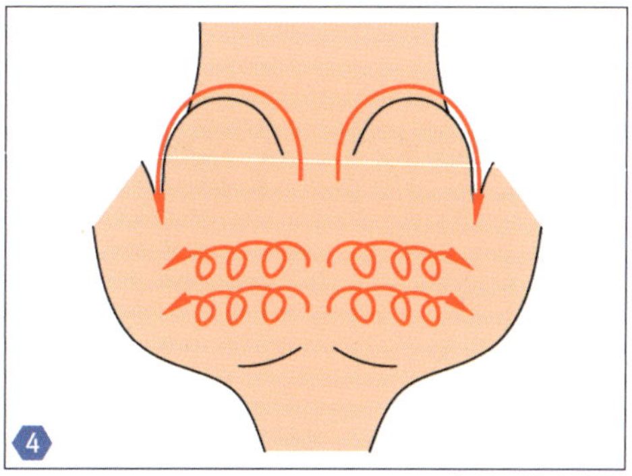

손바닥으로 가슴을 데콜데 위로 끌어당기듯 둥글려 액와로 보낸 후, 가슴 중간을 통해 가슴 아래라인을 쓸어 액와로 보내준다.(3회)

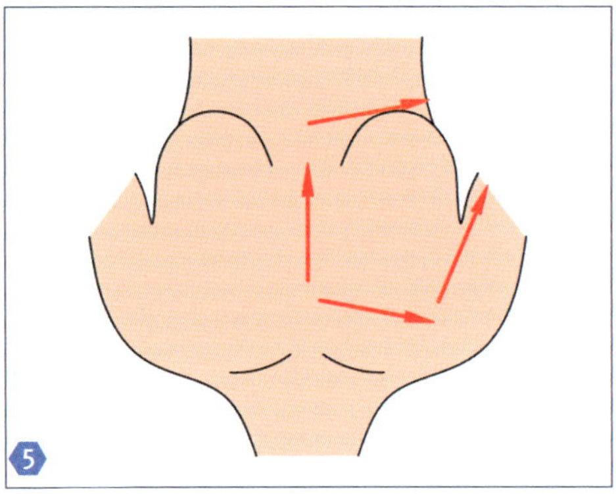

손바닥으로 쇄골과 가슴중앙(흉골)을 밀어준 후 가슴 아래와 팔라인(상완이두근)을 따라 밀어준다. 그 후 반대쪽 가슴도 동일하게 해준다.(3회)

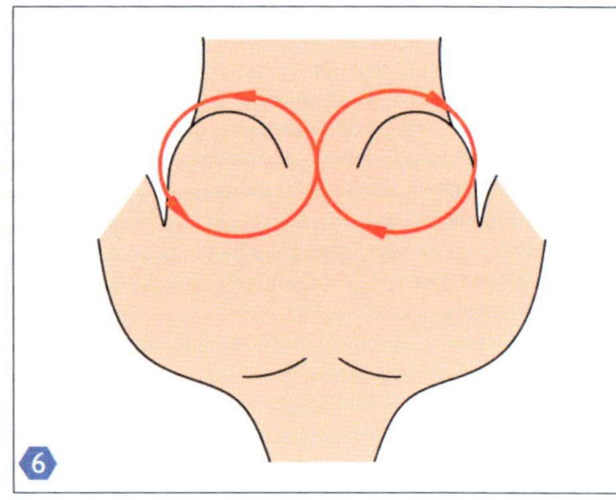

가슴을 8자로 그려준다.(6회)

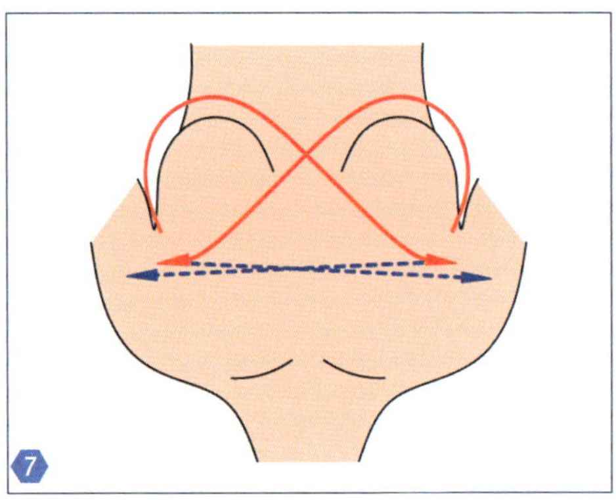

데콜데 부위를 쓸어준 후 액와로 들어간 후 가슴 아래를 쓸어 올린 후 반대편 데콜테부위로 올라온 후 다시 쓸고 제자리에 온다.(3회)

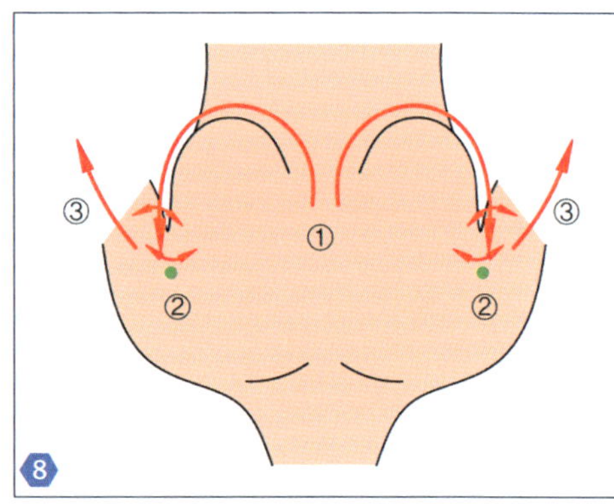

가슴 라인을 쓸어 액와 부위에서 8자 그리기 해주고 팔 방향으로 쓸어내린다.

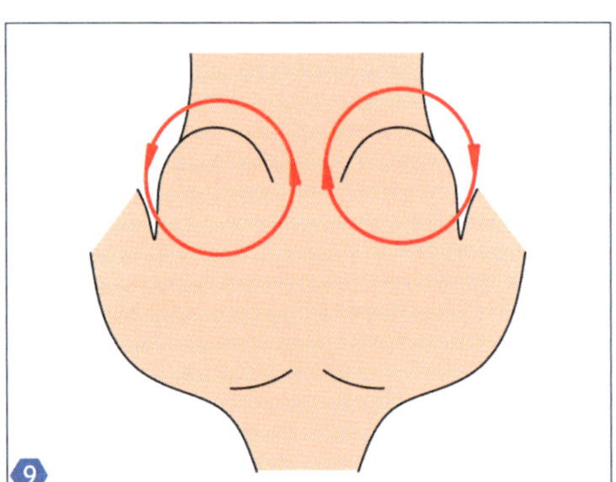

고객의 측면으로 자리 이동 후 두 손으로 가슴 한쪽씩 원을 그리며 가슴을 모아준다.(6회)

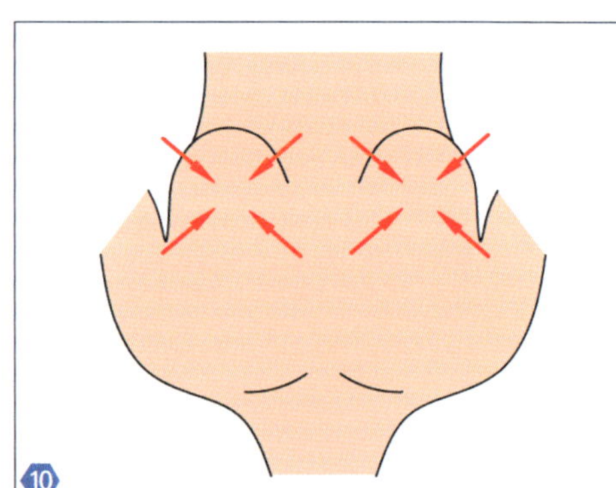

두 손으로 가슴을 모아준다.(6회)
(9, 10번 세트로 한쪽씩 진행 후 반대편 시행)

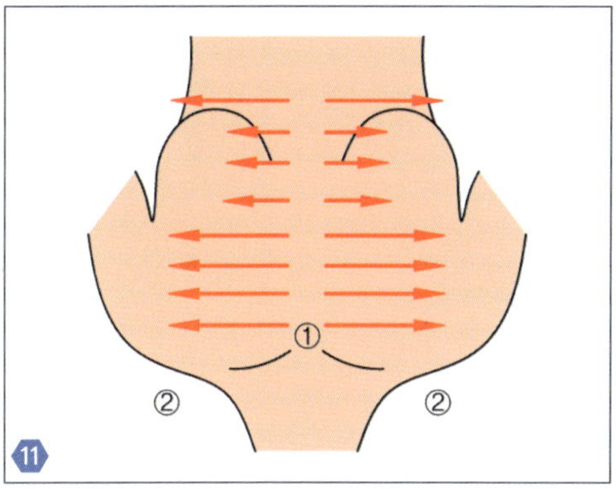

고객의 머리 위로 자리이동 후 양쪽으로 흉골을 파준 후 액와 – 팔 – 어깨를 거쳐 목에서 마무리 한다.(3회)

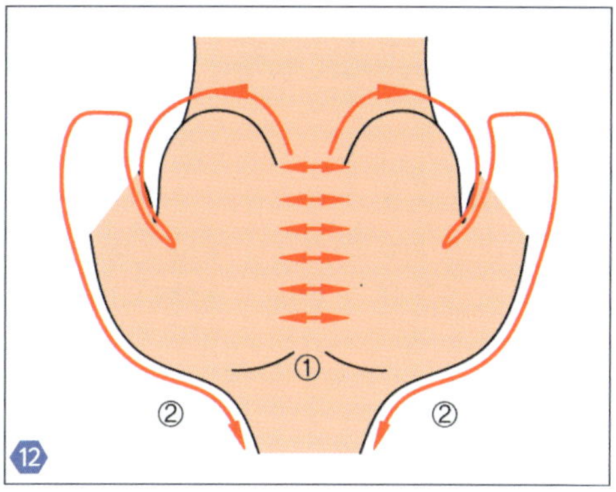

엄지로 흉골을 교차하여 풀어준 후, 가슴 밑을 돌아 액와 – 팔 – 어깨를 거쳐 목에서 마무리한다.(3회)

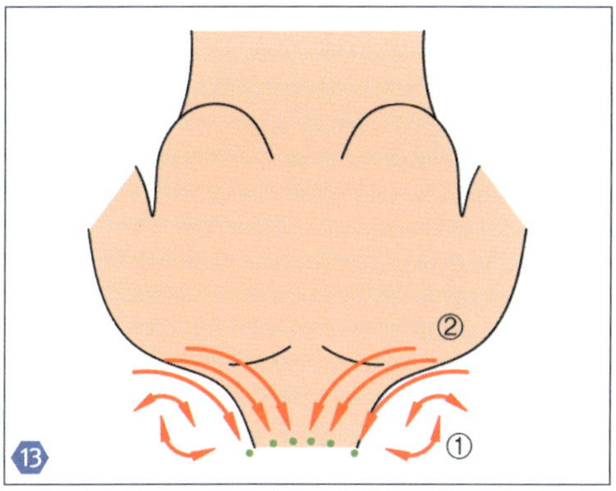

승모근 라인을 반죽해준 후 후두골 라인을 끌어 올려 마무리 해준다.(3회)

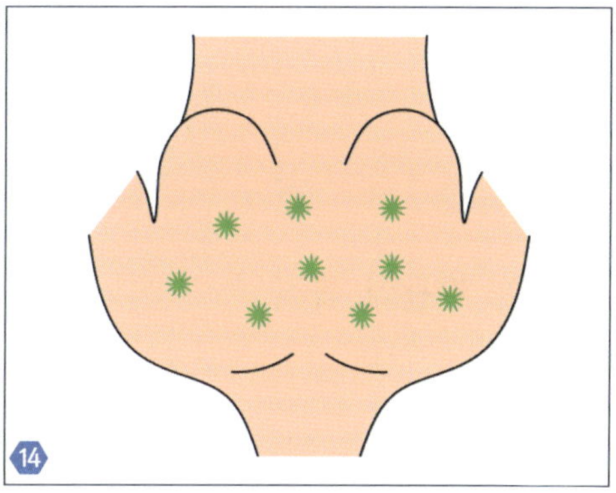

손가락으로 데콜테를 두드려준다.

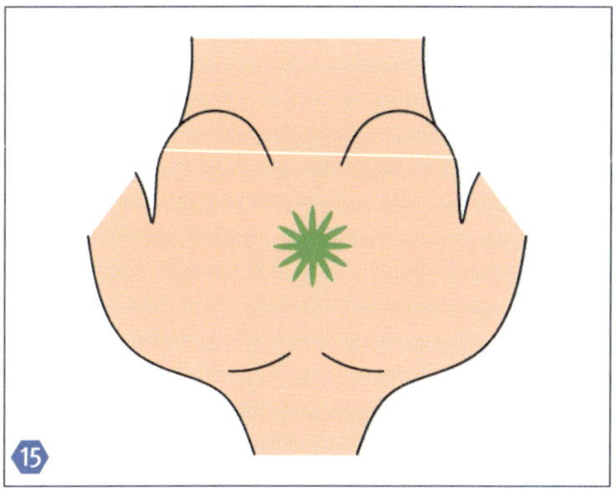

가슴 중앙에 손을 겹쳐 올린 후 고객의 호흡이 날숨일 때 가볍게 누르며 진동을 준다.(3회)

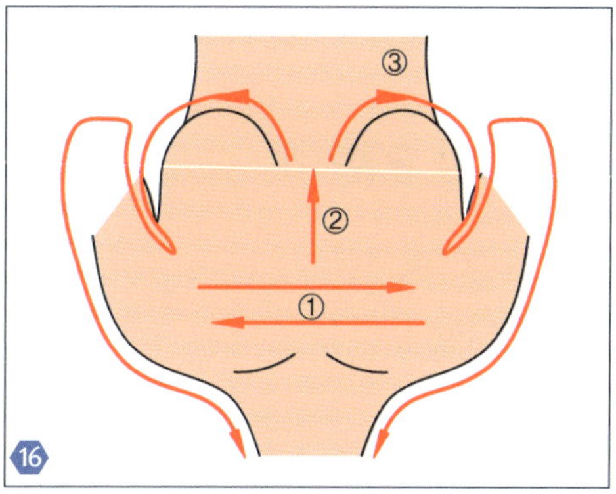

데콜데 쓸어준 후 흉골 – 가슴라인 – 액와 – 팔 – 후두로 쓸어준다.(3회)

4 손, 팔관리하기

학·습·목·표
- 손, 팔 피부 유형에 맞는 제품을 선택할 수 있다.
- 손, 팔의 상태를 파악하고 목적에 맞는 매뉴얼 테크닉을 구사할 수 있다.
- 시간, 속도, 리듬, 밀착, 세기를 고려하여 매뉴얼 테크닉을 구사할 수 있다.
- 손, 끝에서 어깨까지 매뉴얼 테크닉을 적용할 수 있다.

1) 손, 팔관리하기 개요

신체 부위 중 손과 팔은 환경의 지배를 가장 많이 받는 노출이 심한 부위로써 자연 노화에 의한 건조함과 자외선에 의한 노화를 예방해야 하는 부위이다. 손과 팔의 피부 상태를 파악하여 보습과 미백을 주며, 긴장감을 풀어주고 회복시킨다.

2) 손, 팔관리 목적

손과 팔은 가장 많이 사용하는 신체의 부위이다. 팔을 어떻게 사용하느냐에 따라 체형이 변하기도 한다. 특히 손은 지방질이 얇아서 관리를 소홀히 했을 시 노화가 빠르게 온다. 우리 신체 부위 중 가장 자외선에 노출이 많은 부위이며 말단 자극을 통해 혈액순환에 도움이 된다. 특히 팔근육은 들고, 매달리고 하는 운동을 통해 스트레스를 받으므로 팔관리를 통해 근육의 이완과 혈액순환을 도모한다.

3) 손, 팔 근골격계

(1) 손,팔 골격계

① **상완골**(Humerus)

상완골두(Head Of Humerus)는 견갑골 관절강(Glenoid Cavity)과 결합할 수 있다. 대결절(Greater Tubercle)과 소결절(Lesser Tubercle)은 근육이 부착되는 곳이다.

② **요골**(Radius)

전완의 바깥쪽에 있는 20~23cm의 뼈로 아래로 갈수록 굵어진다.

③ **척골**(Ulna)

전완의 안쪽에 있는 22~24cm의 뼈로 위끝은 굵고, 아래끝은 가늘어 요골과의 교차 시 문제가 없다. 두 뼈 사이에는 골간막(Interosseous Membrane)으로 연결되어 있다.

④ **손**(Hand)**의 뼈**

㉠ **수근골**(Carpal Bones) : 손목에 있는 8개의 뼈로 주상골, 월상골, 삼각골, 두상골, 대능형골, 소능형골, 유두골, 유구골로 구성되어 있다.

㉡ **중수골**(Metacarpals) : 손바닥을 구성하는 뼈로 총 5개로 이루어져 있다.

㉢ **수지골**(Phalanges) : 손가락 뼈로 14개씩 존재한다.

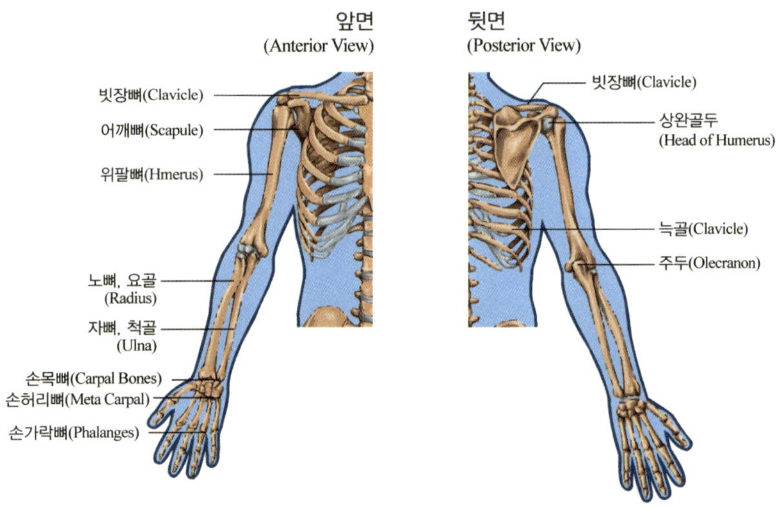

• 그림 18 • 손, 팔 골격계

(2) 손, 팔 근육계

① **삼각근**(Deltoid)

상지의 쇄골과 견봉, 견갑극을 묶어서 팔과 연결한다. 상완을 굴곡, 신전, 외전, 내측회전을 시키는 주동근이다. 예방접종주사 부위이기도 한다. 액와 신경이 지나간다.

② **상완이두근**(Biceps Brachii M.)

대표적인 알통근육이다. 주작용은 주관절의 굴곡과 회외이다.

③ **상완삼두근**(Triceps Brachii)

전완의 신전을 담당하며 과신전이 실행되지 않는다.

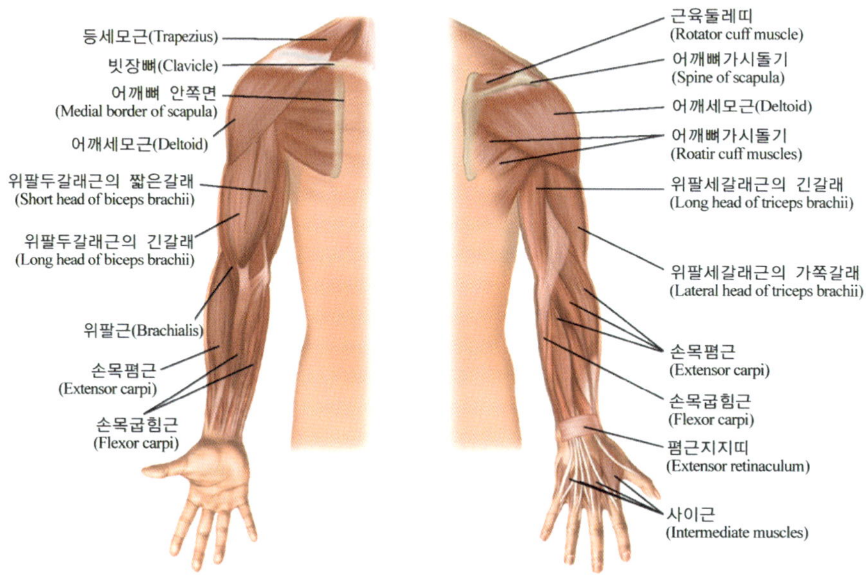

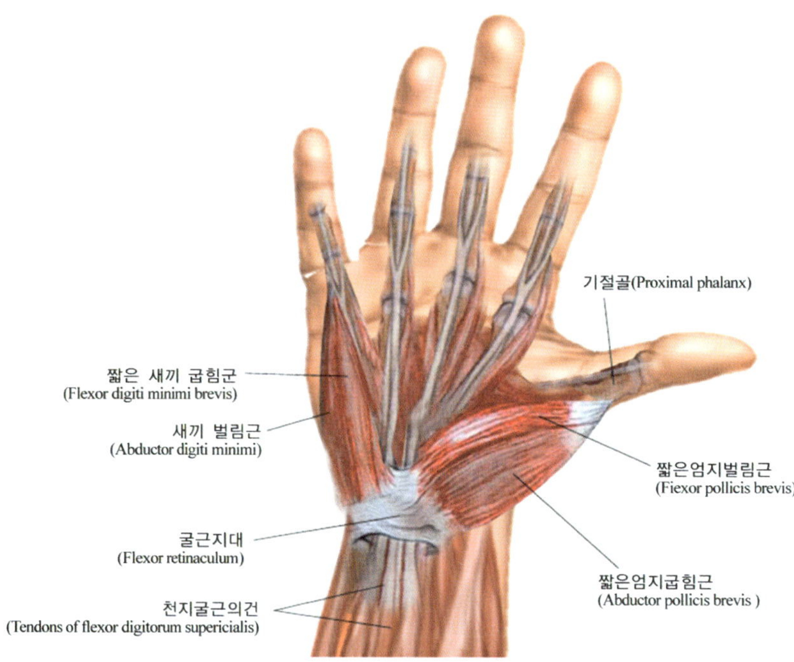

• 그림 19 • 손, 팔 근육계

4) 주의사항

① 관리 부위를 제외한 나머지 부분은 타월로 잘 감싸준다.

② 뼈를 심하게 자극해서는 안 된다.

5) 손, 팔관리하기

① 관리 부위 외 신체 다른 부위는 타월로 잘 감싸준다.

② 피부 유형에 맞는 성분의 오일이나 크림을 바른다.

③ 손, 팔 부위 피부와 근육 상태에 맞게 5가지 동작(쓸어서 펴 바르기, 밀착하여 펴 바르기, 어루만져 펴 바르기, 토닥토닥 펴 바르기, 떨며 펴 바르기)을 리듬, 세기, 속도, 밀착, 시간을 고려하여 테크닉한다.

④ 전신관리 기기를 활용하여 관리한다.

⑤ 온습포를 이용하여 깨끗하게 닦아낸다.

⑥ 토너를 이용하여 피부결을 정돈한다.

⑦ 피부 유형과 고객의 니즈에 맞는 크림이나 로션으로 마무리한다.

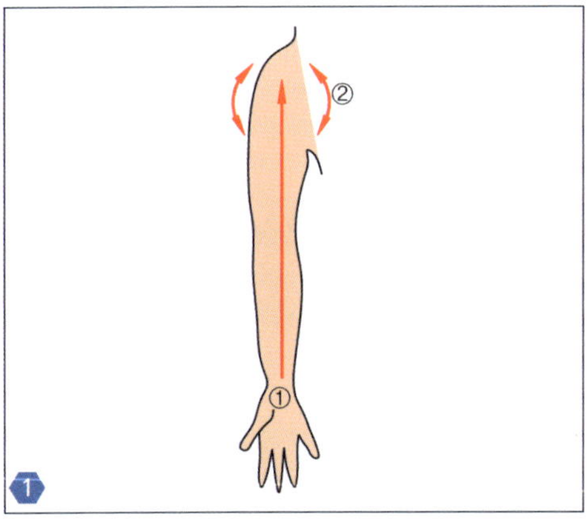

팔 전체를 쓸어올라가 어깨를 감싸듯 회전하며 쓰다듬는다.(3회)

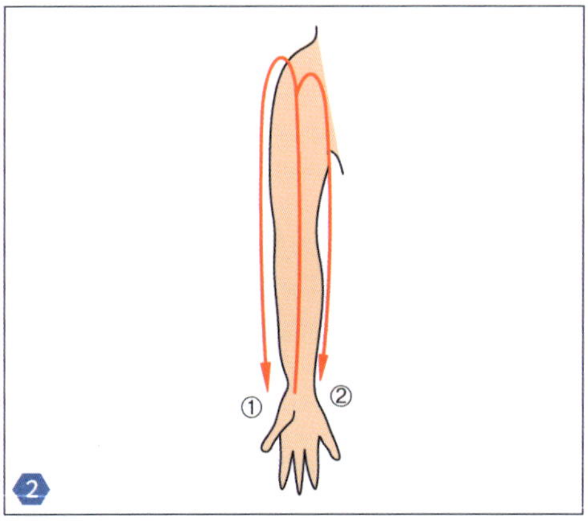

한 손씩 팔 바깥쪽과 안쪽을 쓸어준다.(3회)

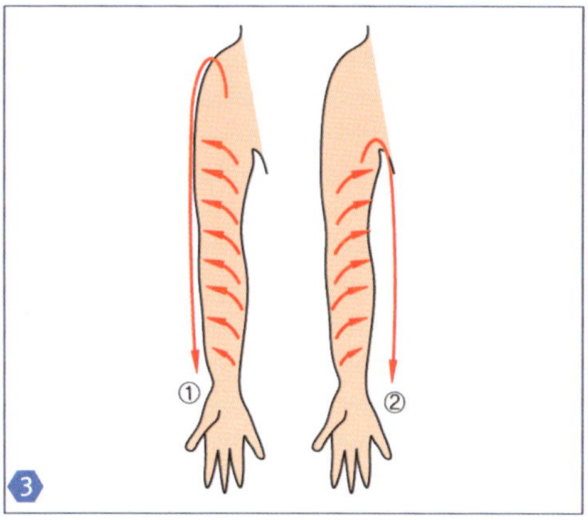

엄지를 이용하여 팔 바깥쪽, 안쪽 나선형 그려 올라가 손바닥으로 쓸어내린다.(3회)

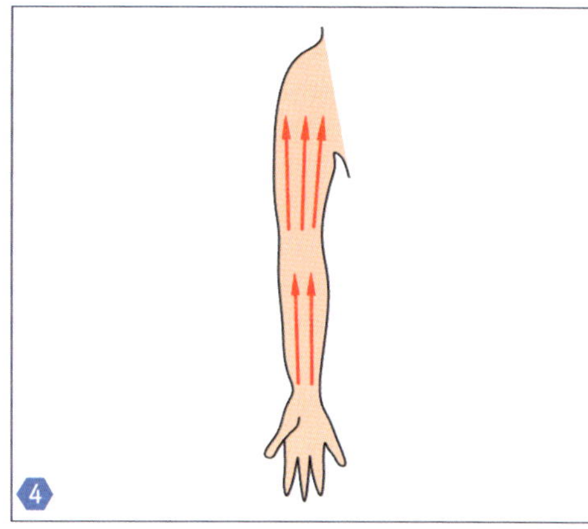

주먹을 가볍게 쥐고 팔 바깥쪽, 안쪽을 밀착하여 쓰다듬는다.(3회)

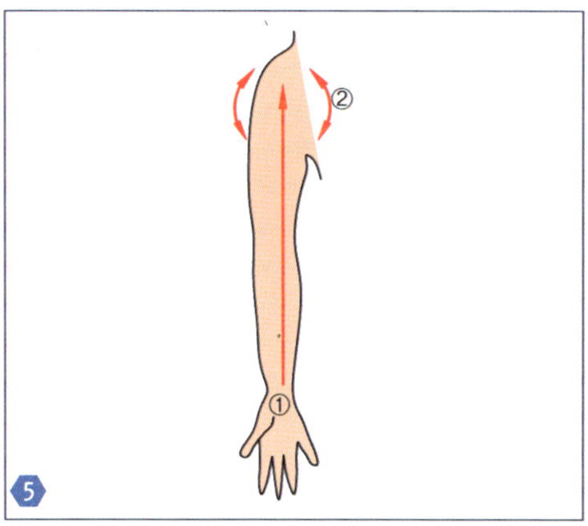

팔 전체를 쓸어올라가 어깨를 감싸듯 회전하며 쓰다듬는다.(3회)

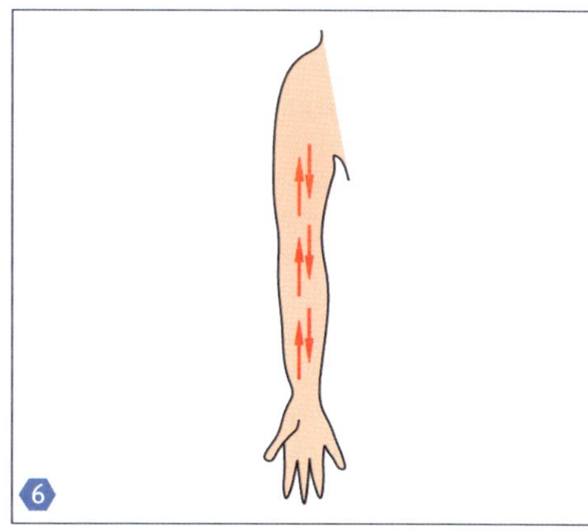

측면으로 자리이동하여 팔을 위아래로 반죽한다.(3회)

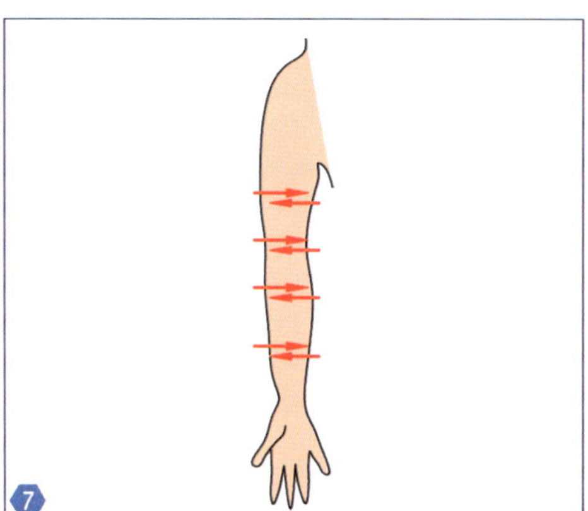

팔을 좌우로 반죽한다.(3회)

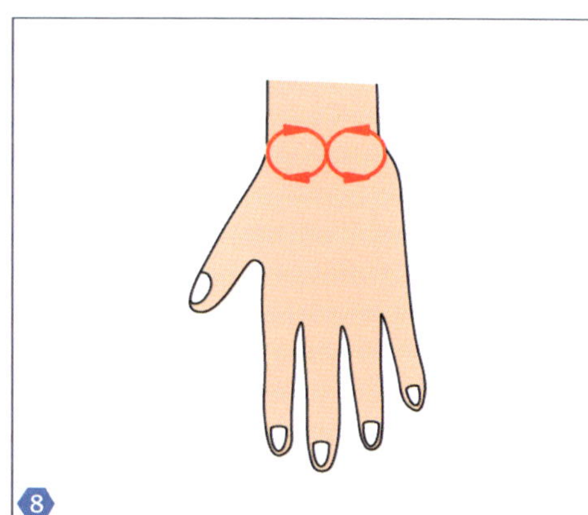

손목에 8자를 그려준다.(수회)

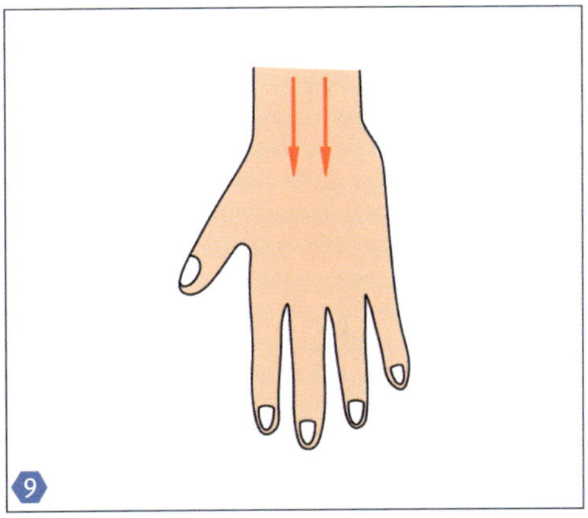

9 손목에 11자를 그린다.(6회)

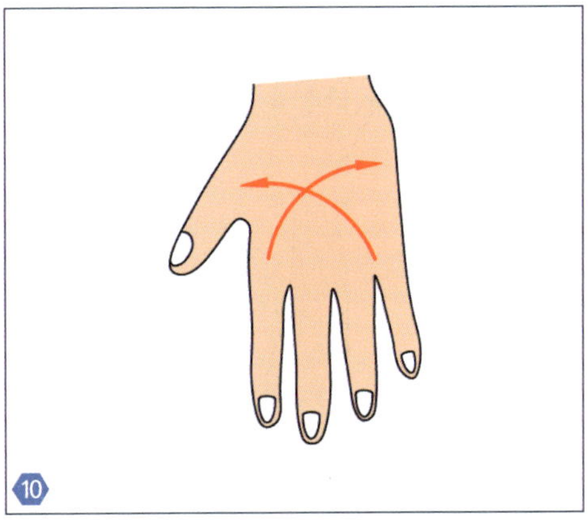

10 수근으로 X자를 그린다.(6회)

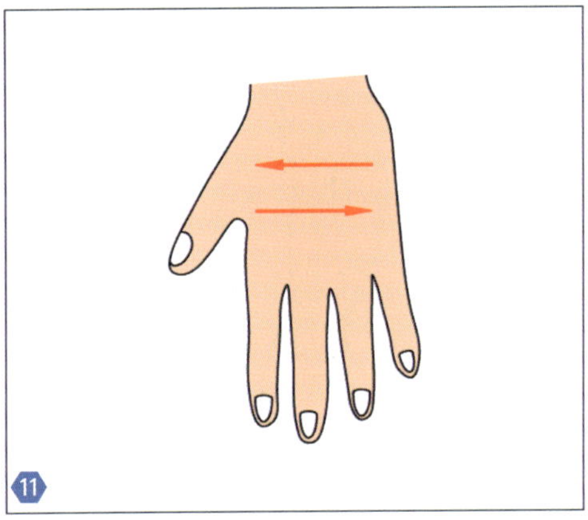

11 엄지로 손등을 지그재그 문지른다.(6회)

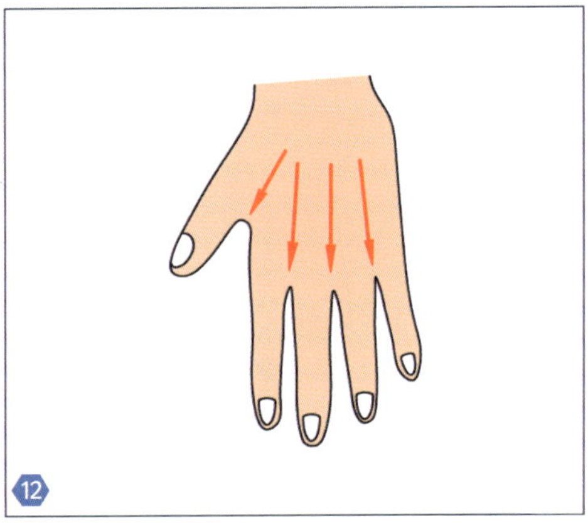

12 엄지로 중수골을 파준다.(6회)

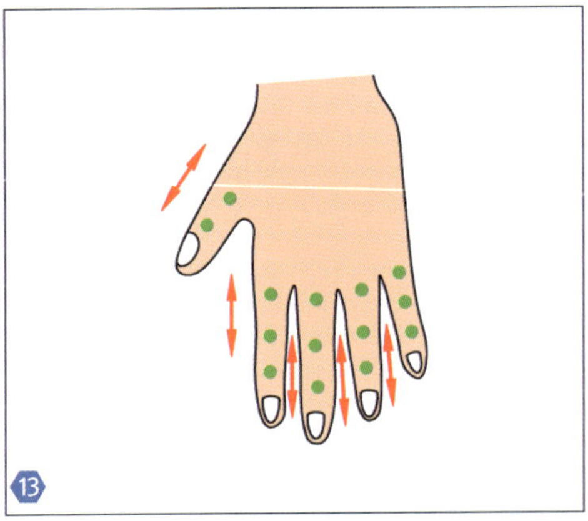

13 손가락 마디를 살살 문질러준다.

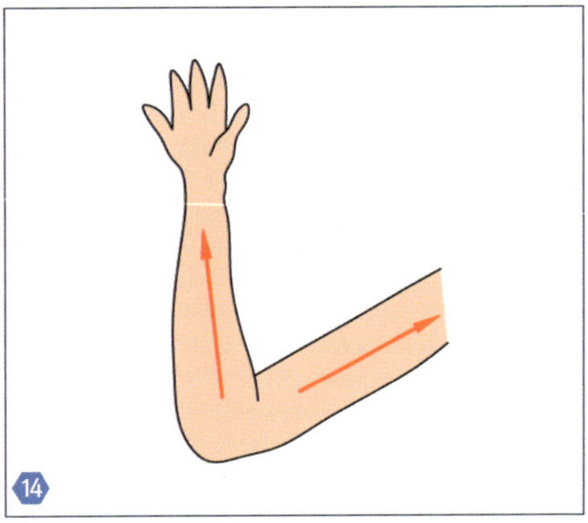

14 팔을 위로 반 접어서 액와와 손목쪽으로 쓰다듬는다.(6회)

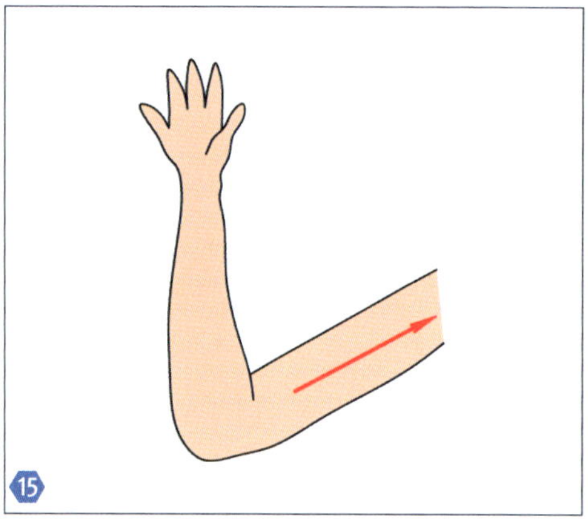

수근을 이용하여 액와로 밀어준다.(6회)

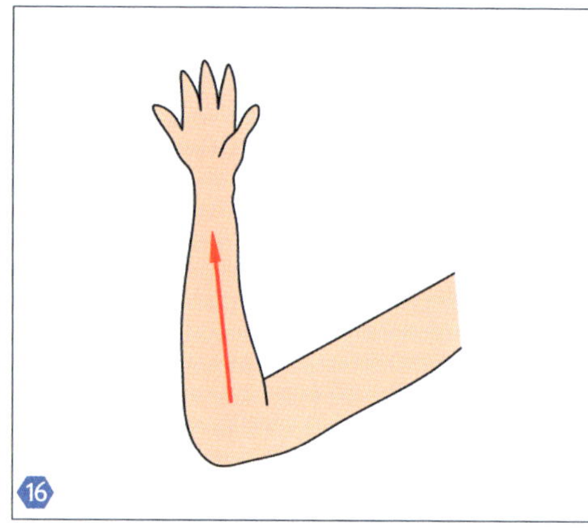

수근을 이용하여 손목쪽으로 밀어준다.(6회)

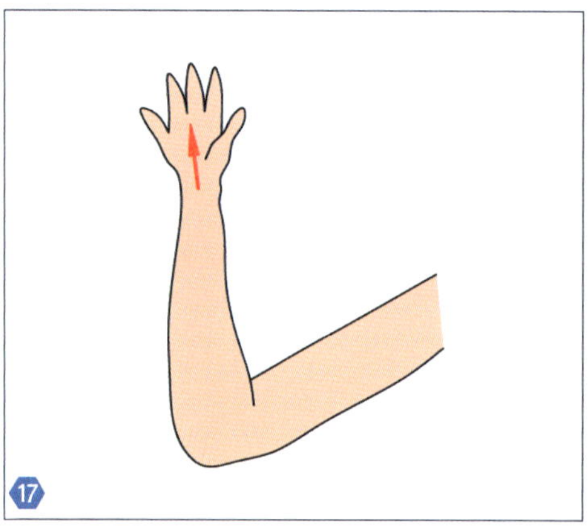

수근으로 손바닥을 쓸어준다.(6회)

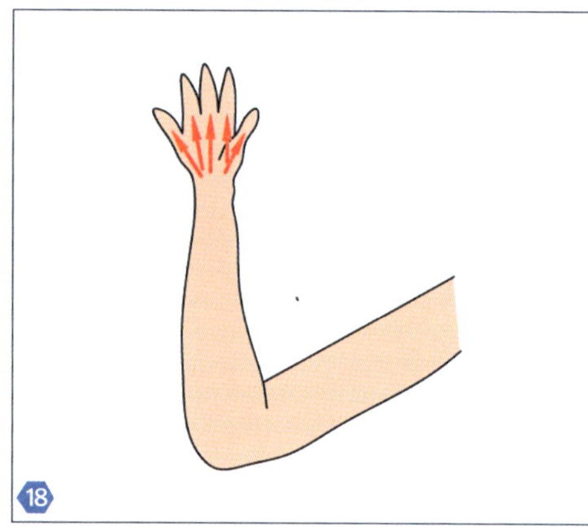

엄지를 이용하여 손바닥과 손가락을 밀어준다.(1회)

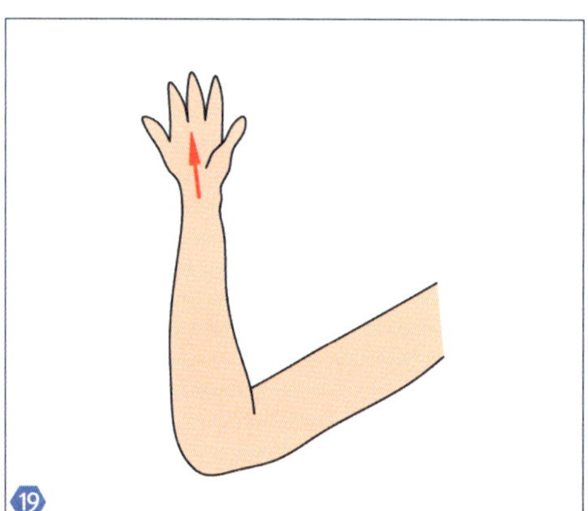

수근으로 손바닥을 쓸어준다.(6회)

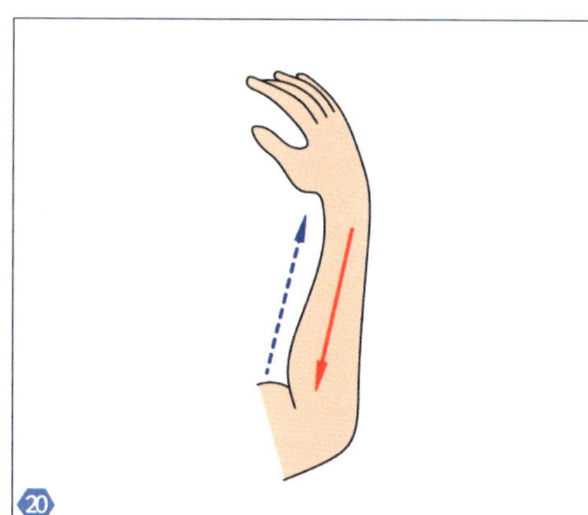

팔의 하완을 세워서 쓸어준다.(3회)

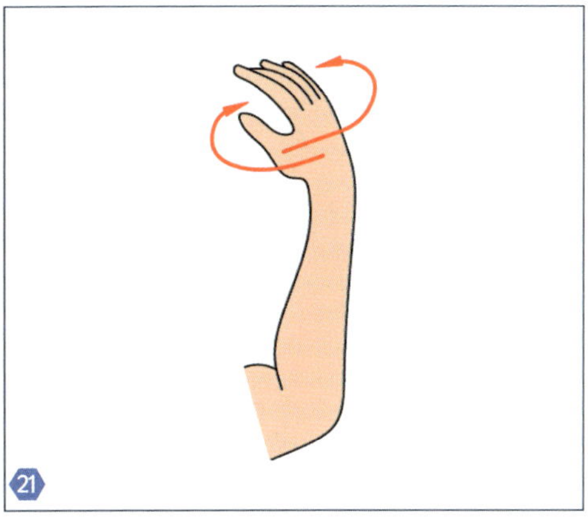

손목을 털어준다.(6회)

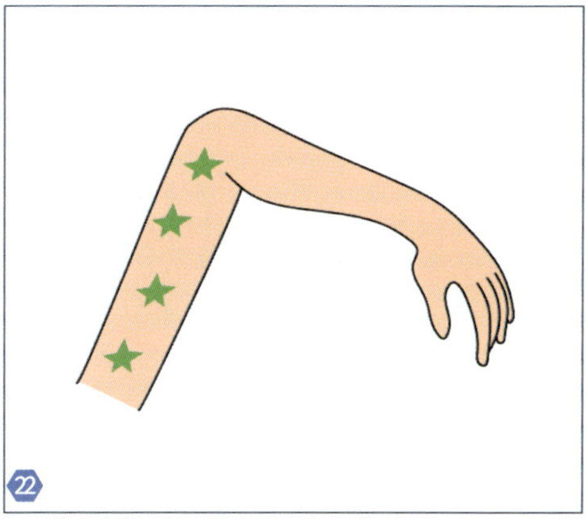

상완을 고객의 반대편 어깨 부위에 두고 두들겨 준다.(3회)

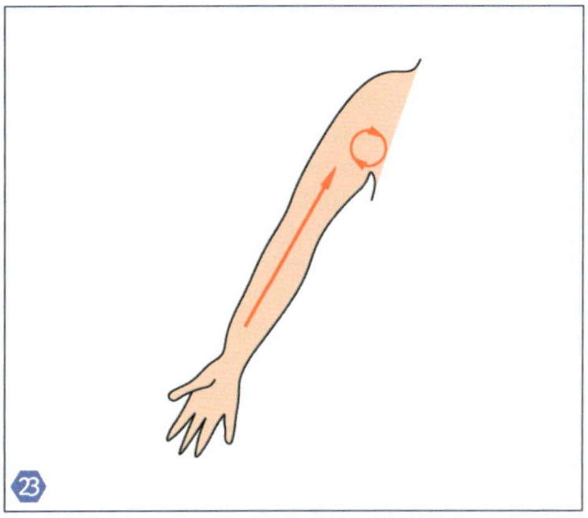

손목을 잡아 고정하고, 안쪽 손바닥으로 시술자의 액와를 밀착하여 원을 그린다.(3회)

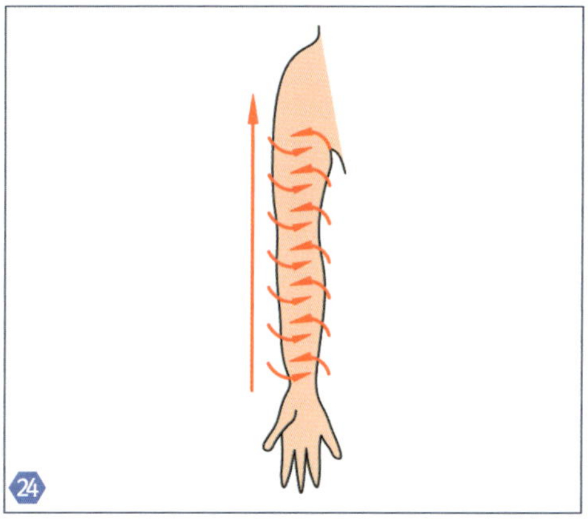

팔 위로 올라가서 내려올 때 빨래를 짜듯 비틀어 주며 내려온다.(3회)

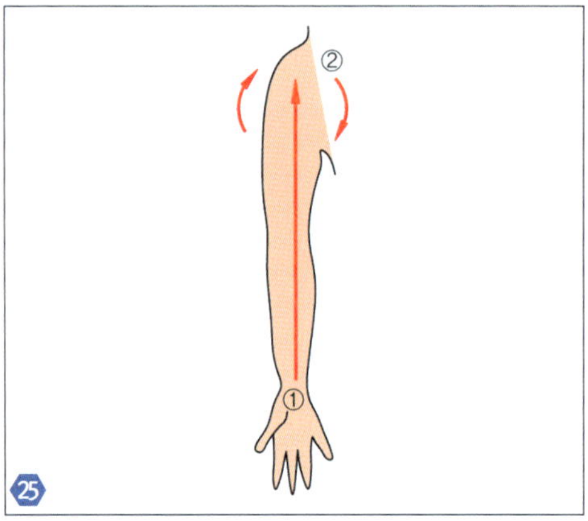

팔 전체를 쓸어올라가 어깨를 감싸듯 회전하며 쓰다듬는다.(3회)

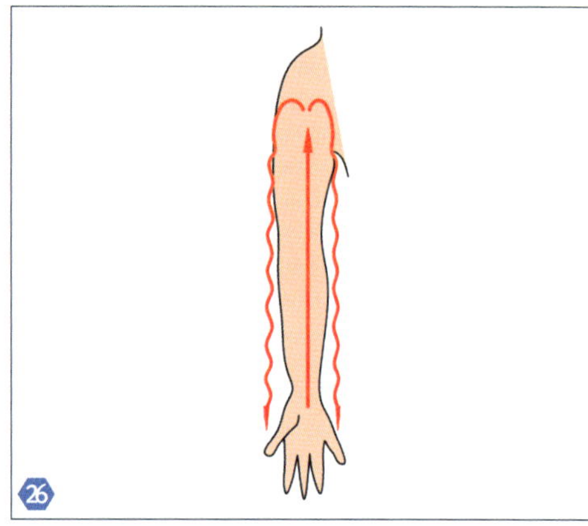

팔 전체를 쓸어올라가 바이브레이션하며 내려온다.(3회)

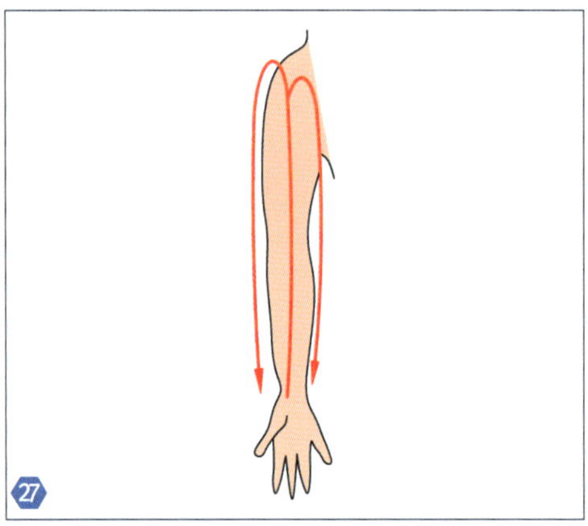

전체를 쓸어올라가 어깨를 감싸듯 회전하며 쓰다듬는다.(3회)

5 발, 다리관리하기

학·습·목·표

- 고객의 발, 다리 피부를 파악하여 금기해야 할 관리를 피할 수 있다.
- 발과 다리 피부 유형에 맞는 제품을 선택할 수 있다.
- 발과 다리의 상태를 파악하고 목적에 맞는 매뉴얼 테크닉을 적용할 수 있다.
- 시간, 속도, 리듬, 밀착, 세기를 고려하여 발, 다리 매뉴얼 테크닉을 구사할 수 있다.
- 발부터 둔부까지 매뉴얼 테크닉을 적용할 수 있다.

1) 발, 다리관리하기 개요

인체 중 발, 다리는 가장 체중이 많이 실리는 위치이다. 심장에서 다리로 뻗어나가는 동맥 안의 동맥혈이 모세혈관을 통해 세포로 영양분을 공급하고, 정맥혈이 되어 모세혈관을 통해 흡수되어 정맥을 통해 심장으로 올라오게 된다. 이때 혈액이 심장에서 멀어지면서 혈액의 압력이 떨어지고, 중력의 압력을 받게 되면서 정맥 안에 혈액이 모이는 현상이 생기게 되는데, 이를 방지하기 위해 우리 몸의 정맥은 판막이 존재하게 된다. 즉, 혈액 역류를 방지하기 위한 내피세포의 변형이다. 그래서 혈액을 다시 심장으로 보내기 위해서는 종아리의 운동이 필수적이다. 종아리 근육의 펌핑작용이 혈액을 짜주어 심장으로 되돌아가는 역할을 높이게 된다.

발을 제 2의 심장이라고 말하는 이유가 여기에 있다. 이 발목 펌핑 운동은 다양한 대사질환을 가진 환자들에게도 큰 도움이 되고 부종관리에도 효과적이다. 즉, 발과 다리의 형태와 균형을 파악하여 목적에 맞는 매뉴얼 테크닉과 도구를 활용해 피로해진 기능을 회복시킨다.

2) 발, 다리관리 목적

발과 다리를 관리함으로써 혈액순환을 돕고 부종을 감소시키며, 긴장된 근육을 이완시켜 신체의 질적 기능 향상을 한다. 또한 임신 중후반으로 갈수록 피로해지고 붓는 다리를 효과적으로 관리함으로써 생활의 질적 향상을 도울 수 있다. 운동선수들의 신속한 근육관리로 다음 훈련에 무리가 없게 한다.

3) 발, 다리 근골격계

(1) 발, 다리 골격계

관골(Coxal Bones)이라고 하며 장골, 좌골, 치골 3가지 뼈로 형성되어 있다.

① **장골**(Ilium)

관골의 대부분을 형성하는 뼈로서 천골과 천장관절(Sacraoiliac Joint)을 형성한다. 앞쪽은 상전장골극(Anterior Superior Iliac Spine, Asis), 뒤로는 상후장골극(Posterior Superior Iliac Spine, Psis)의 위치에서 끝난다.

② **좌골**(Ischium)

앉는데 필요한 뼈로서 관골의 아랫면을 형성하고 있는 구조이다. 그중 좌골조면(Ischial Tuberousity)은 신체의 체중을 받아주는 거친 부분이다.

③ **치골**(Pubic)

관골의 가장 앞쪽에 있는 뼈로서 앞쪽에서 융합되어 섬유연골관절인 치골결합(Pubic Symphysis)을 형성한다.

(2) 자유하지골

① **대퇴골**(Femur, Thigh Bone)

인체에서 가장 강하고 무거운 뼈이다. 대퇴골두(Head)는 관골의 관골구와 고관절을 이루고, 대퇴골경(Neck)은 뼈를 감싸는 골막이 없어 골절이 일어나기 쉬운 곳이다. 대전자(Greater Trochanter)와 소전자(Lesser Trochanter)가 있어 근육의 부착지로 활용된다.

② **슬개골**(Patella)

인체의 큰 종자골(Sesamoid Bone)로서 대퇴사두근건 속에서 형성된 뼈이다.

③ **경골**(Tibia)

경골은 길이 30cm의 긴뼈로서 하퇴의 안쪽에 존재한다. 경골의 상단 안쪽을 내측과(Medial Condyles)와 상단 바깥쪽을 외측과(Lateral Condyles)라 하며, 그 사이에 십자인대가 부착되는 과간융기(Intercondylar Eminence)가 있고 대퇴와 연결이 되는 슬관절이 있다. 하단은 내측복사뼈라 부르는 내과(Medial Malleolus)가 발목 안쪽융기를 형성한다.

④ **비골**(Fibula)

경골과 나란하게 있으며 비골은 대퇴골과 연결되지 않아 슬관절을 형성하지 않는다. 하단에 외복사뼈라 불리는 외과(Lateral Malleolus)가 발목의 바깥 융기를 형성한다.

⑤ **족근골**(Tarsal Bone)

발목을 이루는 7개의 뼈를 말하며, 거골, 종골, 주상골, 제1, 2, 3 설상골, 입방골로 구성되어 있다.

㉠ 거골(Talus) : 주상골 위에 있어 경골과 비골과 관절을 이루며, 종골(Calcaneus)과 관절하여 뒤꿈치로 무게중심을 전달하는 역할을 한다.

㉡ 종골(Calcaneus) : 족근골 중에서 가장 크고 발뒤꿈치를 형성한다. 가장 강한 아킬레스 건(Achilles Tendon)에 연결된다.

㉢ 주상골(Navicular Bone) : 발의 내측에 있는 배 모양의 뼈로 거골과 설상골을 이어준다.

㉣ 제1, 2, 3 설상골(Cuneiform Bone) : 주상골과 관절하며, 제1, 2, 3 설상골과도 관절한다.

㉤ 입방골(Cuboid Bone) : 발의 외측을 담당하며 종골과 관절하고, 4, 5 중족골과 관절한다.

⑥ **중족골**(Metatarsal Bone)

발바닥을 형성하는 5개의 얇고 긴 뼈이다.

⑦ **족지골**(Phalanges)

발가락을 이루는 마디뼈를 말하며 엄지발가락만 2개로 이루어져 있고, 나머지는 3개의 뼈로 구성된다.

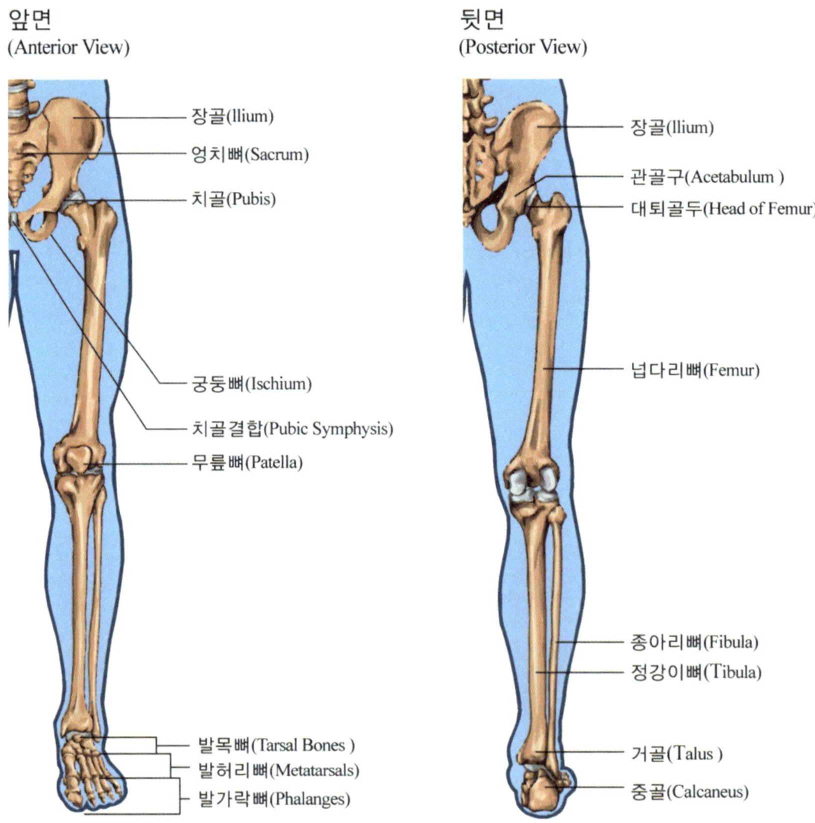

• 그림 20 • 팔, 다리 골격계

(3) 둔부 근육

① **대둔근**(Gluteus Maximus)

대퇴의 고관절 신전 및 외측회전을 담당한다. 계단을 오르거나 서 있는 자세를 유지할 때, 보행할 때 작용한다.

② **중둔근**(Gluteus Medius)

대퇴의 외전과 내측회전을 담당한다. 보행이 좌우 균형을 맞추는 역할을 하며 이 근육의 약화 시 절뚝거릴 수 있다.

③ **이상근**(Piriform)

대퇴의 외측회전을 담당하며 이상근 안쪽으로 좌골신경이 지나가므로 이상근의 이상으로 좌골신경통을 유발시킬 수 있다.

(4) 대퇴 근육

① **내측 대퇴근**(Medial Femoral Muscle)

㉠ 치골근(Pectineus) : 대퇴의 내전, 굴곡, 내측회전에 관여한다.

㉡ 내전근(Adductors) : 대퇴의 내전에 관여한다.

㉢ 박근(Fracillis) : 대퇴굴곡, 내전, 내측회전에 관여한다.

② **앞 대퇴근**(Anterior Femoral Muscle)

㉠ 봉공근(Sartorius) : 대퇴와 하퇴의 굴곡, 대퇴의 외측회전에 관여한다. 예전 봉제사들이 양반다리하고 재봉할 때 드러나는 근육이어서 흔히 봉제사의 근(Tailor' s Muscle)이라고 한다.

㉡ 대퇴 사두근(Quadriceps Femoris) : 인체에서 가장 큰 근육으로 하퇴의 신전 및 대퇴를 굴곡시킨다. 다리를 위로 올릴 때, 즉 공을 찰 때 그 역할을 다한다. 대퇴직근, 내측광근, 중간광근, 외측광근으로 구성되며 모두 슬개골 저부, 슬개인대에서 경골 조면까지 이어진다. 슬개골 반사 시 검사부위로 활용되며, 유아의 예방접종 시 외측광근에 주사부위로 이용되기도 한다.

③ **뒤 대퇴근**(Hamstling Muscle)

㉠ 대퇴이두근(Biceps Femoris) : 대퇴의 신전, 하퇴의 굴곡, 하퇴의 외측회전에 관여한다.

㉡ 반건양근(Semitensinosus) : 대퇴의 신전, 하퇴의 굴곡, 하퇴의 내측회전에 관여한다.

㉢ 반막양근(Semimembranosus) : 대퇴의 신전, 하퇴의 굴곡, 하퇴의 내측회전에 관여한다.

④ **하퇴근**(Anterior Crural Muscle)

㉠ 비복근(Gastrocnemius) : 종아리를 형성하는 대표적인 하퇴근육이다. 발의 족척굴과 슬관절의 굴곡에 관여한다.

㉡ 가자미근(Soleus) : 발의 족척굴과 슬관절의 굴곡에 관여한다.

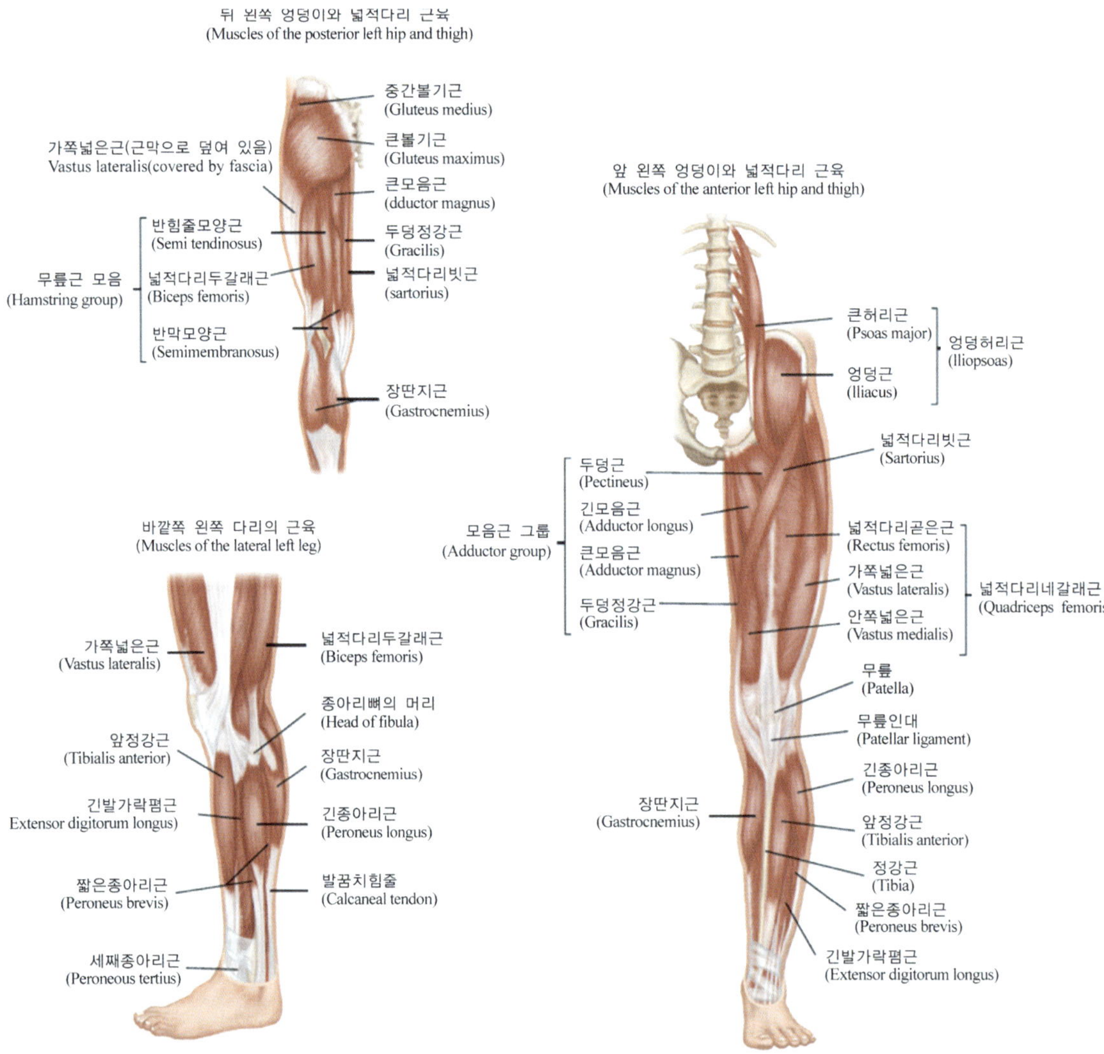

• 그림 21 • 팔, 다리 근육계

4) 주의사항

① 관리 부위를 제외한 나머지 부분은 타월로 잘 감싸준다.

② 금기적용 대상을 잘 확인한다.

- 정맥류
- 염증성 열이 나는 사람

- 염증성 부종
- 뼈가 약한 사람
- 암 환자
- 수술 직후
- 접촉성 피부질환

5) 발, 다리관리하기

① 관리 부위 외 신체 다른 부위는 타월로 잘 감싸준다.

② 피부 유형에 맞는 성분의 오일이나 크림을 바른다.

③ 복부 부위 피부와 근육 상태에 맞게 5가지 동작(쓸어서 펴 바르기, 밀착하여 펴 바르기, 어루만져 펴 바르기, 토닥토닥 펴 바르기, 떨며 펴 바르기)을 리듬, 세기, 속도, 밀착, 시간을 고려하여 테크닉한다.

④ 전신관리 기기를 활용하여 관리한다.

⑤ 온습포를 이용하여 깨끗하게 닦아낸다.

⑥ 토너를 이용하여 피부결을 정돈한다.

⑦ 피부 유형과 고객의 니즈에 맞는 크림이나 로션으로 마무리한다.

(1) 뒷면 다리 관리

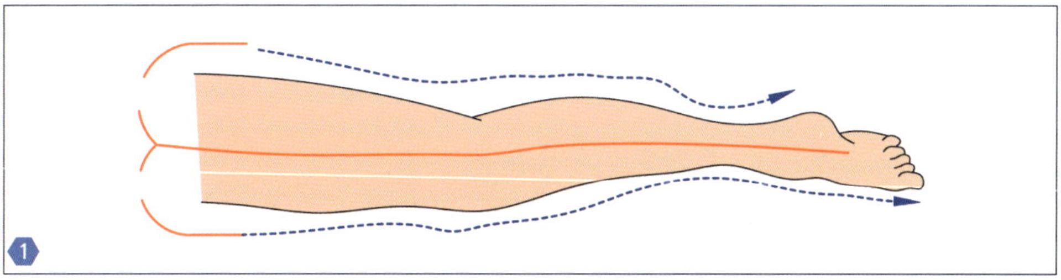

손바닥 전체를 이용하여 허벅지까지 쓰다듬어 올라간 후 옆면을 따라 가볍게 내려온다.(3회)

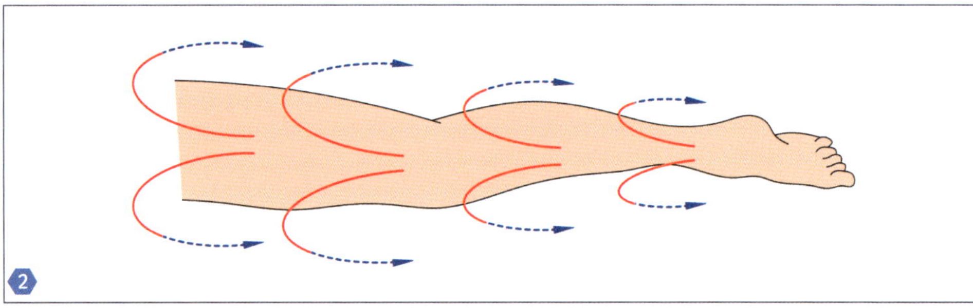

다리를 4~6부위로 나눈 뒤, 손을 모아 수영하듯이 손바닥으로 밀어 올린 후 옆면을 감싸서 내려온다.(3회)

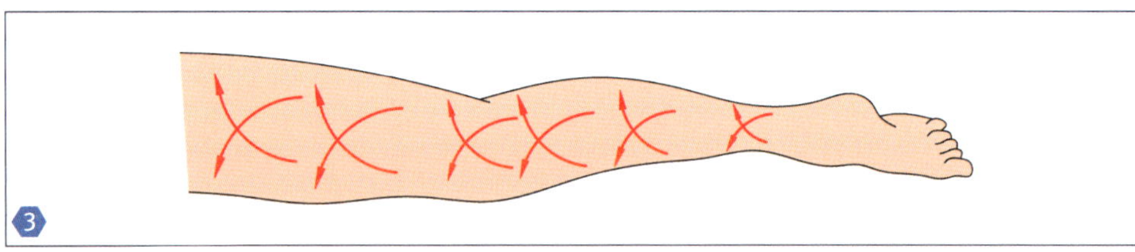

엄지와 수근을 이용하여 교차하듯 올라간다.(3회)

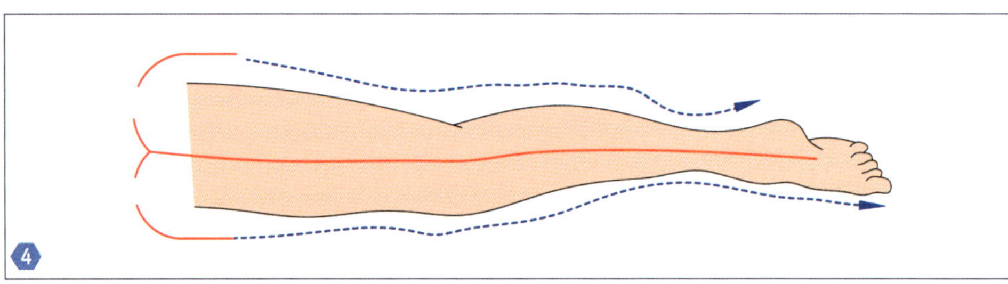

손바닥 전체를 이용하여 허벅지까지 쓰다듬어 올라간 후 옆면을 따라 가볍게 내려온다.(3회)

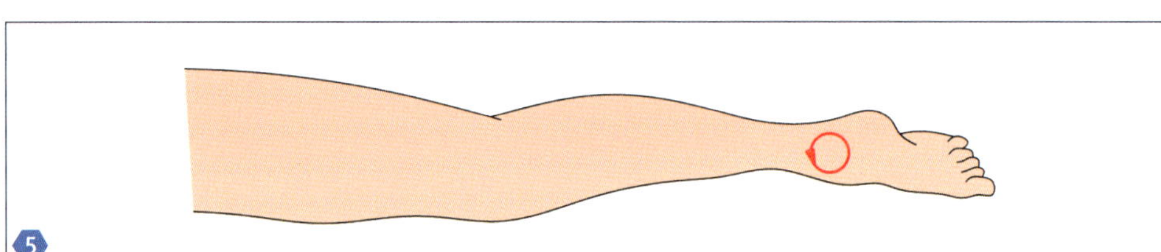

손끝을 이용하여 복사뼈 주변을 둥글려준다.(6회)

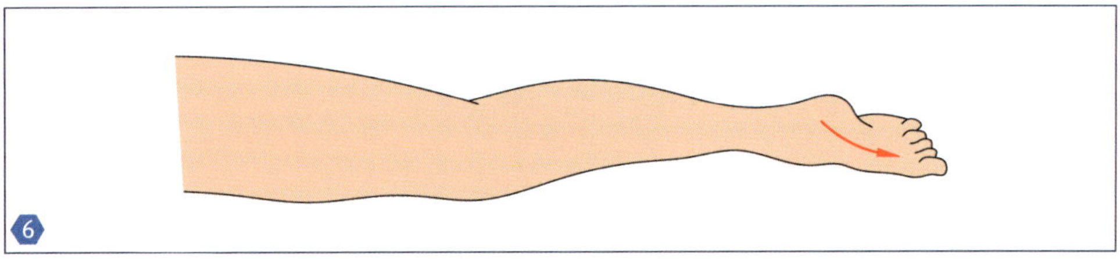

자리 이동하여 주먹으로 발꿈치에서 발가락 방향으로 문지른다.(3회)

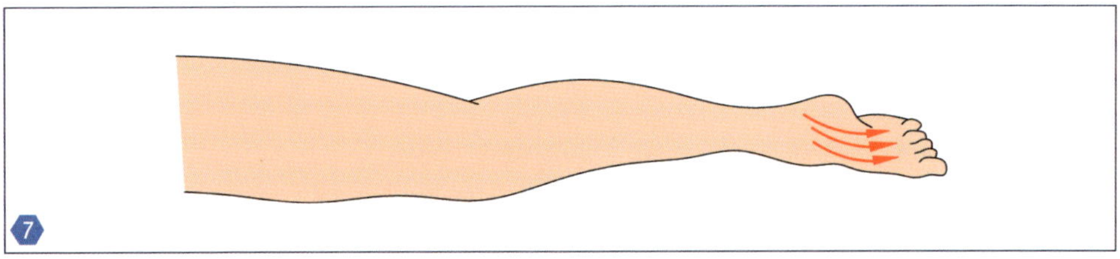

엄지로 발바닥을 쓸어준다.(3회)

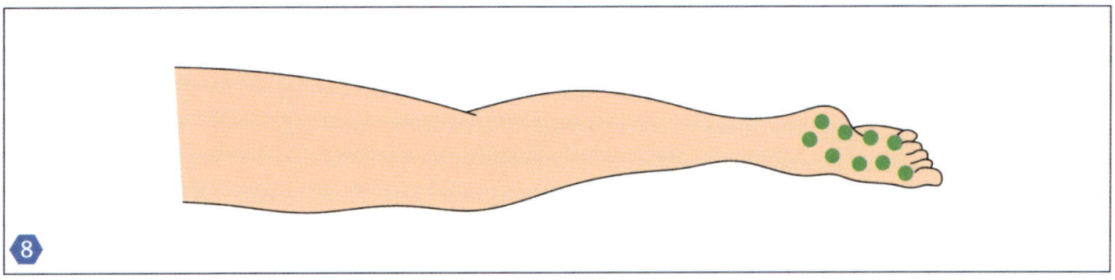

제자리로 이동하여 엄지를 이용하여 발바닥을 가볍게 눌러준다.(3회)

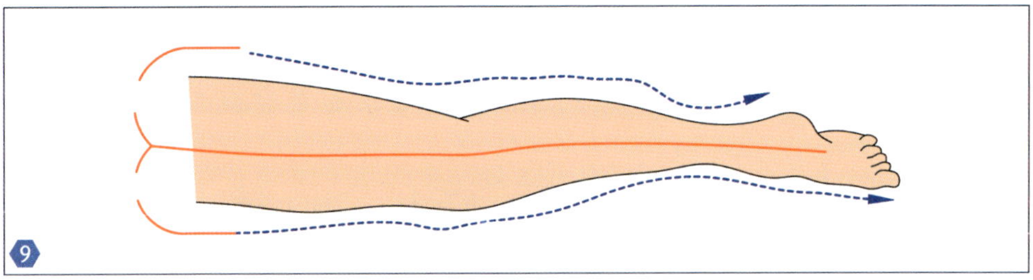

다리 전체를 가볍게 쓰다듬어준다.(3회)

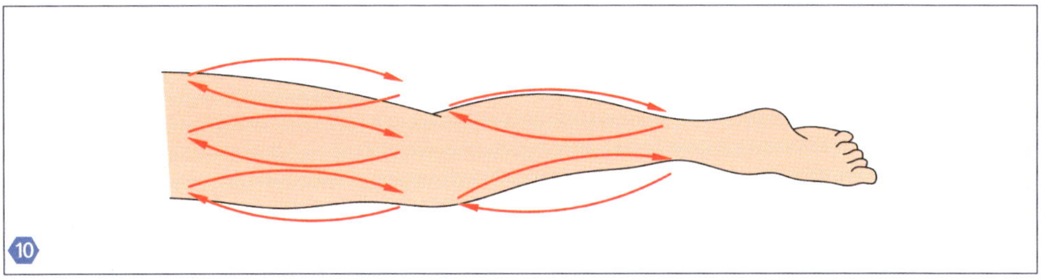

측면으로 이동하여 하퇴 및 대퇴부위 반죽한다.(3회)

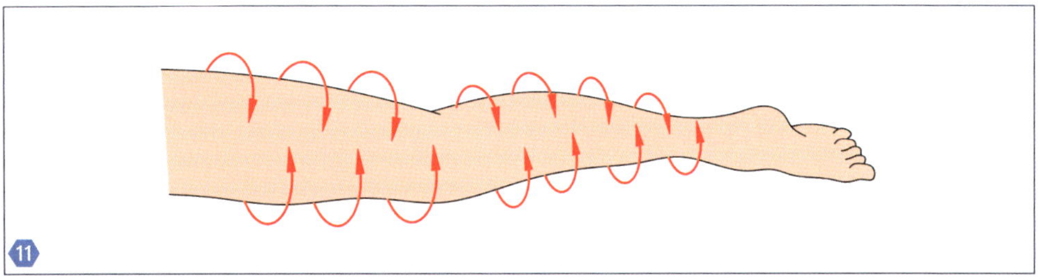

하퇴 및 대퇴부위를 반죽해준다.(3회)

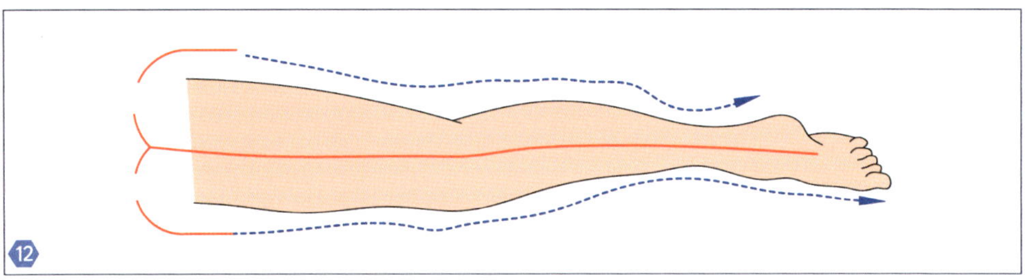

다리 전체를 쓰다듬어 준다.(3회)

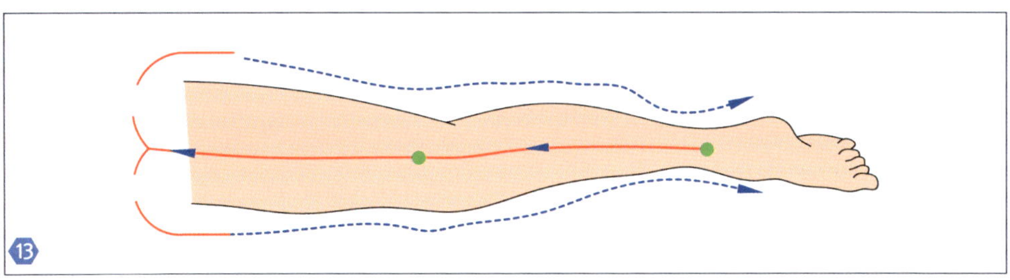

엄지로 다리의 중앙라인을 압하며 올라가 가볍게 옆라인으로 쓰다듬으며 내려온다.(3회)

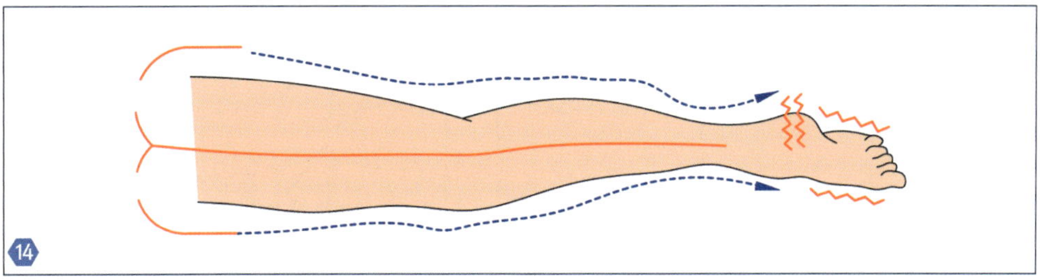

다리 전체를 쓰다듬으며 내려와 발등과 종골을 잡고 진동을 준다.(2회)

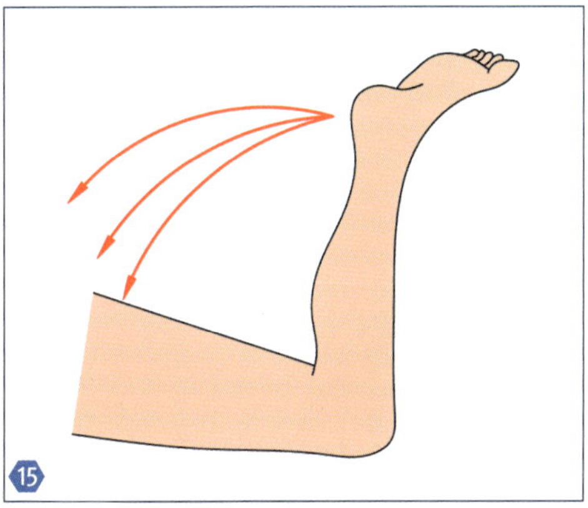

발목을 허벅지 쪽으로 접어 내측, 중앙, 외측으로 나누어 스트레칭해준다.

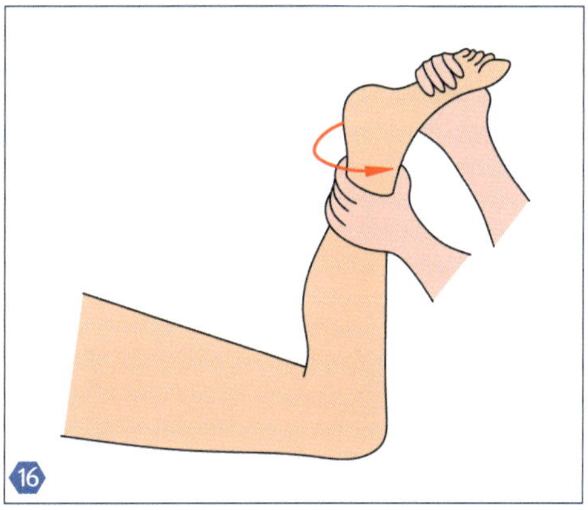

발목을 내측, 외측으로 회전을 시킨다.(6회)

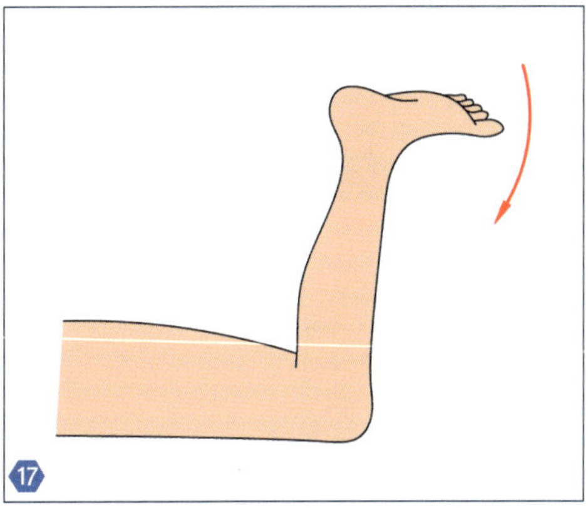

발바닥을 스트레칭한다.

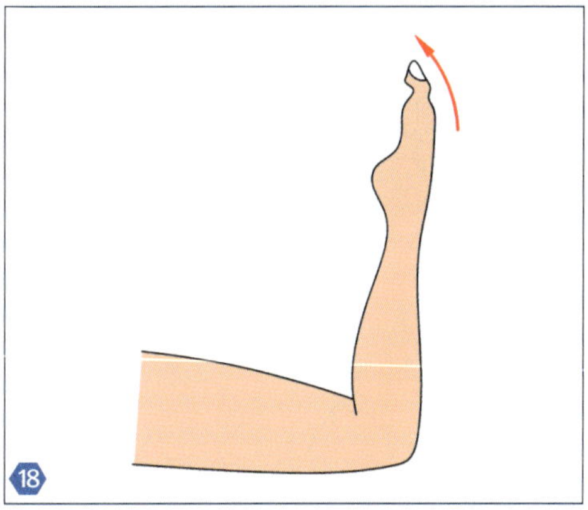

발등을 스트레칭한다.(17, 18번 교대로 진행)

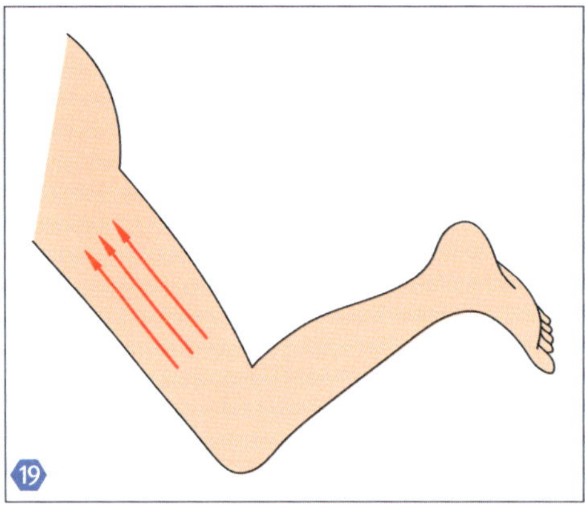

다리를 외측으로 구부려 눕힌 후 허벅지의 옆라인을 따라 손바닥과 주먹으로 문지른다.(6회)

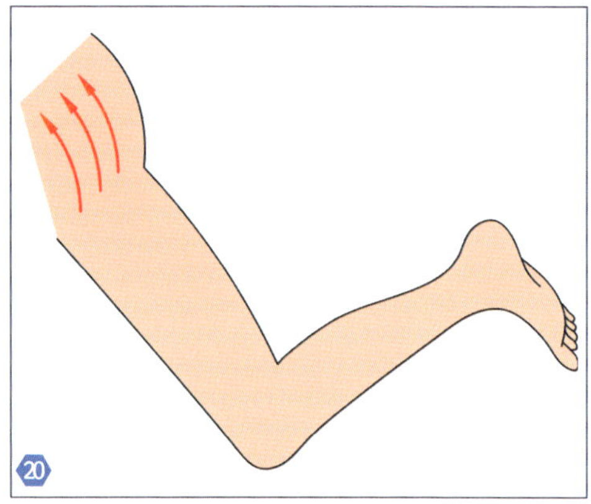

두 손바닥을 이용하여 대둔근 부위까지 나선형으로 문지르며 돌아온다.(6회)

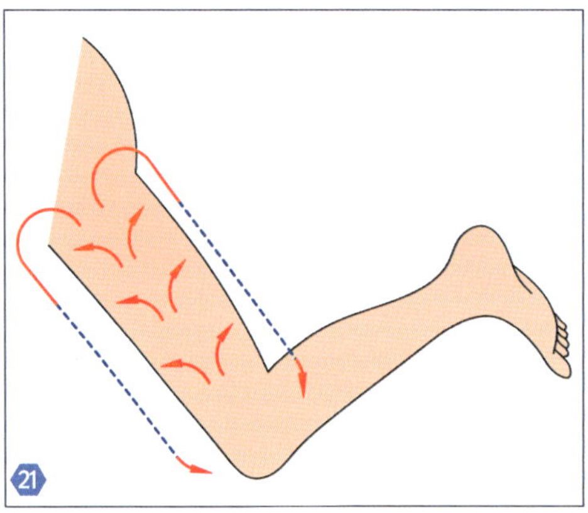

두 손바닥을 이용하여 대둔근 부위까지 나선형으로 문지르며 돌아온다.(6회)

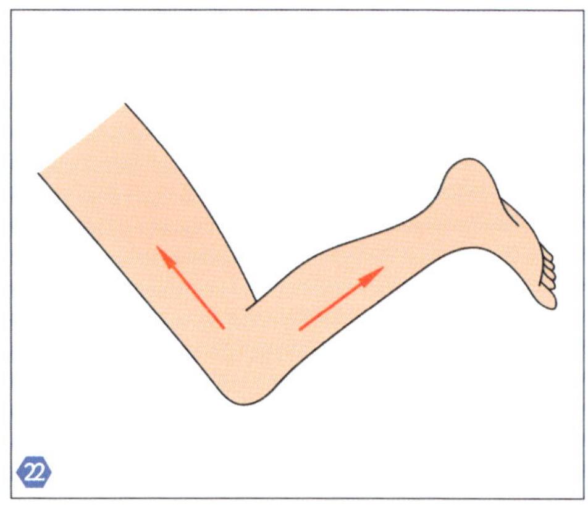

손바닥으로 허벅지와 종아리를 같이 문지른다.(6회)

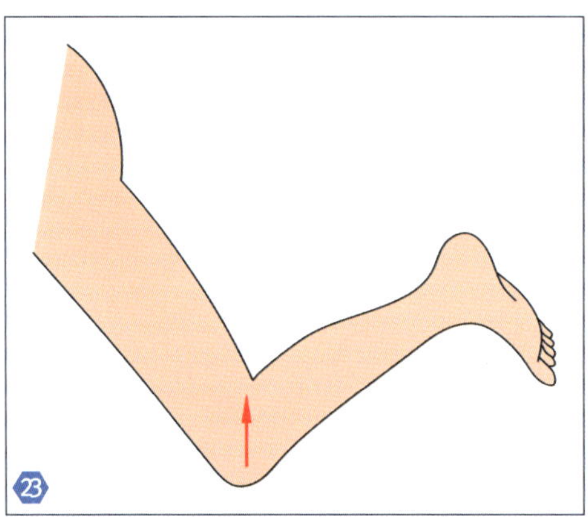

손바닥으로 슬와를 쓰다듬는다.(6회)

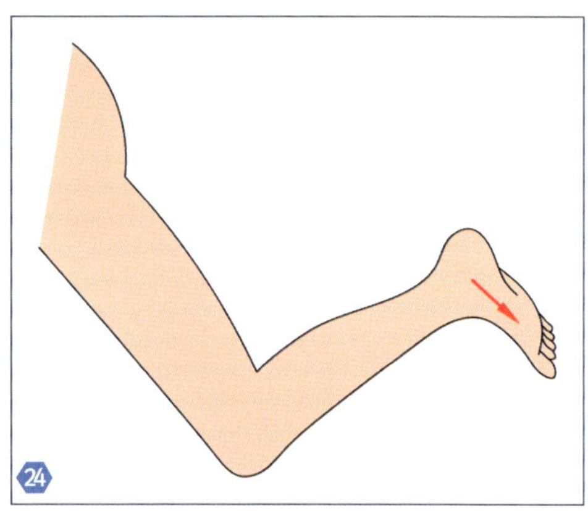

종아리를 따라 내려가서 발 옆라인을 꼼꼼히 풀어준다.(6회)
마무리로 다리를 제자리로 위치시킨다.

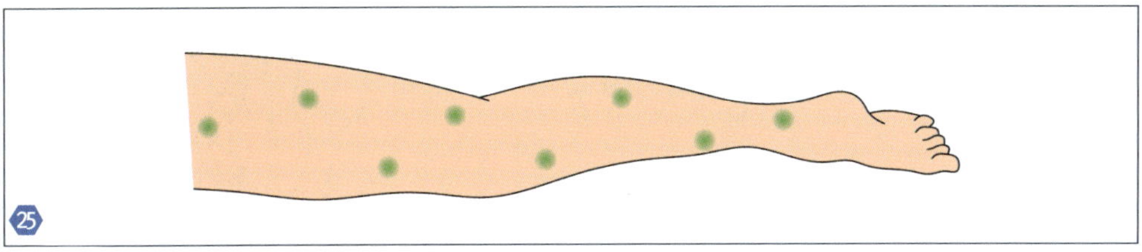

주먹을 가볍게 쥐어 내측과 외측 전체를 토닥토닥 두들긴다.(2회)

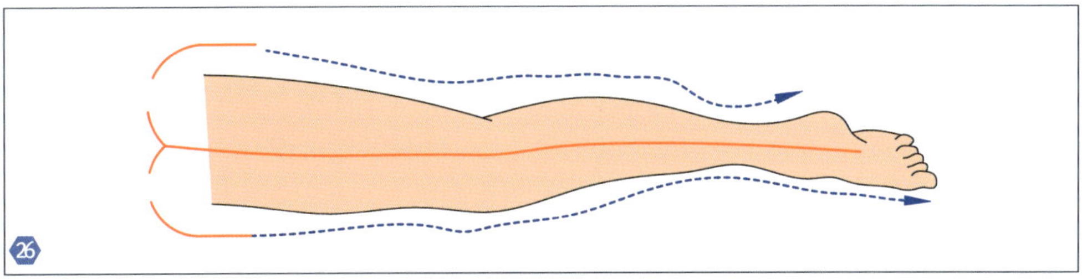

다리 전체를 쓰다듬어 주며 마무리한다.(3회)

(2) 전면 다리 관리

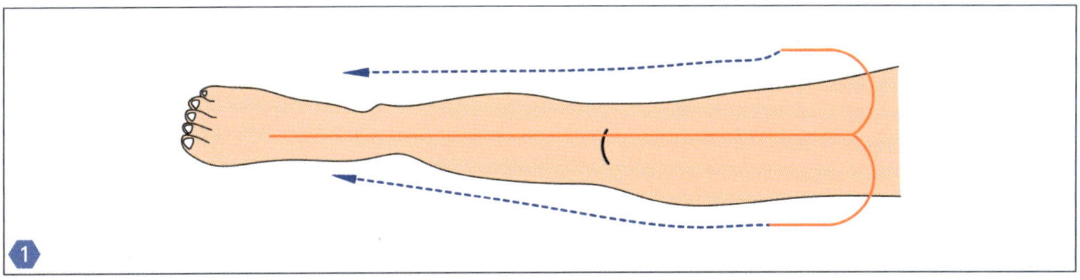

전체를 쓰다듬으며 올라가 옆라인타고 가볍게 쓰다듬어 내려온다.(3회)

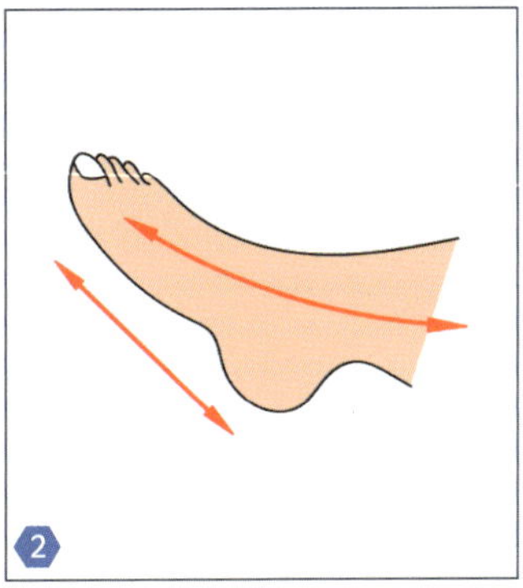

측면으로 이동하여 손바닥으로 발바닥과 발등을 밀착하여 왕복으로 쓰다듬는다.(6회)

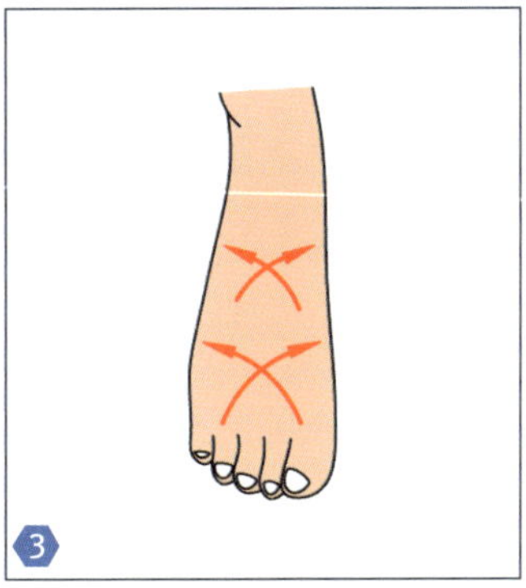

아래쪽으로 내려와 엄지를 이용하여 발등을 교차하여 문지른다.(2회)

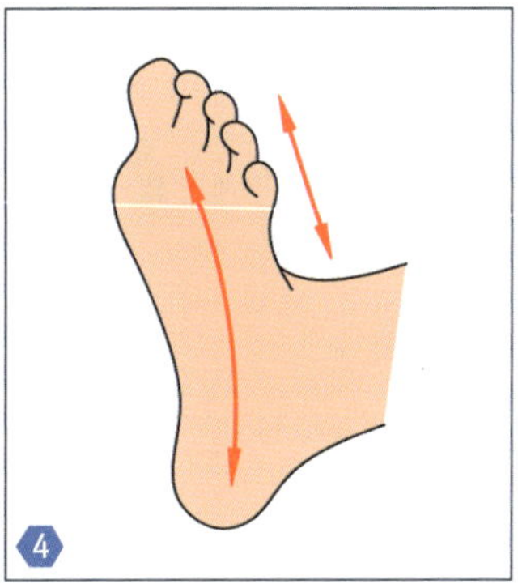

발바닥에 엄지, 발등에 4손가락을 위치하고 중족골 부위를 3회씩 위아래로 쓸어올린다.(3회)

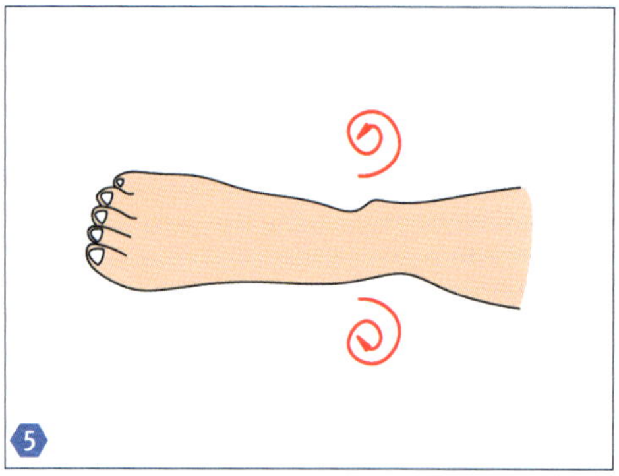

손가락으로 복사뼈 주변을 쓸어준다.(6회)

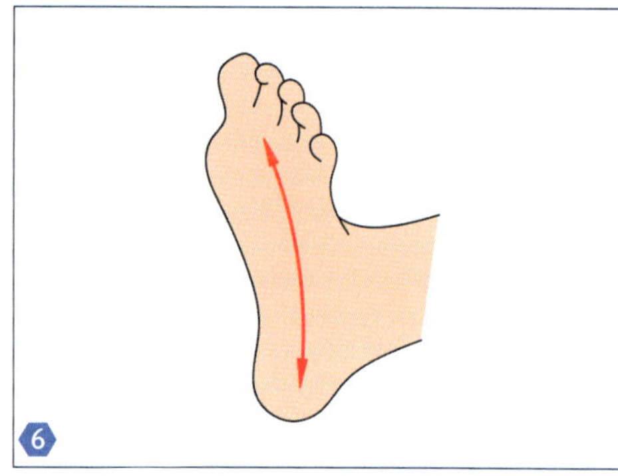

한손은 발등을 받히며 주먹을 이용하여 발바닥을 문지른다.(6회)

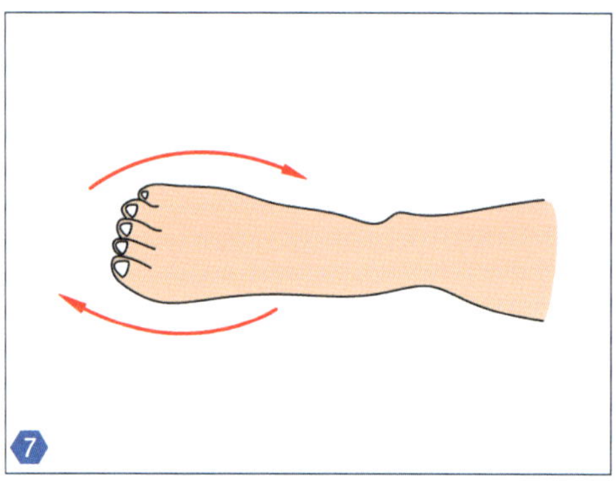

손바닥으로 발바닥에서 발가락을 잡고 앞뒤로 부드럽게 스트레칭시킨다.(6회)

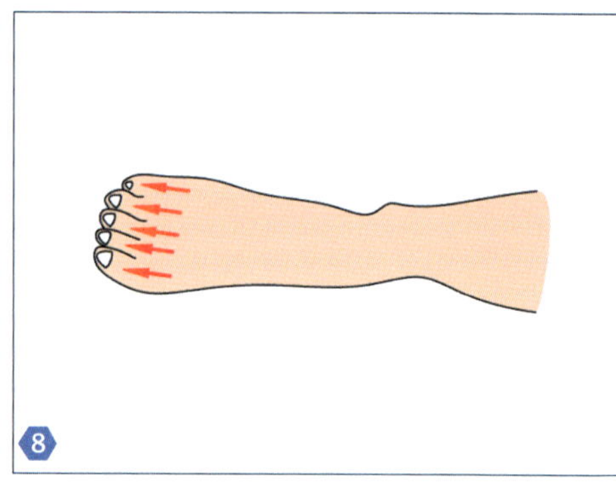

발가락을 하나씩 쓸어올린다.(1회)

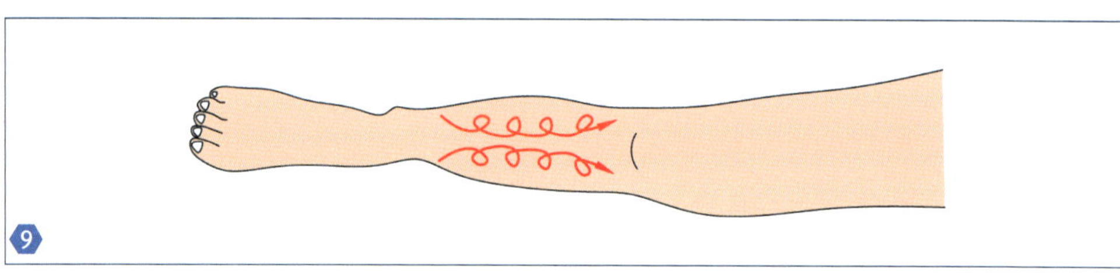

엄지로 정강이 내측과 외측 문지른다.(3회)

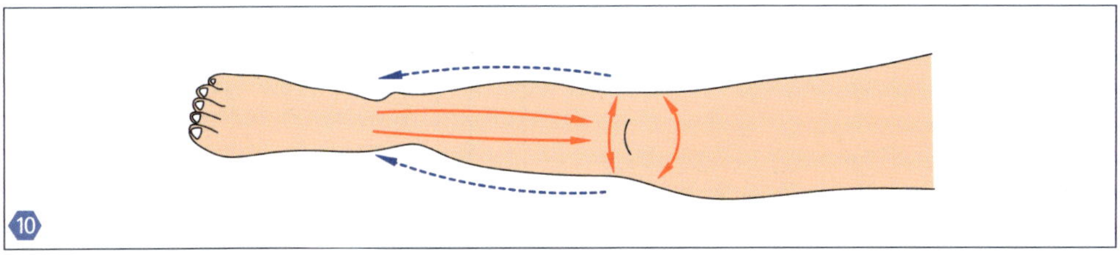

정강이를 밀착해서 쓰다듬고 슬개골 주변을 파준다.(5회)

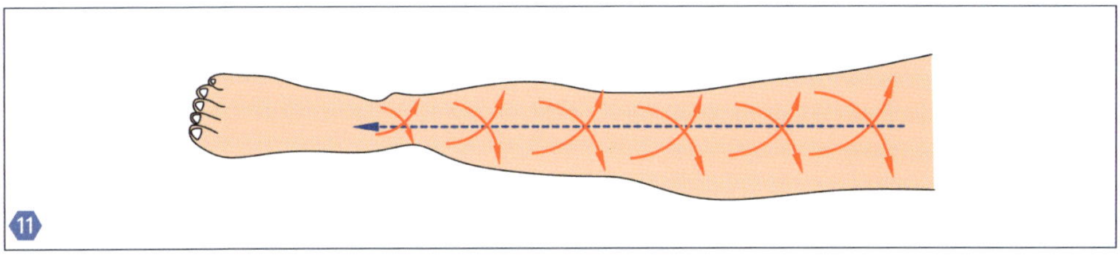

엄지로 교차하며 다리 전체를 문지른다.(3회)

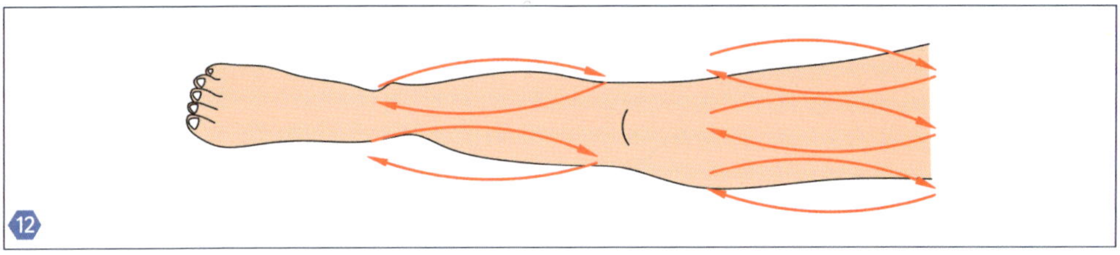

자리를 이동하여 손 전체를 이용해 반죽을 해준다.(3회)

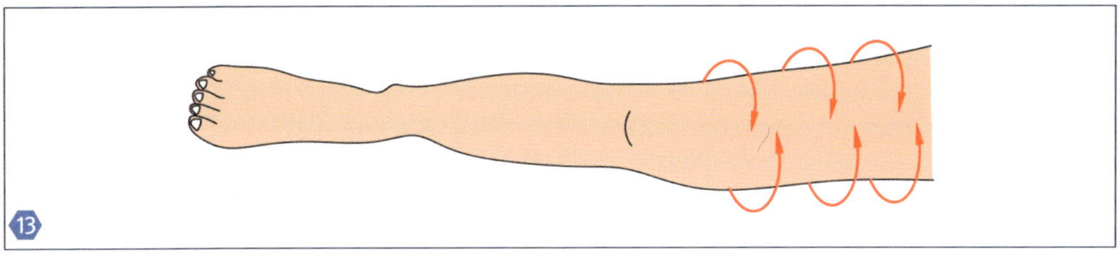

손을 교차하여 대퇴부를 반죽해준다.(3회)

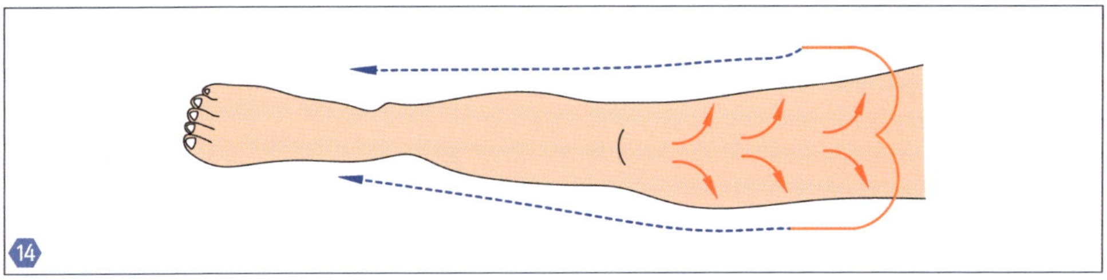

손을 교차하여 대퇴부를 반죽해준다.(3회)

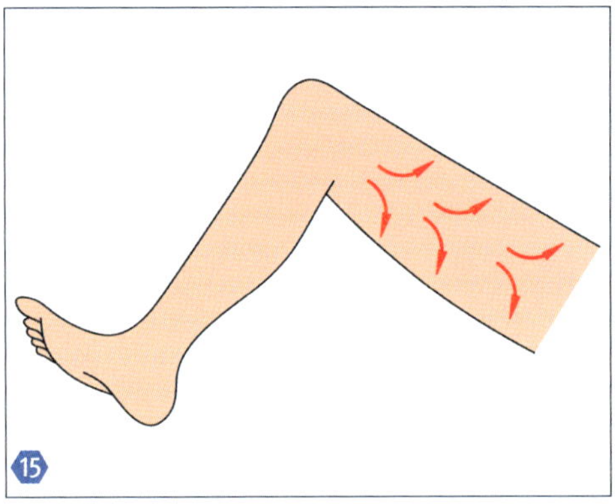

다리를 외측으로 구부려 허벅지 내측을 나선형으로 문지른다.(3회)

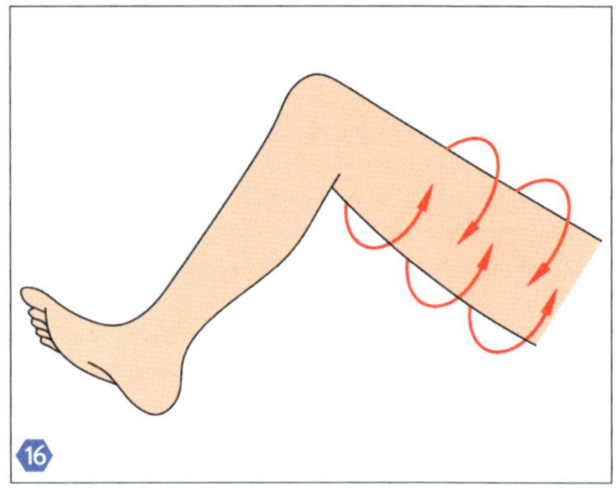

손을 교차하여 허벅지 전체를 반죽해준다.(3회)

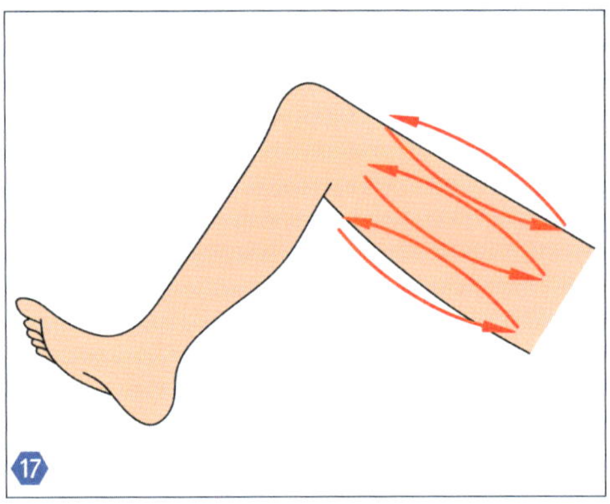

손 전체를 이용해 허벅지 내측, 중간, 외측을 반죽해준다.(3회)

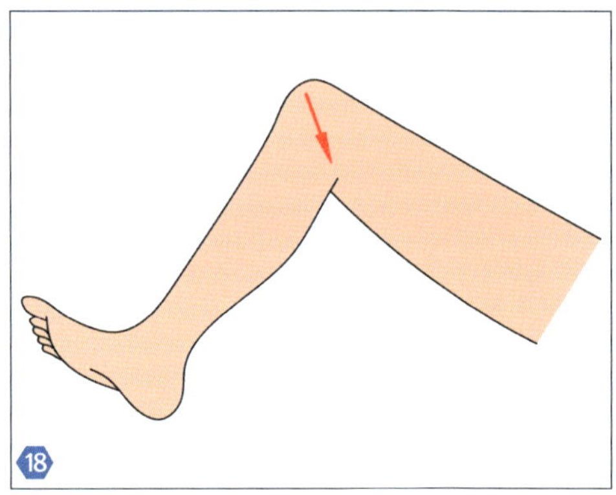

손바닥을 이용하여 슬와부위로 쓸어준다.(6회)

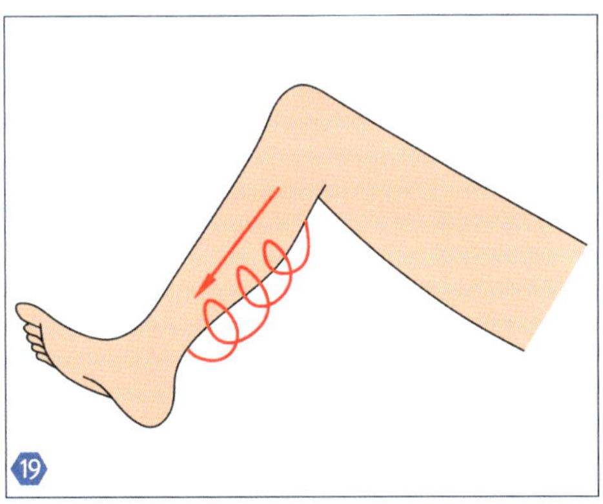

종아리를 중심으로 주무르면서 올라갔다 쓸어주며 내려온다.(3회)

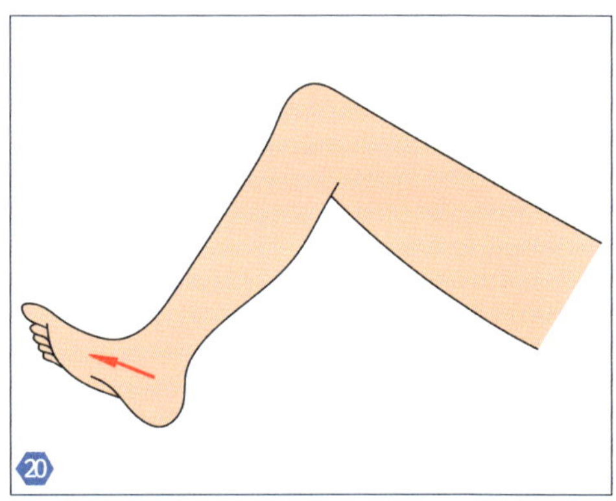

종아리를 따라 내려가서 발 옆라인을 꼼꼼히 풀어준다.(6회) 관리 후 다리를 펴 준다.

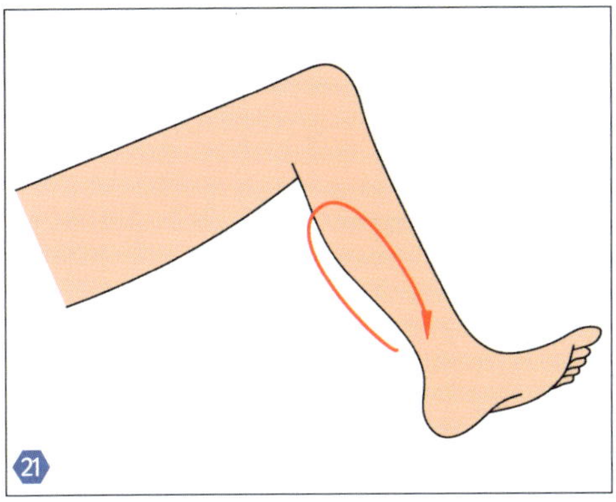

다리를 세워 비복근 내측과 외측을 동시에 손바닥으로 쓸어준 후 내려온다.(3회)

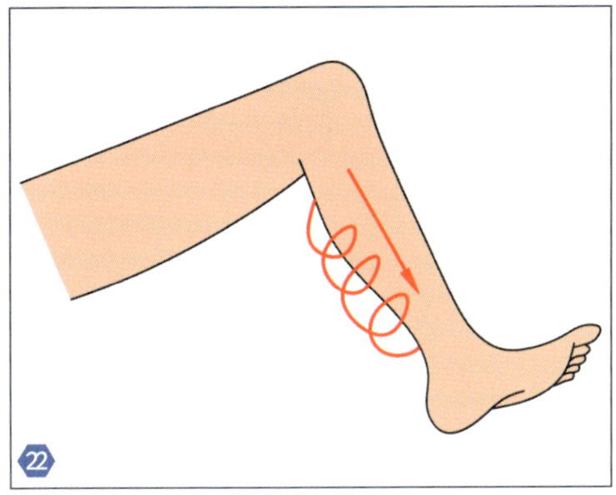

다리를 세워 한손으로 비복근 내측을 나선형으로 굴려준 후 내려온다.(3회)

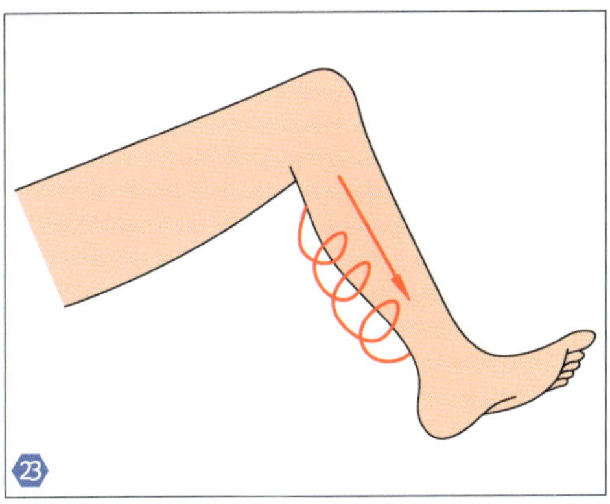

다리를 세워 비복근 외측을 나선형으로 굴려준 후 내려온다.(3회)

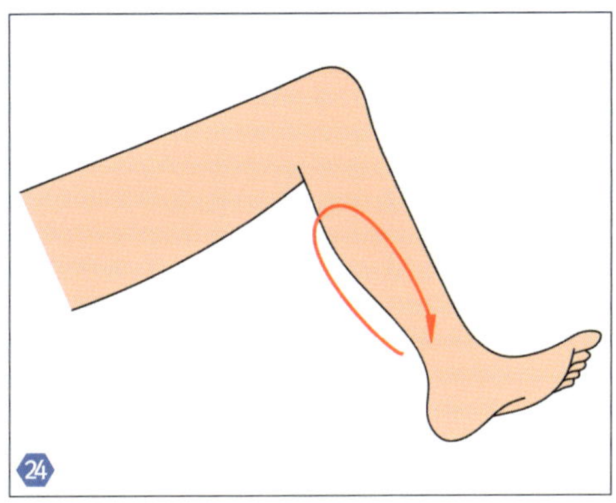

21번과 동일하게 진행한다.

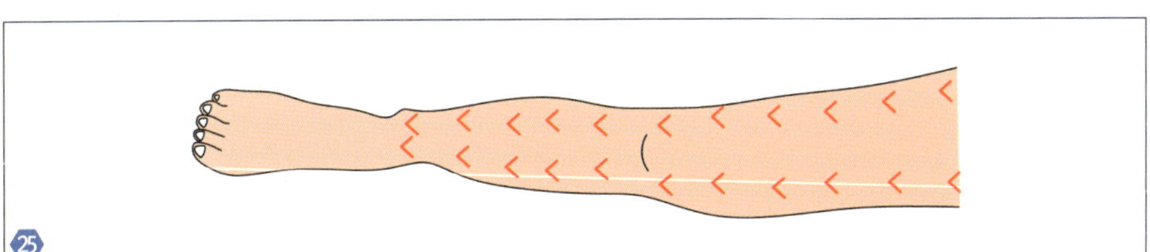

주먹으로 가볍게 두들겨 준다.(수회)

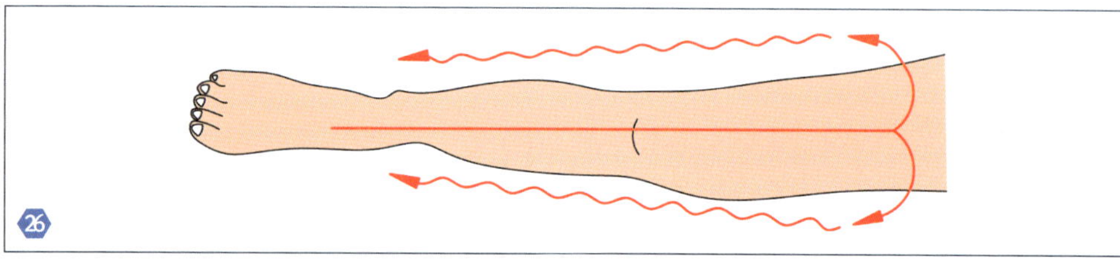

다리 전체를 바이브레이션하며 내려온다.(2회)

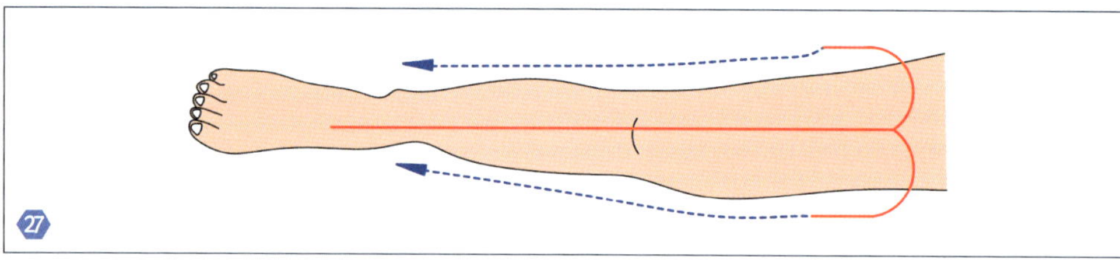

다리 전체를 쓰다듬어 가볍게 내려온다.(1회)

6 발반사

1) 발반사 개요

대체요법의 한 분야인 발반사 요법은 인체의 신경 연결에 의학적 바탕을 둔 치유 요법이다. 사람의 인체기관은 해부학적으로 서로 연결되어 있으며, 신체 일부 기관의 구조가 반사로 연결되어 있다. 연결된 이 부분을 반사대라고 하며, 발에는 7,200여 개의 신경반사대가 있어 반사구를 자극하면 그 반사 부위에 해당하는 장기 및 내분비 기관이 자극을 받게 된다.

자극받게 된 부위의 장기 기능을 증강시켜 혈액순환을 원활하게 하고, 면역력을 강화시켜 질병, 스트레스, 통증 등을 경감시켜 주고 인체의 항상성을 유지시켜 준다.

특정 부위를 자극하였을 때 통증을 느끼게 되면 그 부위의 반사대와 관련된 기관의 기능 저하로 인식할 수 있다.

발반사는 어린아이부터 노인에 이르기까지 전연령층을 대상으로 시행할 수 있다. 반사구 위치만 주물러서는 효과가 미비하며, 정맥마사지까지 관리하여야 발에 쌓인 노폐물을 신장으로 운반하여 몸 밖으로 배출시킬 수 있다.

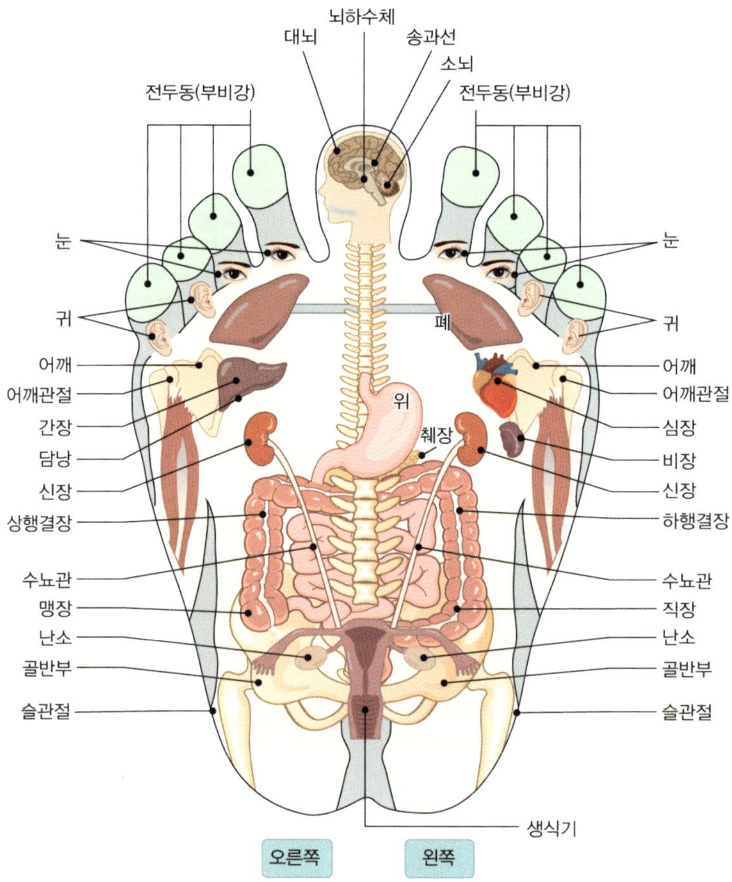

• 그림 22 • 해부학적 관점에서 본 발반사 원리

(1) 기초반사대

① 수평반사대

- 수평반사대는 5개의 구역으로 A~E로 나눌 수 있다.
- A구역에서는 머리, 눈, 귀 등이 반사되어 있다.
- B구역에서는 호흡기계로 목, 기관지, 갑상샘, 폐, 심장 등이 반사되어 있다.
- C구역에서는 상복부에 해당하는 위장, 간, 담낭, 비장 등이 반사되어 있다.
- D구역에서는 하복부에 해당하는 소장, 대장, 비뇨기계인 신장, 수뇨관, 방광 등이 반사되어 있다.
- E구역에서는 생식기에 해당하는 자궁, 전립선 등이 반사되어 있다.

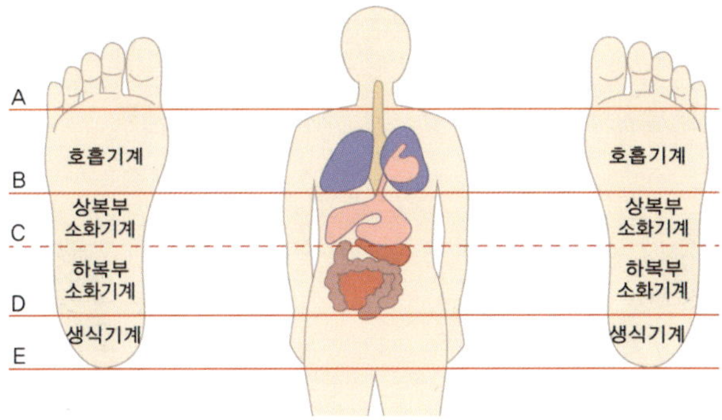

• 그림 23 • 수평 반사대

② **수직반사대**

수직반사대는 머리에서 사지말단 부위를 연결하여 반사대를 나누었다. 왼쪽과 오른쪽을 5구역으로 각각 구분하여, 구역1은 머리 정중선에서 척추를 따라 내려가는 선이다. 엄지손가락 끝에서 어깨, 엄지발가락 끝 정중선을 잇는 수직선이다.

구역1을 중심으로 5구역씩 분리되어 좌우로 반사대가 분포되어 있다. 오른발은 인체의 오른쪽 부위를, 왼발은 왼쪽 부위를 나타내고 있다. 뇌신경은 연수에서 교차하기에 오른쪽 뇌는 신체의 왼쪽 부위를, 왼쪽 뇌는 신체의 오른쪽 부위를 관장한다.

이런 수직반사대의 각 구역 부분들에서 에너지 흐름의 손상이 되면 이 구역에 있는 기관과 기능에 영향을 미치게 된다.

2) 발반사의 효능

① 혈액순환과 림프순환의 기능을 향상시킨다.

② 심신의 긴장을 완화시킨다.

③ 신체 각 부위에 있는 독소를 배출효과를 준다.

④ 면역기능 강화로 자기치유능력 향상된다.

3) 발 근골격계

(1) 발 골격(족근골: 거골/종골/주상골/설상골, 입방골, 중족골, 지골), 족궁

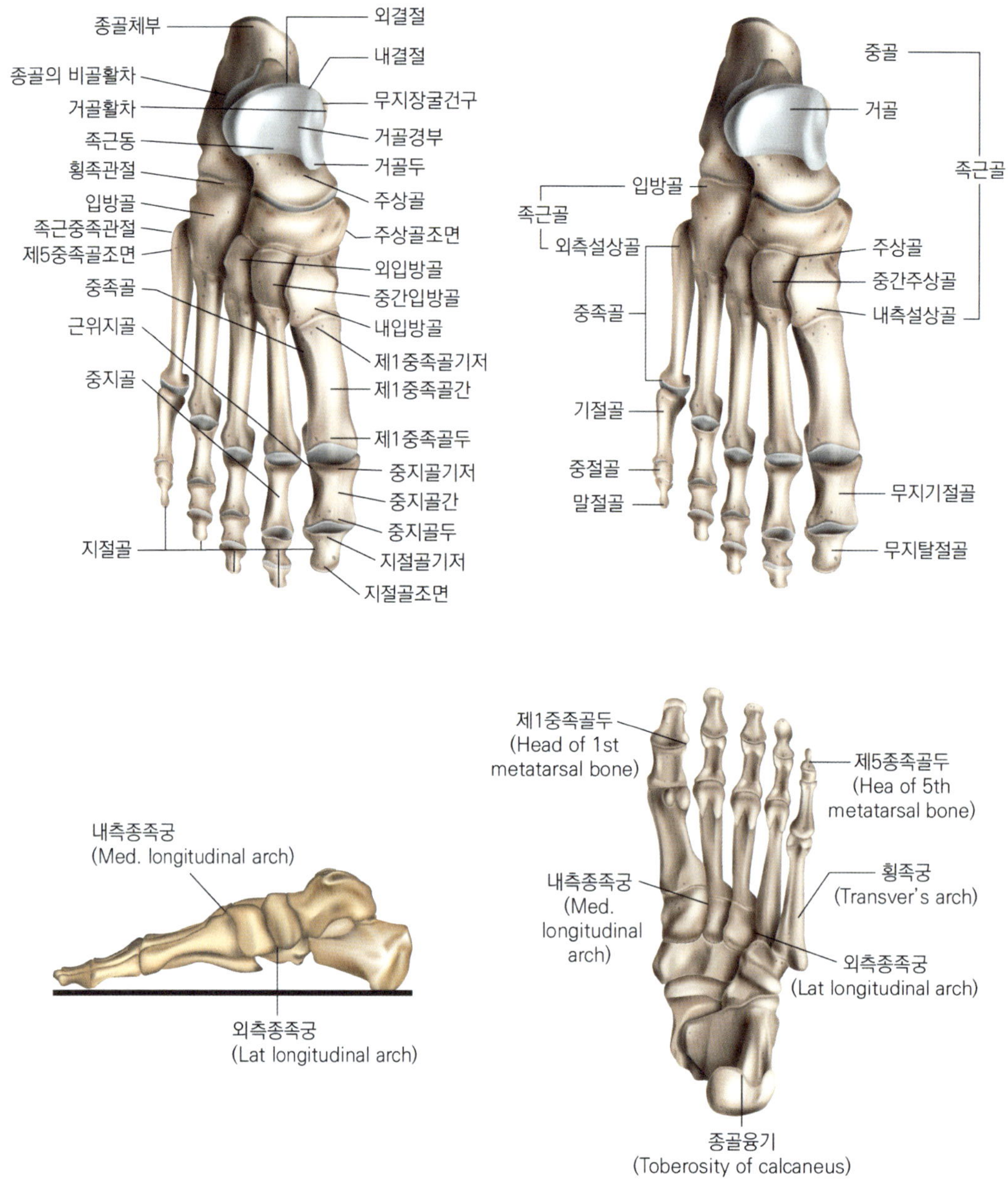

• 그림 24 • 발의 뼈

(2) 발 근육(족배근, 족척근)

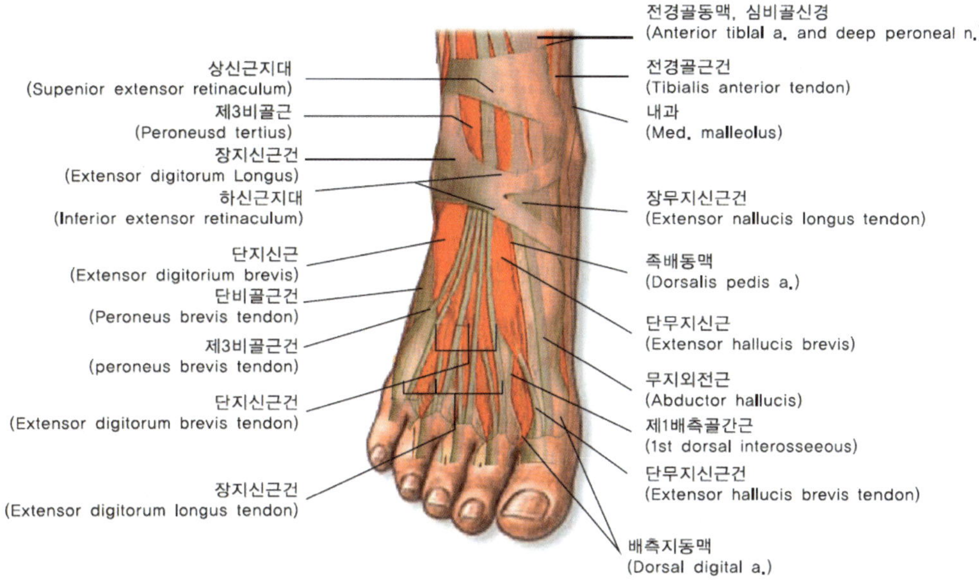

• 그림 25 • 발등의 근육

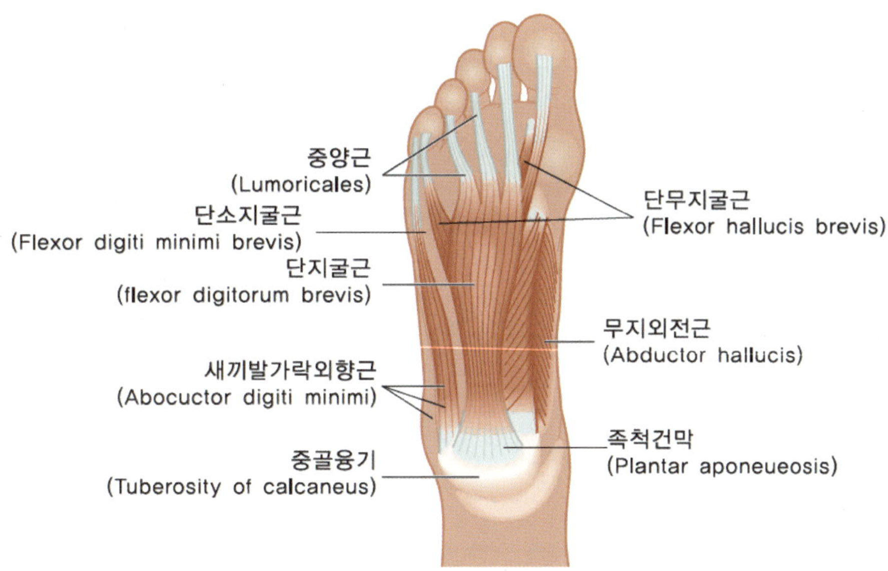

• 그림 26 • 발바닥의 근육

4) 반사구 위치

(1) 발바닥

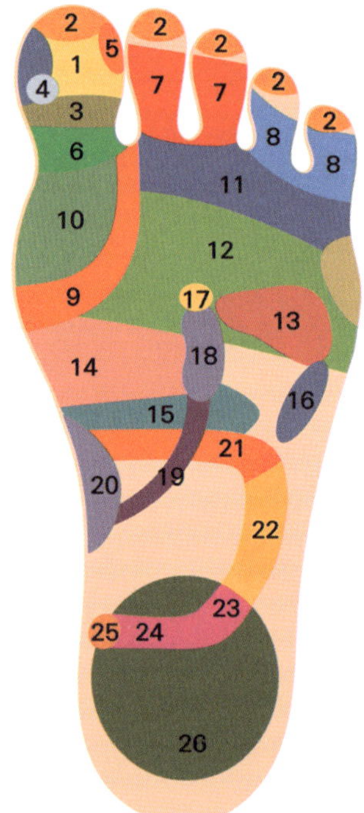

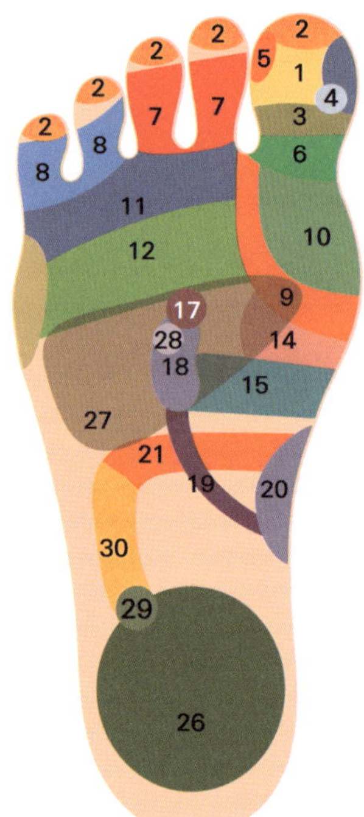

① **대뇌 :** 두통, 불면증, 고혈압

② **전두동 :** 두통, 불면증

③ **소뇌 :** 어지러움증 개선

④ **뇌하수체 :** 내분비기능

⑤ **삼차신경 :** 불면증, 두통

⑥ **경부 :** 기관지염, 기침, 인후염

⑦ **눈 :** 근시, 백내장, 눈의 피로

⑧ **귀 :** 중이염

⑨ **갑상선 :** 갑상샘 기능항진, 저하 개선

⑩ **부갑상선 :** 수족마비 개선

⑪ **승모근 :** 어깨결림, 목결림

⑫ **폐, 기관지 :** 기관지염, 가래

⑬ **심장 :** 심부전증, 심근경색, 심장쇠약

⑭ **위 :** 위염, 위경련

⑮ **췌장 :** 당뇨, 췌장, 소화기능 개선

⑯ **비장 :** 식욕부진, 소화불량

⑰ **부신 :** 방광염

⑱ **신장 :** 부종, 고혈압

⑲ **수뇨관 :** 방광염, 신장결석, 수뇨관결석

⑳ **방광 :** 요실금, 빈뇨증, 야뇨증

㉑ **횡행결장 :** 변비, 설사

㉒ **하행결장 :** 변비, 장염, 설사

㉓ **S상결장 :** 변비, 치질, 복부팽만

㉔ **직장 :** 치질, 변비

㉕ **항문 :** 치질, 변비

㉖ **생식선 :** 생식기능 강화

㉗ **간 :** 피로, 간염, 간경변

㉘ **담낭 :** 담석, 소화불량

㉙ **맹장 :** 복통, 맹장염

㉚ **상행결장 :** 설사, 변비, 복부통증

(2) 발등

① **코 :** 비염, 코피, 축농증, 코막힘

② **편도 :** 면역기능 강화

③ **상악 :** 잇몸질환, 턱염증

④ **하악 :** 치통, 턱염증, 코골이

⑤ **치아 :** (앞니, 송곳니, 작은어금니, 큰어금니) 치통

⑥ **성대/후두 :** 호흡기질환, 목통증

⑦ **가슴 :** 가슴통증

⑧ **흉부임파 :** 흉부통증, 면역강화

⑨ **상신임파 :** 림프선염, 면역강화

⑩ **액와임파/내이미로 :** 면역강화

⑪ **횡격막 :** 딸꾹질, 구토

⑫ **늑골 :** 늑막염, 흉부통증

⑬ **요통점 :** 요통 강화

⑭ **서혜임파 :** 성기능장애, 고환, 난소, 생식기관 개선

⑮ **복부임파 :** 소화기능, 면역 강화

⑯ **구간임파**

⑰ **천추통점**

⑱ **견갑골 :** 오십견, 관절통

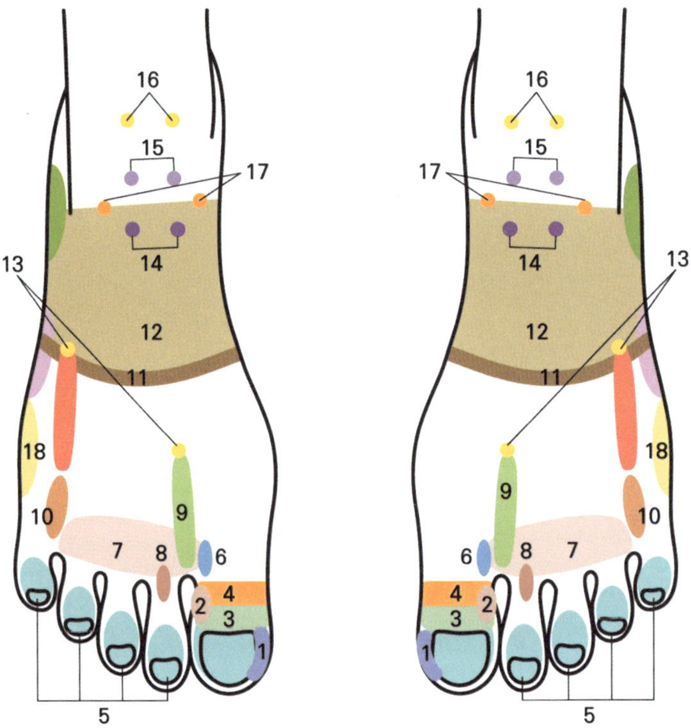

(3) 발내측

① **경추 :** 목결림, 두통, 이명

② **흉추 :** 어깨 결림, 흉추 염증

③ **요추 :** 요통, 골다공증, 좌골신경통

④ **천골 :** 좌골신경통, 골다공증

⑤ **미골 :** 좌골신경통

⑥ **내미골 :** 좌골신경통

⑦ **자궁/전립선 :** 생리통, 전립선비대

⑧ **요도 :** 요도염, 요실금

⑨ **고관절 :** 허리통증, 좌골신경

⑩ **좌골신경 :** 좌골신경통, 다리부종, 요통

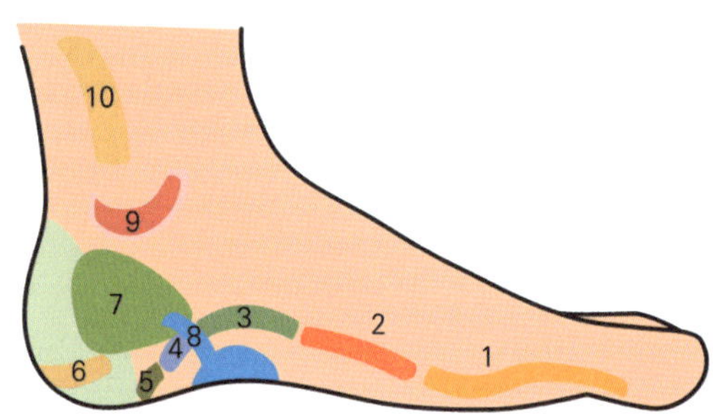

(4) 발외측

① **견관절 :** 오십견, 팔 마비

② **상지 :** 오십견

③ **주관절 :** 신경통, 근육통

④ **슬관절 :** 슬관절통, 타박상, 무릎관절염

⑤ **슬개골**

⑥ **외미골**

⑦ **고환/난소 :** 성기능 개선

⑧ **아랫배/하복부 :** 변비

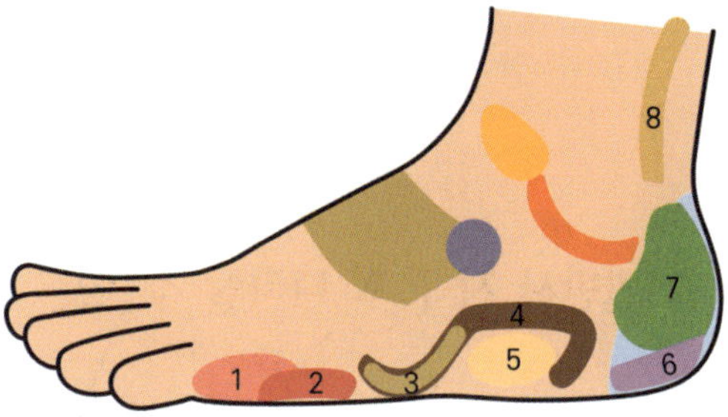

5) 주의사항

① 식후 1시간 이내에는 자극하지 않는다.

② 관리 시 발전용크림이나 오일을 사용한다.

③ 관리 시 수시로 고객의 상태를 살펴본다.

④ 반사구 자극 시 뼈가 있는 부위는 지압봉을 사용하지 않는다.

⑤ 임신 중이나 생리중에는 발반사 자극을 하지 않는다.

⑥ 수술 후 회복 전이나 상처가 완치된 후에 자극을 한다.

⑦ 발반사 후 따뜻한 물을 마시도록 한다.

⑧ 한 반사구를 지속적으로 자극하지 않는다.

⑨ 너무 강하게 하지 않는다.

6) 발관리 부적용자

① 임신 초기의 임산부
② 당뇨성 발 환자
③ 심장질환자
④ 수술 후 100일 경과하지 않은 자

7) 발반사 자극 후 나타날 수 있는 현상

① 소변의 상태가 탁하거나 악취가 나타날 수 있다.
② 소변의 색깔이 평소보다 진할 수 있다.
③ 발목이나 발뒤꿈치가 약간 붓는다.
④ 관리 중 트림, 방귀 등이 나올 수 있다.
⑤ 관리 중 구토의 증상 등을 느낀다면 약하고 부드럽게 하거나 중지한다.

8) 정맥마사지 순서

① 발끝에서 무릎 위까지 양 손바닥을 이용하여 전체를 쓸어준다.
② 양 엄지손가락을 이용하여 발뒤꿈치에서 발바닥을 3등분하여 쓸어준다.
③ 양 손바닥 전체를 이용하여 엄지는 발바닥과 사지는 발등을 발가락 방향으로 쓸어준다.
④ 발가락을 엄지와 검지를 이용하여 하나하나 풀어준다.
⑤ 중지와 약지를 이용하여 복사뼈 둘레를 훑어준다
⑥ 발끝에서 무릎 위까지 양 손바닥을 이용하여 전체를 쓸어준다.
⑦ 경골근 안쪽 나선형으로 무릎 위까지 쓸고 반대쪽으로 내려온다.
⑧ 경골근 바깥쪽 나선형으로 무릎 위까지 쓸고 반대쪽으로 내려온다.
⑨ 발끝에서 무릎 위까지 양 손바닥을 이용하여 전체를 쓸어준다.
⑩ 온습포로 마무리한다.

9) 지압봉/발봉 잡는 방법

① **기본자세** : 지압봉 몸통을 5개의 손가락으로 주먹 쥐어 잡는다.

- **사용방법** : 손바닥이 보이게 하여 과일 깎듯이 반사구를 자극한다.

② **뇌하수체자극 자세** : 봉 꼬리를 손바닥 중앙에 놓고 5개의 손가락으로 몸통을 지긋이 잡는다.

- **사용방법** : 손바닥 중앙으로 지긋이 압 했다가 지긋이 힘을 뺀다.

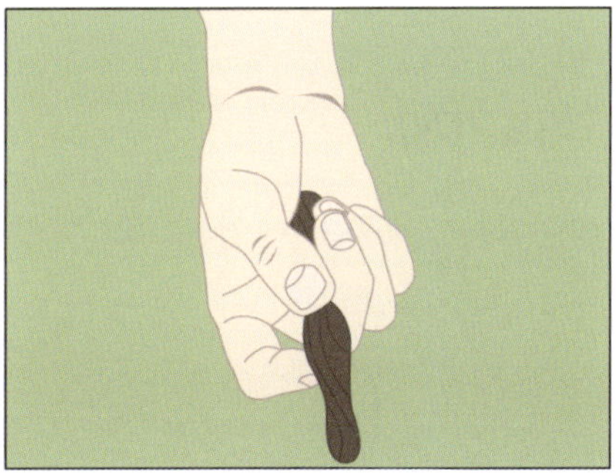

10) 발반사 자극

(1) 준비사항

발 지압봉, 발크림, 온습포, 알코올, 화장솜

(2) 반사구 자극 요법

① 발반사구 자극 방법은 반사구의 위치를 정확히 찾는 것에서 시작한다.

② 정확한 위치를 찾으면 관리 기간을 단축하여 고객의 고통을 덜어준다.

③ 위치를 찾는데 강한 지압 방법을 쓰지 않고 고객의 통감을 느낄 정도로 한다.

④ 위치를 정확히 찾지 못하면 아무리 힘을 가하여도 고객의 고통만 클 뿐 효과를 상승시킬 수 없다.

(3) 시술시간

① 시술시간은 30~40분이 적당하며 건강상태에 따라서 시간을 조절한다.

② 건강한 경우에는 2~3일, 질병이 있는 사람은 7~10일 간격으로 시술한다.

(4) 반사 요법의 자극순서

① 왼발에서 시작해 발가락 - 발바닥 - 발내측 - 발외측 - 발등 - 종아리 순서

② 오른발도 왼발의 순서대로 진행한다.

③ 시술자는 기본반사구 - 대응반사구 – 병증반사구 - 기본반사구 순서를 연결하여 자극한다.

11) 기본 반사구(배설, 비뇨기계)

발반사 요법을 시행할 때 노폐물의 배설을 촉진시키기 위해 제일 첫 번째로 신장, 수뇨광, 방광, 요도 반사구를 해준다.

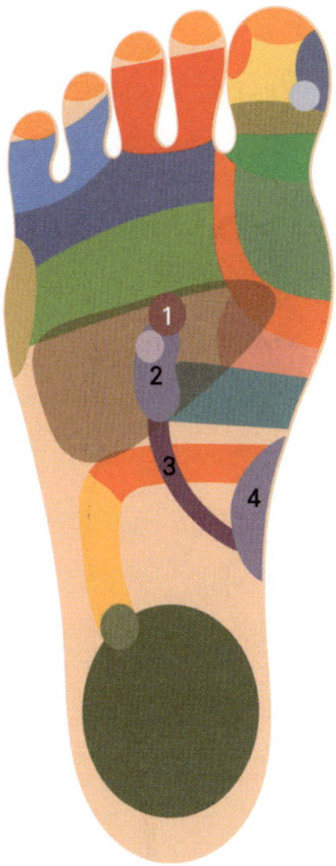

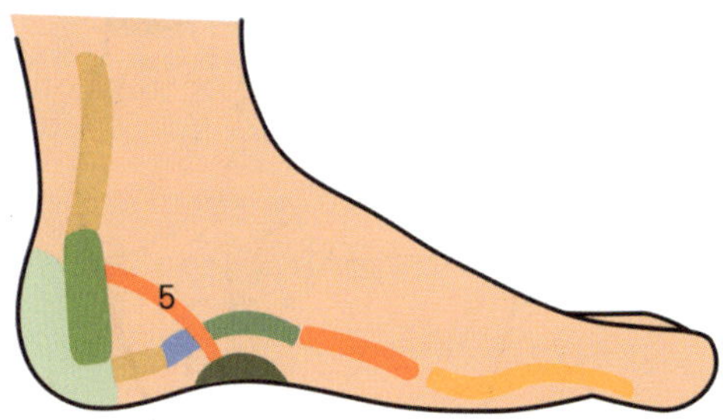

① **부신**

- 반사구 위치 : 발볼 중앙부에 위치(용천)
- 대응방법 : 지그시 압 주기

② **신장**

- 반사구 위치 : 신장 지점에서 3, 4지 사이로 강낭콩모양으로 걸쳐 위치
- 대응방법 : 가볍게 왼손 엄지로 봉으로 굴려주기

③ **수뇨관**

- 반사구 위치 : 신장의 아래부터 방광의 중간을 잇는 위치
- 대응방법 : 봉을 눕혀 왼손으로 잡고, 오른손 엄지로 밀어주기

④ **방광**

- 반사구 위치 : 복사뼈 좌, 우 폭만큼 내려온 부분에 위치
- 대응방법 : 봉으로 가볍게 밀기

⑤ **요도**

- 반사구 위치 : 방광에서 자궁까지 잇는 2cm 정도
- 대응방법 : 오른손 엄지로 밀어주기

12) 부위별 반사구

(1) 발가락(두부/뇌부)

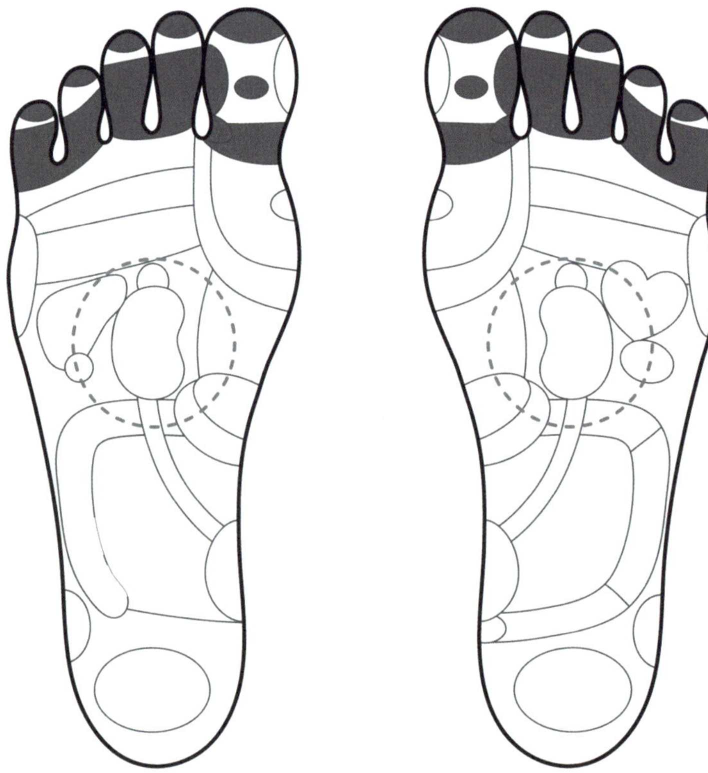

1. 뇌하수체 • 반사구 위치 : 엄지발톱 내측 모서리면 • 대응방법 : 지긋이 압 주기 • 역할 : 인체 내의 모든 분비선들의 작용을 관장한다.	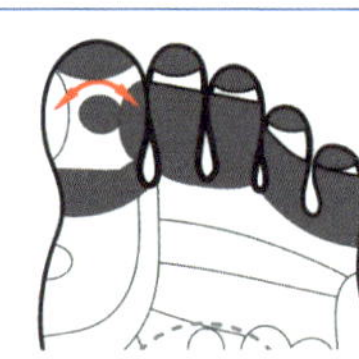
2. 전두동 • 반사구 위치 : 다섯 발가락 전체의 윗부분(지두)에 위치한다. • 대응방법 : 봉을 위치에 놓고 가볍게 손으로 굴린다. • 역할 : 공기 및 습도 등을 관장한다. 또한 전두동을 코를 통해 들어오는 먼지, 병균, 이물질들을 축척하여 공동벽을 차단하므로 병균 침투를 막아 감염을 예방하는 역할을 수행하기도 한다.	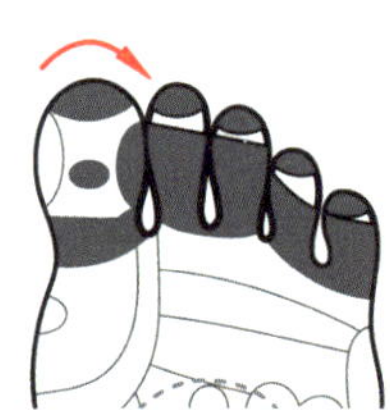

3. 대뇌

- 반사구 위치 : 엄지발가락 발바닥 면을 5등분했을 때 3/5등분했을 때 위쪽 면
- 대응방법 : 봉으로 밀어 올린다.
- 역할 : 대뇌는 감각 및 운동 등 인간의 정신활동을 조절한다.

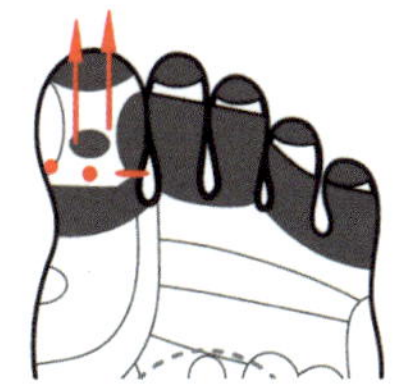

4. 소뇌

- 반사구 위치 : 엄지발가락 발바닥 면을 5등분했을 때 2/5등분했을 때 아래쪽
- 대응방법 : 대뇌와 같이 봉으로 밀어올린다.
- 역할 : 인체의 평형을 유지하고, 근육 상태를 조절하며, 수의근 운동의 조절 등을 관장한다.

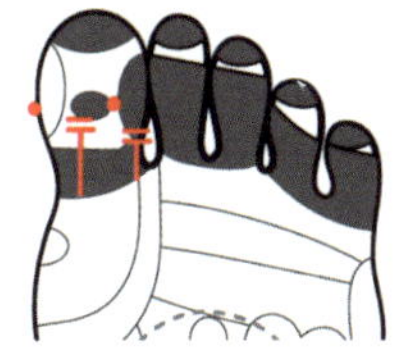

5. 경부

- 반사구 위치 : 엄지발가락이 접히는 면
- 대응방법 : 한손으로 엄지발가락을 고정시키고 다른 엄지손가락으로 쓸어준다.
- 역할 : 우리 인체 중에서 가장 무거운 머리를 떠받치고 있는 부분으로 경추와 관계하며, 또한 머리 부분의 운동을 도와준다.

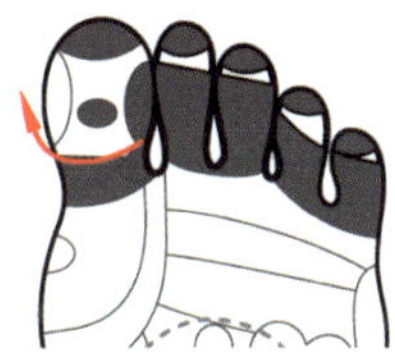

6. 삼차신경

- 반사구 위치 : 엄지발가락 내측 아래 측면
- 대응방법 : 봉을 1, 2지 사이의 엄지 내측면을 쓸어올린다.
- 역할 : 우리 인체의 안면부 신경, 즉 얼굴, 눈, 혀, 이, 잇몸, 피부 등을 관장한다.

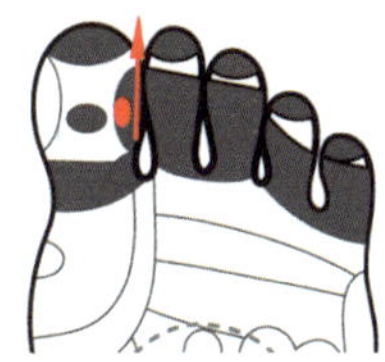

7. 눈

- 반사구 위치 : 2지, 3지 발가락의 전체
- 대응방법 : 양 엄지손가락으로 2지, 3지 전체 면을 쓸어 올린다.
- 역할 : 사물의 형태를 인식한다. 또한 색깔도 식별하여, 지각의 기초를 이루는 원시 감각 정보의 3/4 이상을 흡수하는 등 매우 민감한 부위이다.

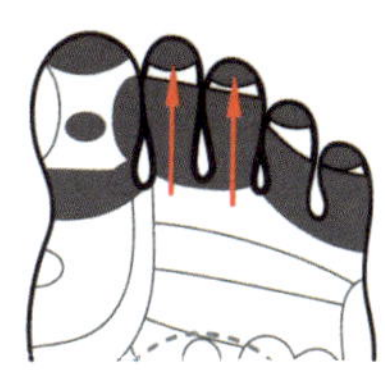

8. 귀

- 반사구 위치 : 4지, 5지 발가락의 전체
- 대응방법 : 양 엄지손가락으로 4지, 5지 전체 면을 쓸어 올린다.
- 역할 : 우리에게 외부로부터 소리를 듣게 해주며, 특히 내이는 인체의 평형을 유지해 주는 역할을 관장한다.

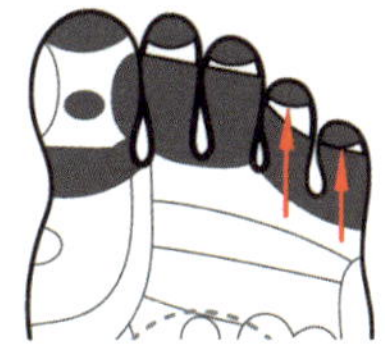

(2) 발바닥 : 발바닥(흉부)

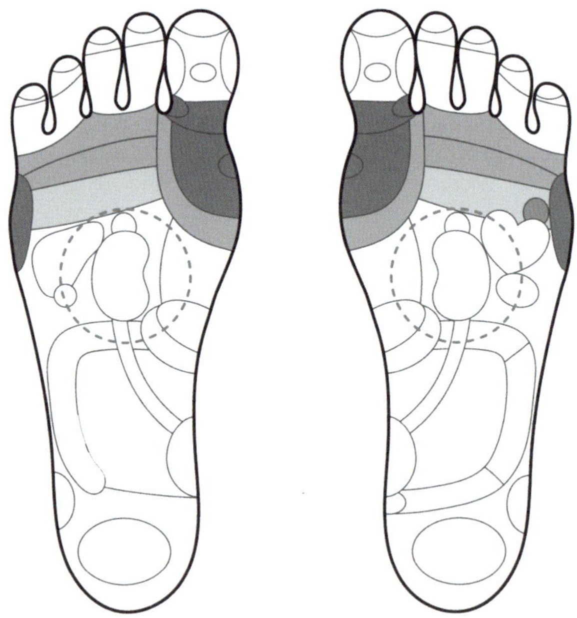

9. 갑상선 • 대응방법 : 봉을 엄지손가락을 이용하여 발 안쪽에서 바깥쪽으로 1, 2지 사이까지 밀고 방향 바꿔 발가락을 향해 밀어올린다(ㄴ자 그리기). • 역할 : 갑상샘의 기능이 항진하면 살이 빠지거나 탈모 유발 또는 정서가 불안해진다. 그러나 반대로 갑상샘기능이 저하되면 체중 증가 또는 피부가 거칠어지며 무기력해지는 증상들이 나타난다.	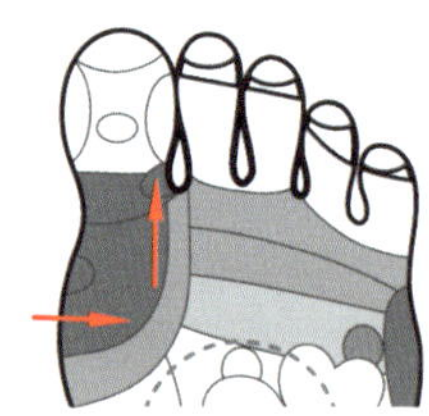
10. 부갑상선 • 반사구 위치 : 엄지발가락이 튀어나온 뼈의 발바닥면, 갑상샘 반사구에 싸여있다. • 대응방법 : 봉으로 밀어 올리듯 자극한다. • 역할 : 인체 내의 칼슘 및 인의 균형을 조절하고, 호르몬을 분비하며, 근육조절과 치아 및 뼈대의 형성에 커다란 영향을 준다.	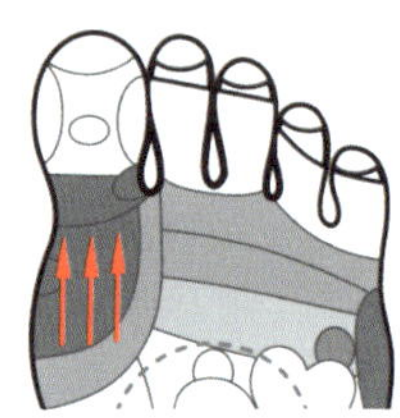
11. 승모근 • 반사구 위치 : 2, 3, 4, 5지 발가락 뿌리 부분(경부 반사구 아래 두툼한 곳) • 대응방법 : 봉을 세워 아래서 위로 올려준다. • 역할 : 우리 인체에 다른 어떤 부위보다 쉽게 피로해지거나 통증을 느끼기 쉬운 부분이다.	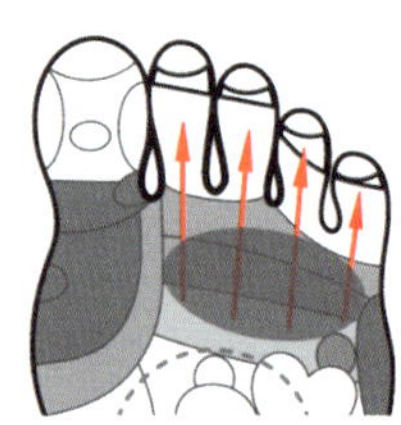

12. **폐, 기관지** • 반사구 위치 : 2, 3, 4, 5지(승모근 부분) 아래 도톰한 부분(중족골, 골두) • 대응방법 : 봉을 세워 아래서 위로 올려준다. • 역할 : 기관지의 미세한 공기주머니 다발들을 통해 산소와 이산화탄소를 교환한다.	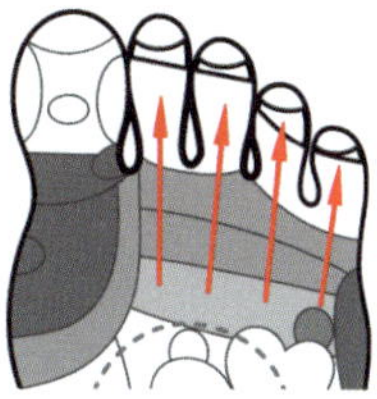
13. **심장** • 반사구 위치 : 왼발의 4지, 5지의 발가락 볼록한 살의 아래 지점. 흉부선에서 0.5cm 위에 위치 • 대응방법 : 봉으로 지그시 누르기 • 역할 : 인체의 혈액은 동맥을 거쳐 혈관을 통해 온몸을 순환한다.	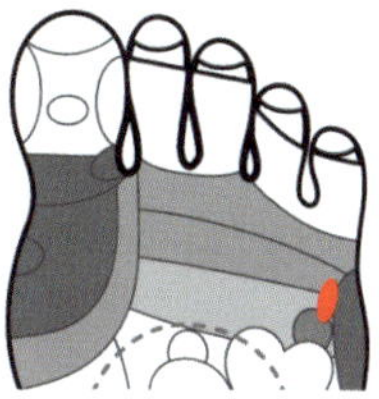

(3) 발바닥 : 족궁(아치궁)에 분포된 반사구(상복부)

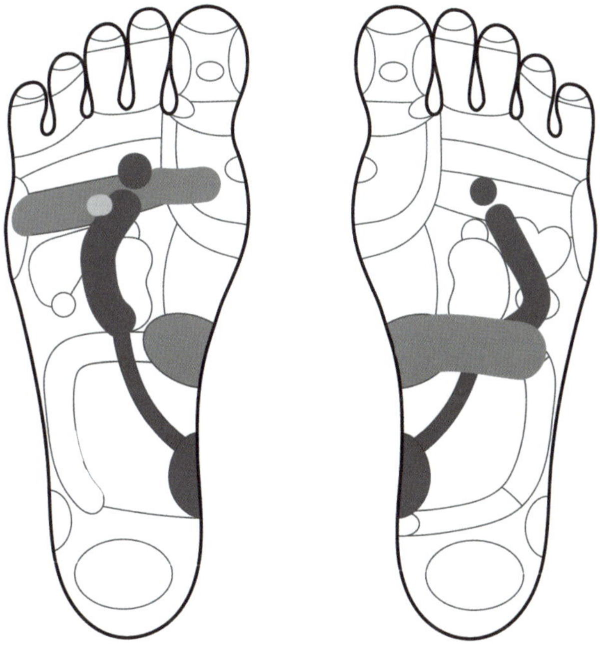

14. **췌장** • 반사구 위치 : 발전체 중앙에 위치하고, 1지에서 3지까지의 길이로 엄지손가락 두께 • 대응방법 : 봉을 45도 각도로 눕혀서 지그재그로 자극한다. • 역할 : 인슐린과 글루카곤을 생성하여 혈당을 조절한다.	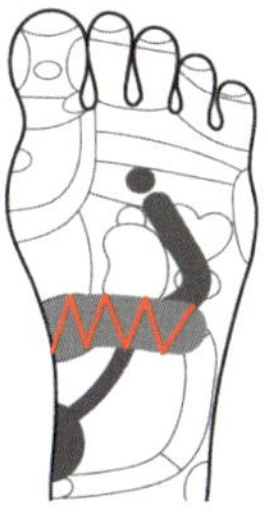

15. 비장

- 반사구 위치 : 발전체 길이의 반과 4, 5지가 만나는 곳에서 2센티 길이. 췌장의 같은 선상, 심장 반사구 아래.
- 대응방법 : 위쪽으로 위로 올려 자극한다.
- 역할 : 혈액을 여과하고 저장하여 체내 순환기계에서 혈액량 유지를 위해 저장한 혈액을 방출하기고 한다. 또한 비장은 적혈구의 저장, 파괴, 임파구의 생산, 항체 생산 등 여러 가지 기능에 관여한다.

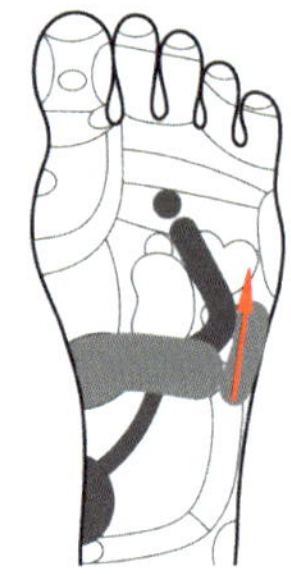

16. 위

- 반사구 위치 : 발바닥의 아치 시작하는 부위부터 췌장 윗부분과 1, 2지 사이 부위
- 대응방법 : 45도 각도로 면을 색칠하듯 자극한다.
- 역할 : 음식물을 저장하고, 음식물은 위액을 분비하여 작고 부드럽게 만든 다음 십이지장 및 소장으로 내려보내는 기능을 관장한다.

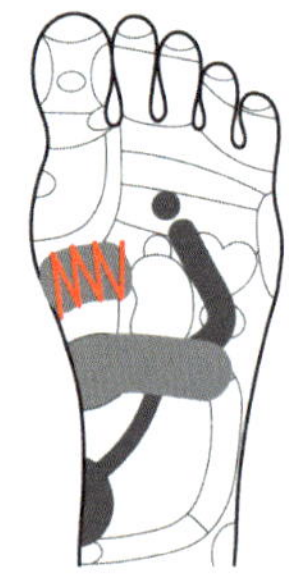

17. 부신

- 반사구 위치 : 용천 부위(발볼의 중앙)
- 대응방법 : 봉을 이용하여 찌르듯 지그시 누른다
- 역할 : 신장의 위쪽에 붙어있는 삼각형 모양의 중요한 내분비선으로 인체 내의 물과 미네랄 균형을 조절, 호르몬 분비 나트륨과 칼륨의 균형을 맞춰 주고 혈압에 중대한 영향을 준다.

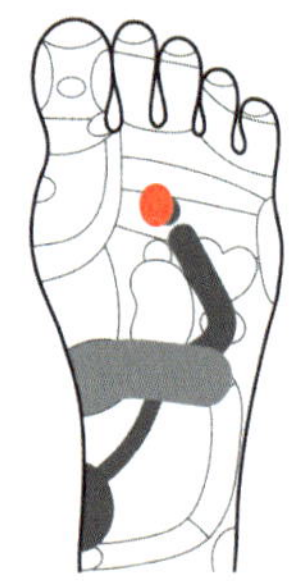

18. 신장

- 반사구 위치 : 발바닥 중앙부, 2지와 3지 사이 부위, 발바닥의 용천 부위에서 시작하여 발바닥 중앙까지 분포.
- 대응방법 : 찌르는듯한 자세로 아래로 쓸어내린다.
- 역할 : 혈액 속의 뇨성분을 걸러내어 밖으로 배설하는 비뇨기 계통으로 매우 중요한 기관 이다.

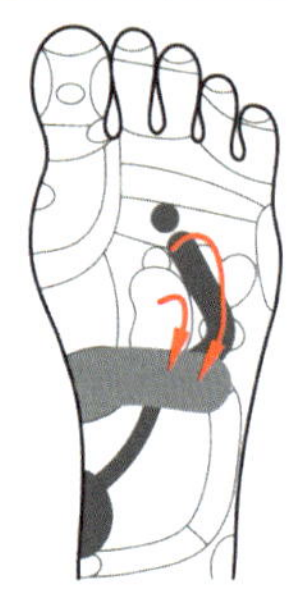

19. 수뇨관 • 반사구 위치 : 신장 반사구와 방광 반사구 사이의 연결 부위에 위치 • 대응방법 : 수뇨관라인을 따라 비스듬히 쓸어 내린다. • 역할 : 신장에서 방광으로 오줌을 보내는 통로의 역할을 한다.	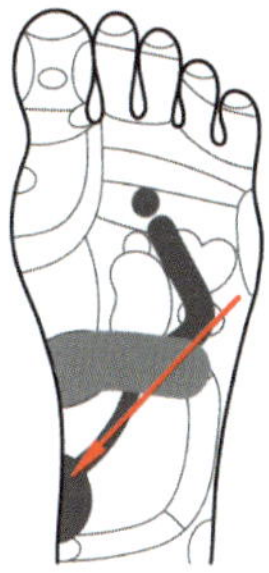
20. 방광 • 반사구 위치 : 발 내측면의 복숭아뼈 바로 아래 부분 • 대응방법 : 발등 방향으로 가볍게 쓸어내린다. • 역할 : 신장에서 오줌이 수뇨관을 통해 내려와 요도를 통해 밖으로 배출시키는 역할 및 오줌을 저장하는 역할을 한다.	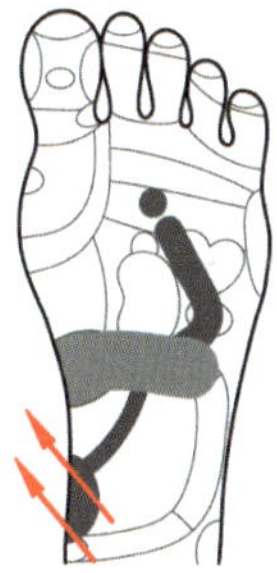

(4) 발바닥 : 족궁(아치궁)에 분포된 반사구(하복부)

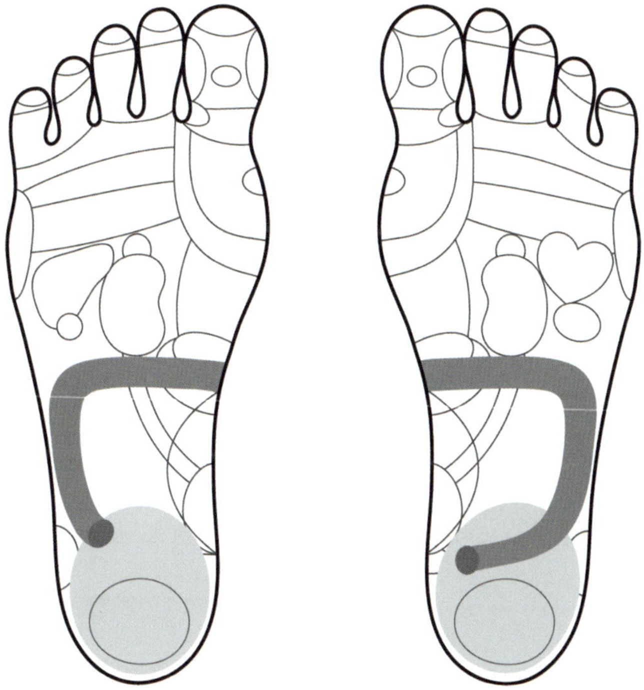

21. 횡행결장
- 대응방법 : 45도 각도로 유지하며 자극한다.
- 역할 : 대장의 한 부분으로서, 수분 흡수, 대변을 직장 및 항문으로 내려보내는 기능을 한다.

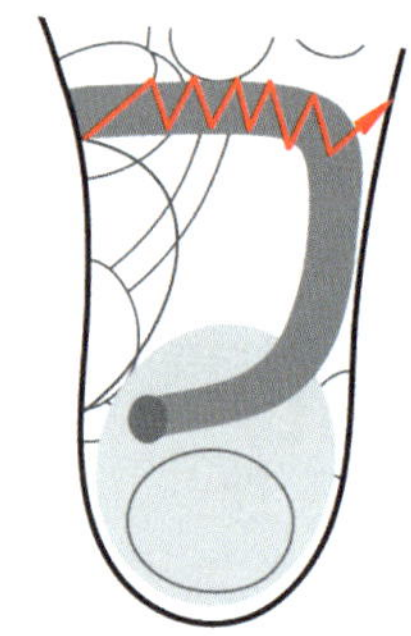

22. 하행결장
- 반사구 위치 : 복숭아뼈 지름만큼의 길이로 왼발 4지, 5지 사이에 위치
- 대응방법 : 아래로 쓸어 내려준다.
- 역할 : 횡행결장을 통과한 배설물을 직장으로 내려다보는 기능을 한다.

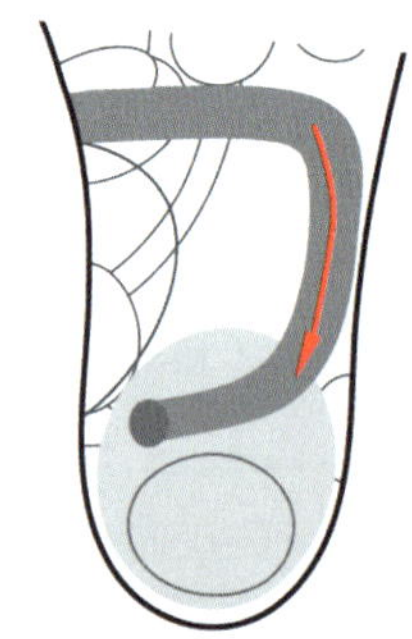

23. S결장, 직장
- 반사구 위치 : 발바닥의 발꿈치 위쪽에 위치
- 대응방법 : 찌르는듯한 자세로 발 바깥쪽에서 안쪽으로 색칠하듯 쓸어준다.
- 역할 : 대변을 체외로 내보내는 역할을 한다. 배설촉진을 돕는다.

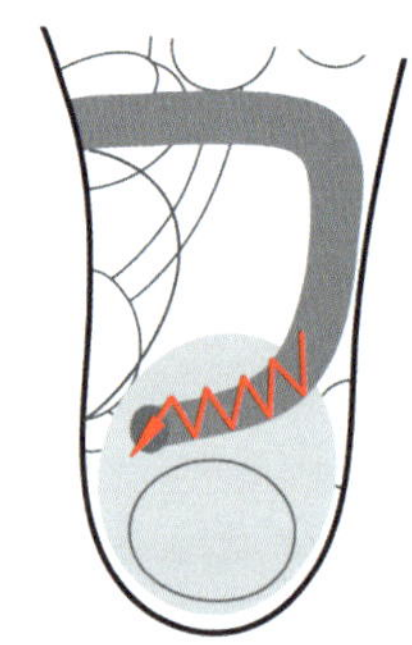

24. 항문
- 반사구 위치 : 직장이 끝나는 점과 1지의 1/2 지점에 위치
- 대응방법 : 찌르는듯한 자세로 지긋이 압을 준다.
- 역할 : 변을 밖으로 밀어내는 것을 도와준다. 항문의 끝부분은 정맥층이 발달되어 있어 치질이 잘 발생하기도 한다.

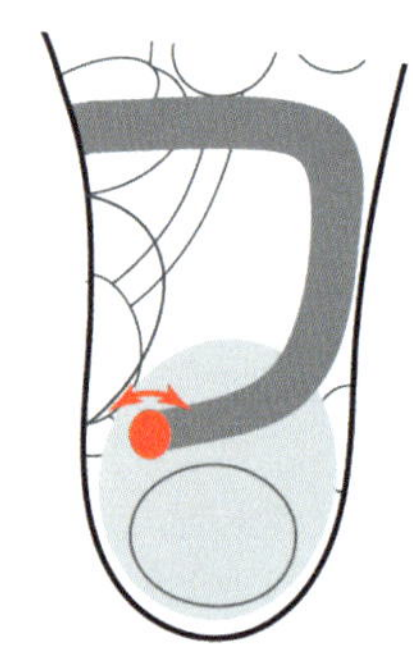

25. 소장 • 반사구 위치 : 대장 반사구 내측에 위치 • 대응방법 : 45도 각도로 지그재그 그리듯 자극한다. • 역할 : 음식물을 소화시키고 관벽에서 영양분을 흡수하는 기능을 한다.	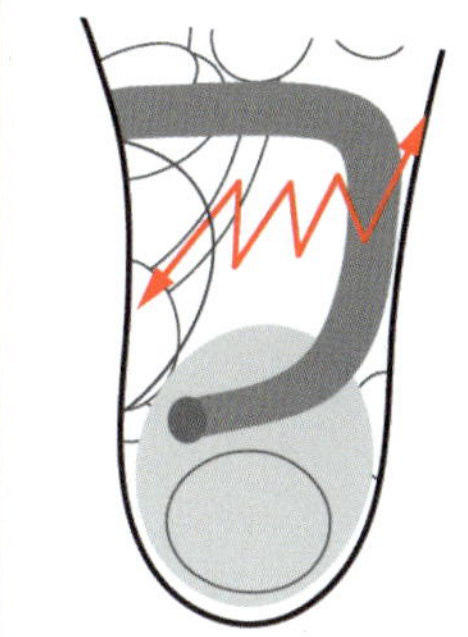

(5) 발바닥 : 뒷꿈치에 분포된 반사구 - 골반, 생식기 부위

26. 생식선 • 반사구 위치 : 발바닥의 뒤꿈치 • 대응방법 : 발봉의 머리 부위로 쓸어내린다. • 역할 : 남성은 고환, 부고환, 정낭, 음경 등이고, 여성은 난소, 난관, 자궁, 질 등으로 구성되어 있다. 남성은 테스토스테론을 분비하게 하며, 여성은 에스트로겐과 프로게스테론을 분비하게 한다.	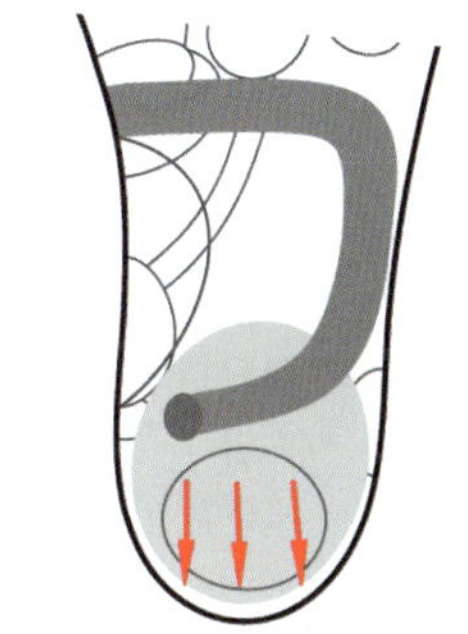
27. 자궁, 전립선 • 반사구 위치 : 내측 뒤꿈치 • 대응방법 : 엄지손가락으로 반사부위 자극한다. • 역할 : 자궁은 수정란을 보호, 착상, 발육하는 역할을 한다. 전립선은 정액의 일부를 분비하는 곳이며, 정자를 보호하고 호르몬을 분비하는 역할을 한다.	
28. 난소, 고환 • 반사구 위치 : 외측 뒤꿈치 • 대응방법 : 엄지손가락으로 반사 부위를 자극한다. • 역할 : 정자와 난자 생성	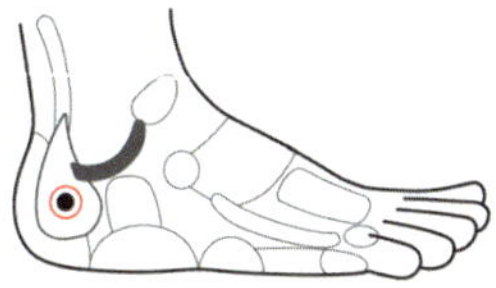

(6) 발 내측 : 내측에 분포된 반사구(척추)

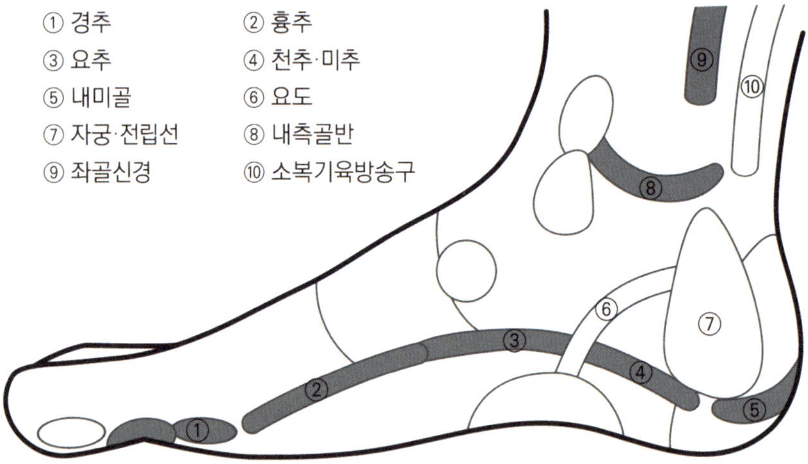

29. 경추 (7개) • 반사구 위치 : 엄지발가락 중족골 골두 내측 • 대응방법 : 엄지손가락으로 쓸어주기 • 역할 : 두부 전체를 지탱하며 머리를 움직일 수 있도록 해주는 역할을 한다.	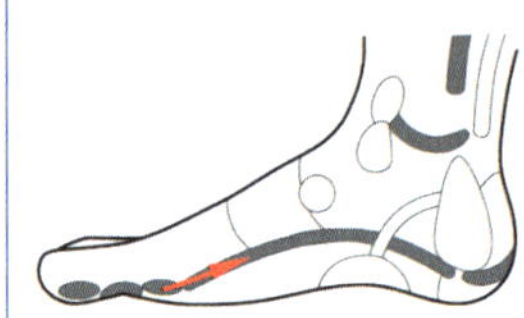
30. 흉추 • 반사구 위치 : 발내측 중족골과 설상골 끝까지 위치 • 대응방법 : 엄지손가락으로 쓸어주기 • 역할 : 인체를 지탱하며, 늑골과 연결되어 인체 내의 내장기관 보호	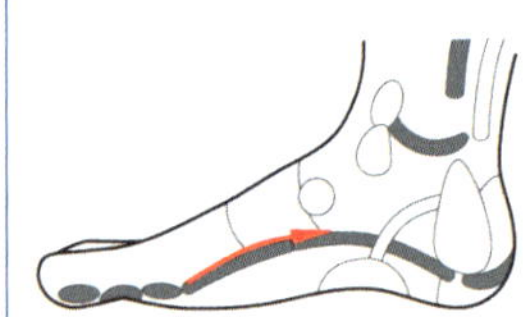
31. 요추 • 반사구 위치 : 발 안쪽면 중앙에서 방광의 반부분에 해당하는 위치 • 대응방법 : 엄지손가락으로 쓸어주기 • 역할 : 요추는 다른 추골 중 가장 크고 무거워 체중을 지탱한다.	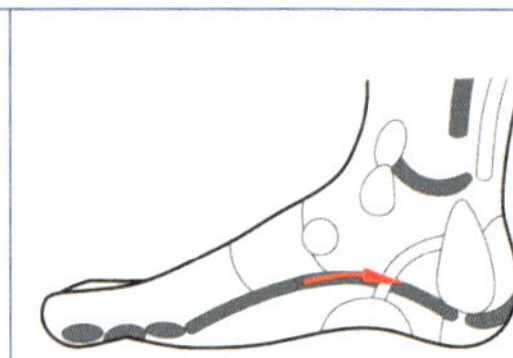
32. 천추, 미추 • 반사구 위치 : 요추를 뺀 방광의 반부분에 해당하는 위치 • 대응방법 : 엄지손가락으로 쓸어주기 • 역할 : 인체 하지의 운동을 지탱하고, 골반을 강화하는 기능을 한다.	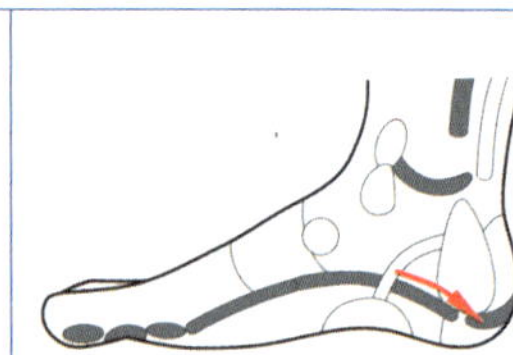

33. 내미골
- 반사구 위치 : 발내측의 뒷꿈치 옆면에 해당하는 위치
- 대응방법 : 엄지손가락으로 쓸어주기
- 역할 : 생식기를 보호한다.

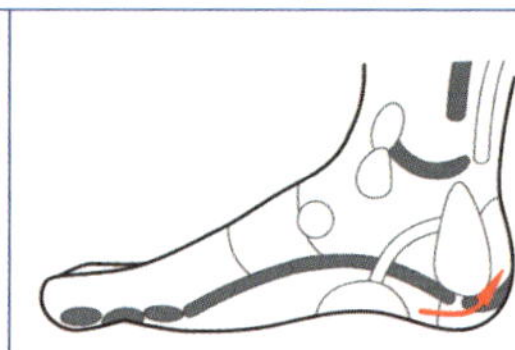

(7) 발 외측 : 외측에 분포된 반사구(관절)

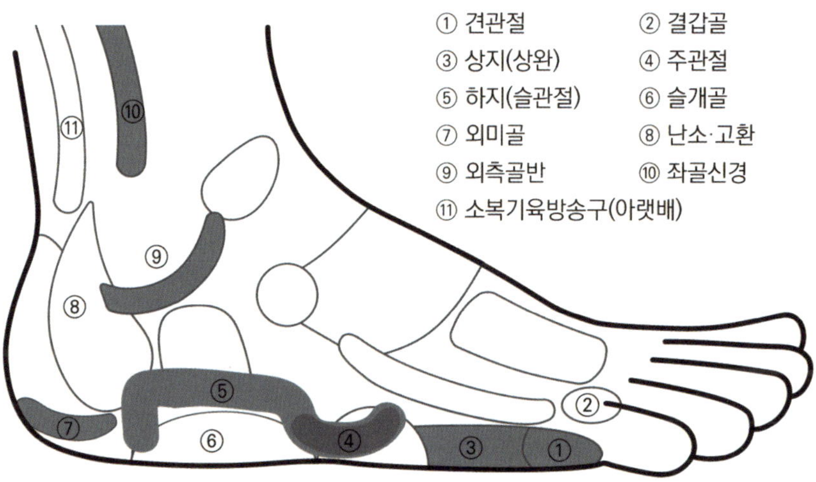

34. 견관절
- 반사구 위치 : 발외측의 새끼발가락 중족골 골두의 아래 측면에 위치
- 대응방법 : 엄지손가락을 4, 5지 사이에 끼고 쓸어준다.
- 역할 : 어깨를 상하좌우 및 회전할 수 있는 역할을 한다.

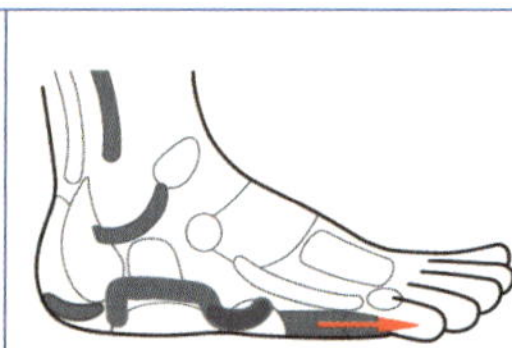

35. 견갑골
- 반사구 위치 : 발등에 있는 5번째 발가락 뼈에 위치
- 대응방법 : 엄지는 발바닥에 놓고 검지 두 번째 마디로 쓸어준다.
- 역할 : 팔의 움직임과 손의 운동을 돕는다.

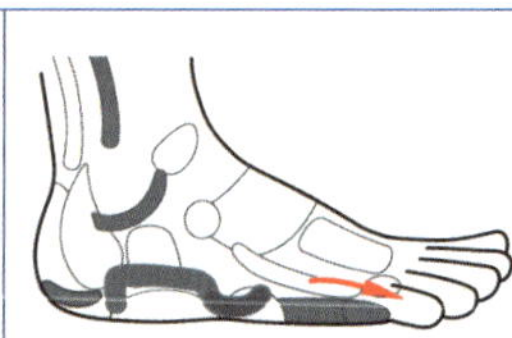

36. 상지(상완)
- 반사구 위치 : 발외측, 견관절과 팔꿈치 반사구 관절을 연결하는 부위에 위치
- 대응방법 : 발등 부위로 올라가지 않도록 밀어준다.
- 역할 : 팔의 움직임을 원활하게 한다.

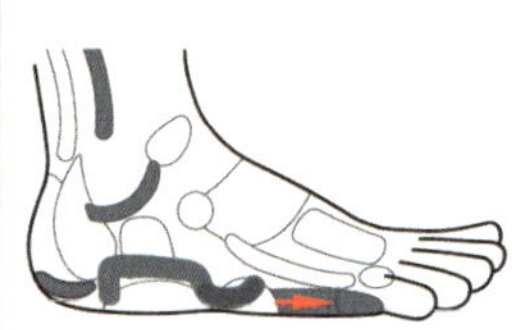

37. 주관절
- 반사구 위치 : 발외측 새끼발가락 중족골 골두 끝부분 돌출된 부위에 위치
- 대응방법 : 돌출된 뼈의 둘레를 쓸어준다.
- 역할 : 관절과 관절을 이어주는 관절로 팔을 움직일 수 있게 한다.

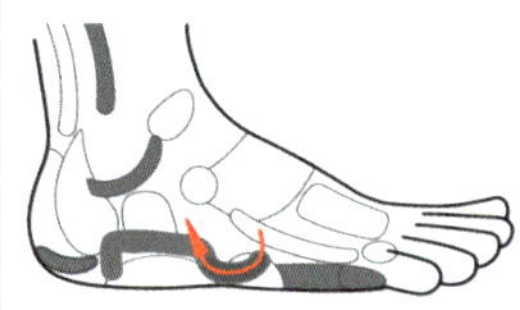

38. 슬관절
- 반사구 위치 : 발외측 주관절과 뒤꿈치 사이의 면 (복사뼈 아래 오목한 곳)
- 대응방법 : 주관절 아래 부위부터 밀어주며 내려가다 종골 부위 앞에서 꺾어준다.
- 역할 : 인체의 체중을 경골에 전달, 연골로 싸여 관절 운동이 가능하게 한다.

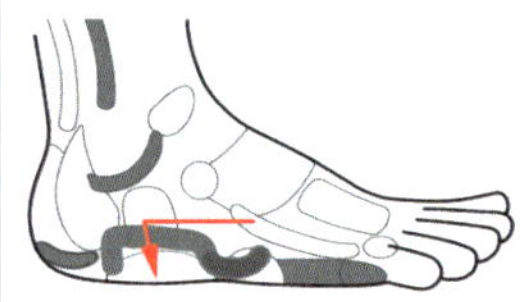

39. 슬개골
- 반사구 위치 : 슬관절 내측에 위치
- 대응방법 : 내측 부위를 밀어준다.
- 역할 : 무릎을 보호한다.

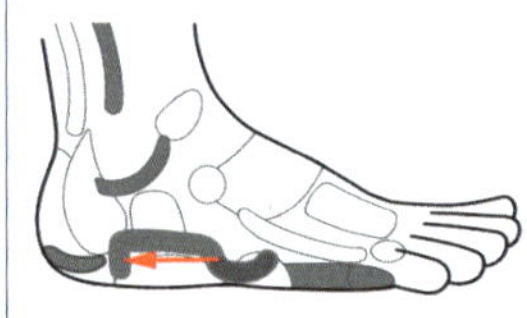

40. 외미골
- 반사구 위치 : 발외측 뒤꿈치 옆면
- 대응방법 : 뒤꿈치 옆면을 밀어준다.
- 역할 : 생식기를 보호한다.

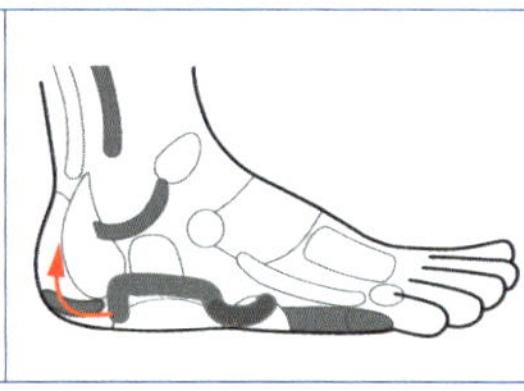

(8) 발 등 : 발등에 분포된 반사구(림프절)

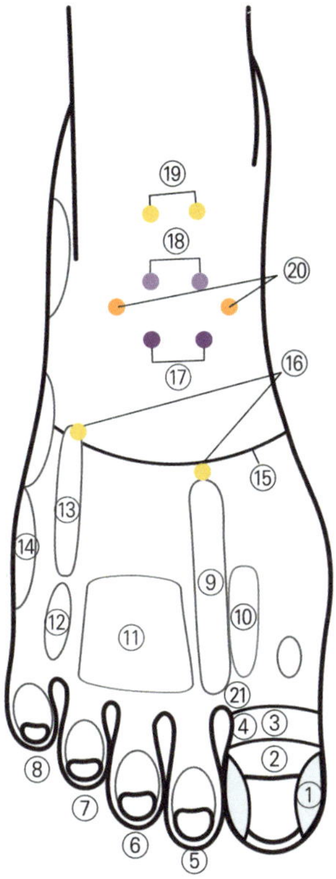

① 코	② 상악
③ 하악	④ 편도선
⑤ 앞니	⑥ 송곳니
⑦ 작은어금니	⑧ 큰어금니
⑨ 가슴임파(흉부임파)	⑩ 상신임파
⑪ 가슴(흉부)	⑫ 액와임파
⑬ 내이미로	⑭ 견갑골
⑮ 횡격막	⑯ 요통점
⑰ 서혜임파	⑱ 복부임파
⑲ 구간임파	⑳ 천추통점
㉑ 성대 후두	

41. 코

- 반사구 위치 : 엄지발가락 안쪽, 발톱 부위 위치
- 대응방법 : 엄지로 쓸어주기
- 역할 : 우리 인체에 있어 후각, 즉 냄새를 맡는 역할을 한다.

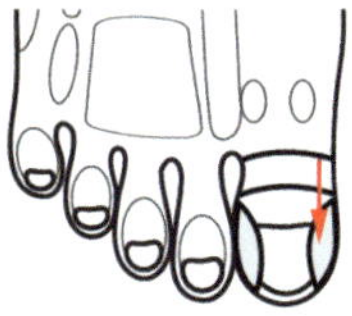

42. 상악

- 반사구 위치 : 엄지발가락의 첫 번째 관절 위치
- 대응방법 : 엄지발가락의 관절을 꺾고 발톱 가까운 면을 가로로 쓸어준다.
- 역할 : 말을 하거나 음식물을 씹을 때 입을 여는 기능을 한다.

43. 하악

- 반사구 위치 : 엄지발가락의 두 번째 관절에 위치
- 대응방법 : 엄지발가락의 관절을 꺾고 상악 부위 아래면을 가로로 쓸어준다.
- 역할 : 말을 하거나 음식물을 씹을 때 입을 닫히게 하는 기능을 한다.

44. 편도

- 반사구 위치 : 발등 1, 2지 사이에서 엄지발가락 가까운 곳에 위치
- 대응방법 : 엄지로 짧게 자극한다.
- 역할 : 호흡을 하거나 음식물을 먹을 때 침입할 수 있는 세균이나 바이러스균으로부터 몸을 보호한다.

45. 치아(앞니, 송곳니, 작은어금니, 큰어금니)

- 반사구 위치 : 2지(앞니), 3지(송곳니), 4지(작은어금니), 5지(큰어금니) 발가락의 발등 전체
- 대응방법 : 발가락 전체를 당기듯 압한다.
- 역할 : 치통을 완화시킨다.

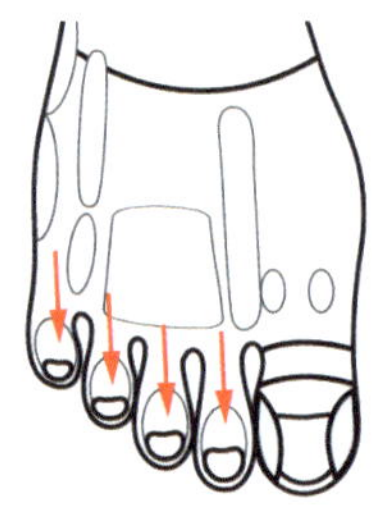

46. 상신임파

- 반사구 위치 : 중족골 1, 2지 사이에 위치
- 대응방법 : 엄지손가락을 이용하여 밀어준다.
- 역할 : 인체의 기관 및 조직들에게 영양분 공급, 외부로부터의 방어 등에 관여한다.

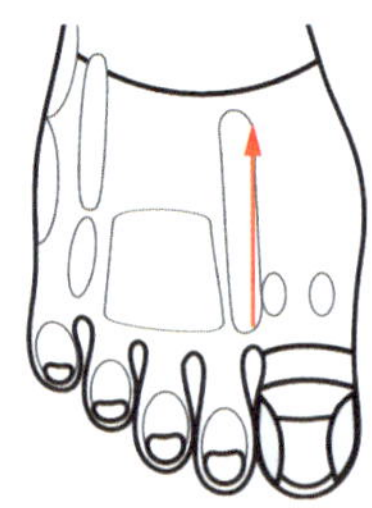

47. 액와임파

- 반사구 위치 : 중족골 4, 5지 사이에 위치(내이미로 윗부분에 위치)
- 대응방법 : 엄지손가락을 이용하여 밀어준다.
- 역할 : 인체의 기관 및 조직들에게 영양분 공급, 외부로부터의 방어 등 면역에 관여한다.

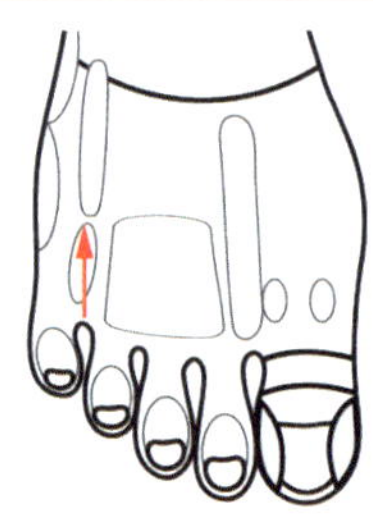

48. **내이미로**

- 반사구 위치 : 중족골 4, 5지 사이에 위치
- 대응방법 : 액와임파와 연결하여 밀어주기
- 역할 : 상하좌우의 방향을 감지하는 역할 및 평형기관 등에 관여한다.

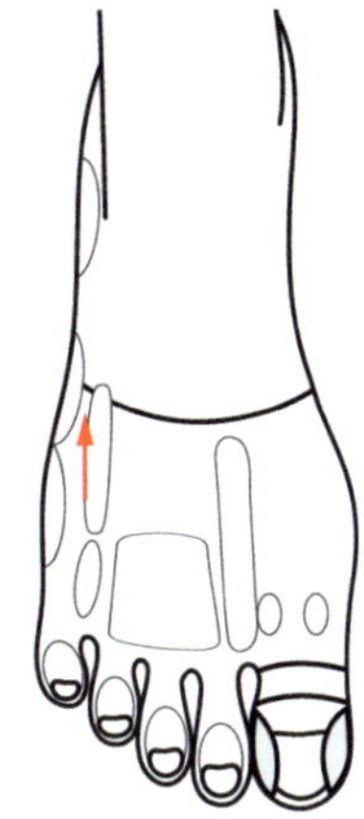

49. **요통점**

- 반사구 위치 : 설상골과 주상골 사이의 두 점에 위치
- 대응방법 : 엄지를 이용하여 압한다.
- 역할 : 허리의 통증을 완화할 수 있다.

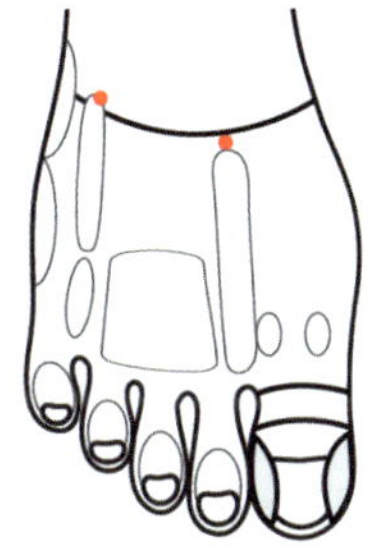

50. **흉부임파**

- 반사구 위치 : 발가락 2지 발등 중족골에 위치
- 대응방법 : 엄지손가락으로 밀어준다.
- 역할 : 임파구를 생산하고, 항체를 만든다.

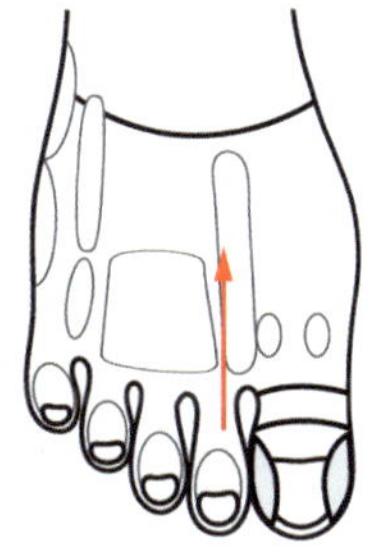

51. **흉부 (유방)**

- 반사구 위치 : 2지에서 4지 사이의 중족골에 위치
- 대응방법 : 엄지손가락으로 부채꼴로 쓸어준다.
- 역할 : 가슴의 내분비선, 근육섬유, 지방 등 조직들을 자극한다.

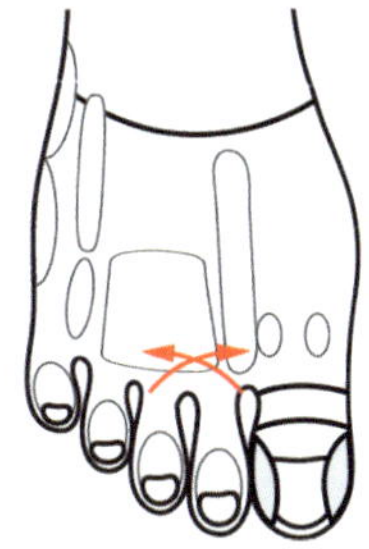

52. 늑골, 횡격막

- 반사구 위치 : 발등 중간, 볼록하게 솟은 부위
- 대응방법 : 엄지손가락으로 부채꼴로 쓸어준다.
- 효과 : 가슴이 답답할 때, 호흡곤란, 딸꾹질, 속이 메스껍고 토하려 할 때 등을 완화시킨다.

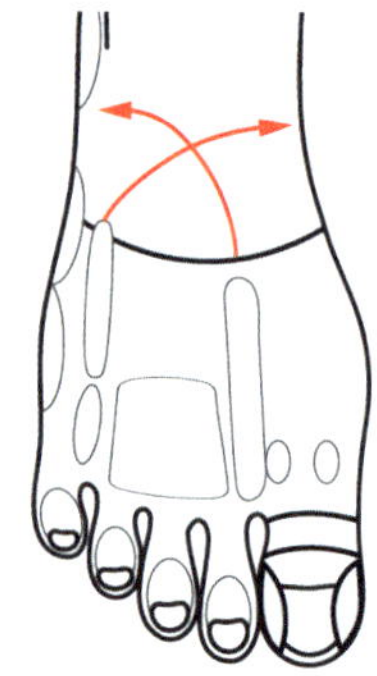

53. 서혜임파

- 반사구 위치 : 양쪽 복사뼈 사이 첫 번째 주름에 위치
- 대응방법 : 엄지손가락으로 위로 쓸어준다.
- 역할 : 인체의 기관 및 조직들에게 영양분 공급, 외부로부터의 방어 등 면역에 관여한다.

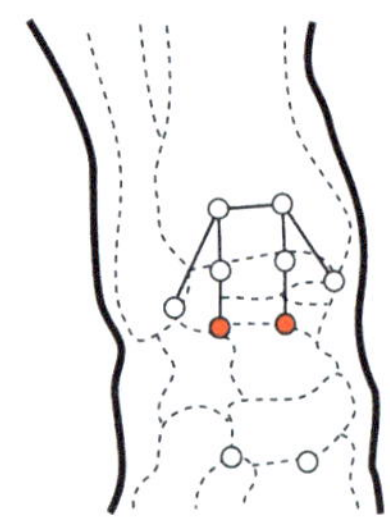

54. 복부임파

- 반사구 위치 : 서혜임파에서 위로 올라간 발목선에 위치
- 대응방법 : 엄지손가락으로 지압한다.
- 역할 : 인체의 기관 및 조직들에게 영양분 공급, 외부로부터의 방어 등 면역에 관여한다.

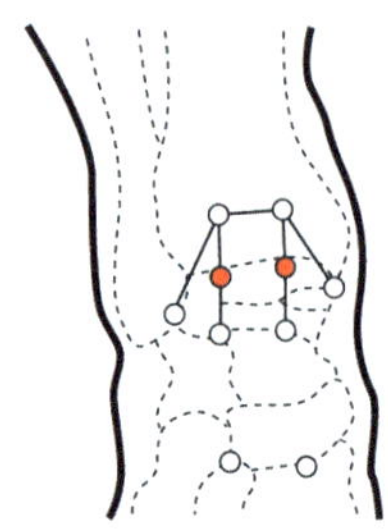

55. 구간임파

- 반사구 위치 : 복부임파에서 위로 올라간 발목선에 위치
- 대응방법 : 엄지손가락으로 지압한다.
- 역할 : 인체의 기관 및 조직들에게 영양분 공급, 외부로부터의 방어 등 면역에 관여한다.

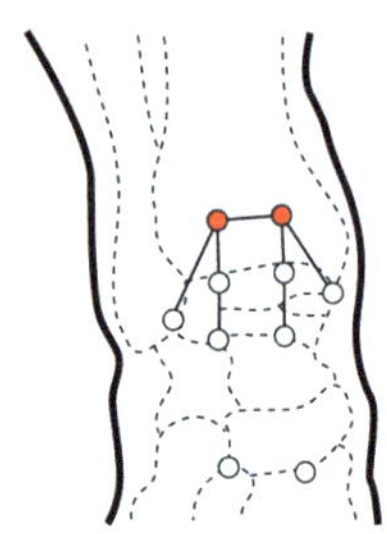

56. 천추통점

- 반사구 위치 : 양쪽 복숭아뼈 반원의 상단부 내측에 위치
- 대응방법 : 엄지손가락으로 지압한다.
- 역할 : 허리의 통증을 완화할 수 있다.

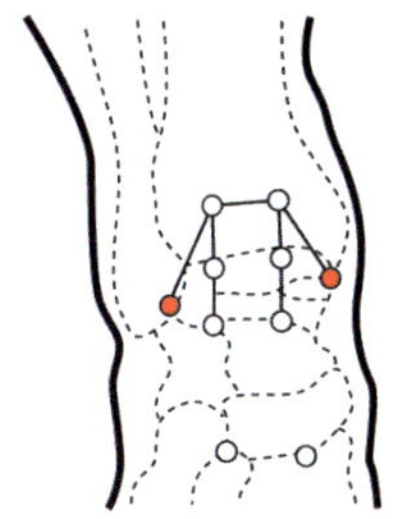

57. 내/외측 골반

- 반사구 위치 : 내외측 복숭아뼈 반원의 하단부 내측에 위치
- 대응방법 : 엄지손가락으로 복숭아뼈 아래 반원을 따라 파듯이 자극한다.
- 역할 : 인체의 기관 및 조직들에게 영양분 공급, 외부로부터의 방어 등 면역에 관여한다.

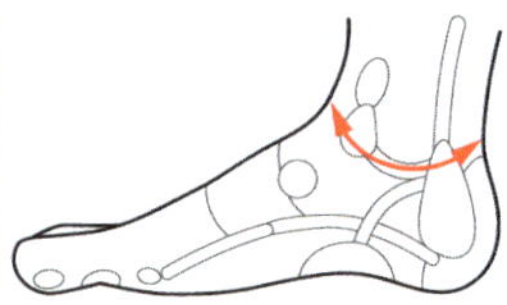

58. 요도

- 반사구 위치 : 방광에서 자궁까지 잇는 2cm 위치
- 대응방법 : 엄지손가락으로 밀어준다.
- 역할 : 규칙적인 배뇨습관을 들이게 한다.

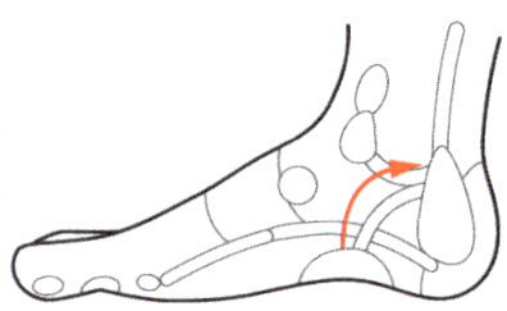

59. 아랫배(소복기육방송구)

- 반사구 위치 : 아킬레스건 10cm 정도 위치
- 대응방법 : 엄지, 중지를 이용하여 아킬레스건을 잡고 10cm 정도 튕겨준다.

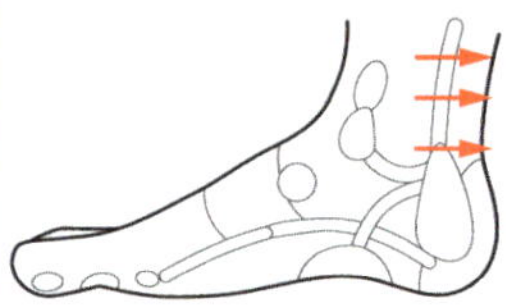

60. 좌골신경

- 반사구 위치 : 경골 내외측 따라 위치
- 대응방법 : 손바닥으로 오금 부위로 쓸어올린다.
- 역할 : 인체의 강한 신경계로서, 다리의 상태를 조절하고, 걷기, 뛰기, 서 있기, 균형잡기 등에 사용하는 근육을 통제하고 조절한다.

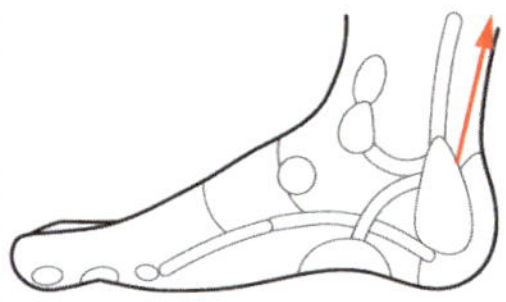

(9) 오른 발바닥 반사구 : 발바닥에 분포된 반사구(하복부)

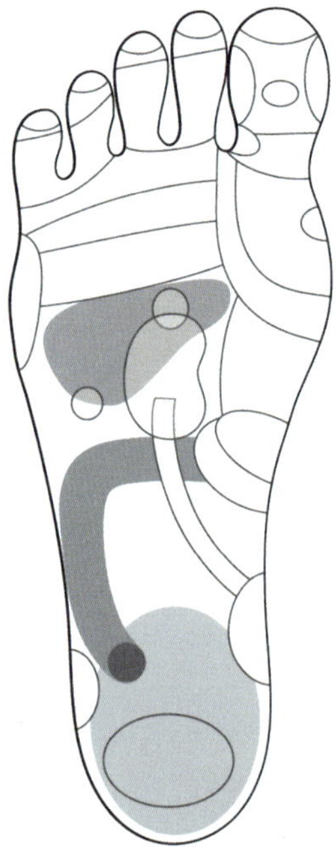

61. 간 • 반사구 위치 : 오른발바닥의 좌측, 폐, 기관지 반사구의 아랫부분에 위치(오른쪽발바닥 흉부선 2지 아래에서 4지까지 연결한 삼각형 부위) • 대응방법 : 45도 각도로 지그재그로 쓸어준다. • 역할 : 인체 내의 유독성분을 해독하고, 영양을 조절, 저장하며, 적혈구를 분해하고 소화액인 담즙을 생산한다.	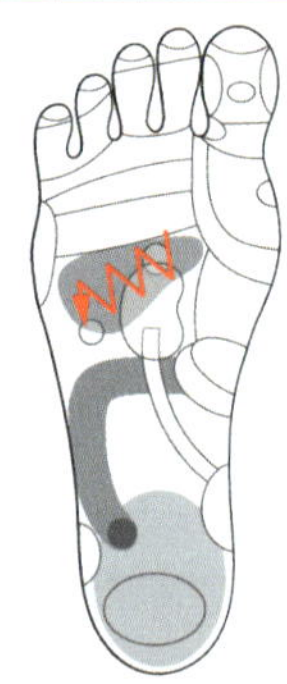
62. 담 • 반사구 위치 : 오른발 발바닥의 간장 반사구 중앙에 위치 • 대응방법 : 찌르는 자세로 가볍게 자극한다. • 역할 : 간의 우측 저부에서 담즙을 분비한다.	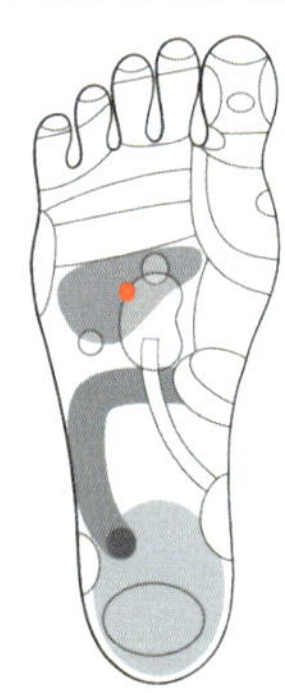

63. 맹장

- 반사구 위치 : 상행결장 반사구가 시작되는 부위로 4지, 5지 사이
- 대응방법 : 찌르는 자세로 가볍게 자극한다.
- 역할 : 급만성충수염, 복통, 하복부 팽만감 등을 완화한다.

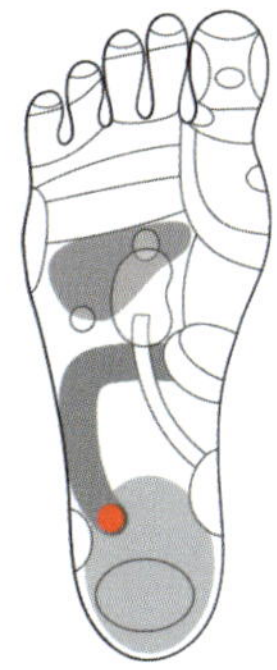

64. 상행결장

- 반사구 위치 : 복숭아뼈 지름만큼의 길이선상의 4, 5지 사이에 위치
- 대응방법 : 찌르는듯한 자세로 위로 올리며 자극한다.
- 역할 : 소화되지 않은 음식물을 소화시키고, 대장의 다음 부분인 횡행결장으로 내용물을 보내주는 기능을 한다.

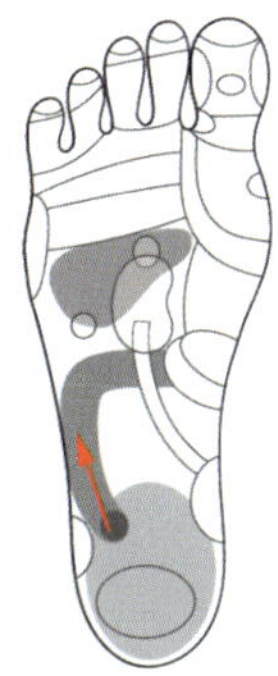

65. 횡행결장

- 반사구 위치 : 복숭아뼈를 발바닥으로 연장 선상에 위치
- 대응방법 : 45도 각도로 유지하며 자극한다.
- 역할 : 대장의 한 부분으로서, 수분 흡수, 대변을 직장 및 항문으로 내려보내는 기능을 한다.

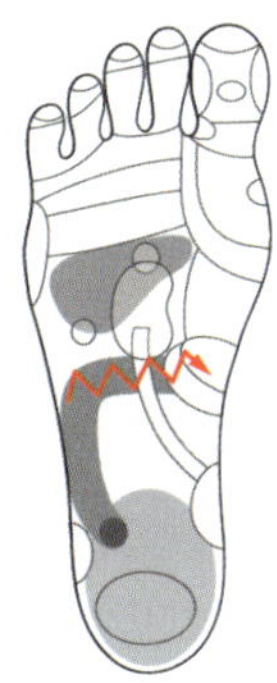

CHAPTER 5

전신 팩·마스크하기

학·습·목·표

- 전신 피부 유형에 따라 팩과 마스크 종류를 선택할 수 있다.
- 제품 성질에 맞게 팩과 마스크를 사용할 수 있다.
- 관리 후 팩과 마스크를 안전하게 제거할 수 있다.

1 전신 팩·마스크하기 개요

1) 전신 팩·마스크하기 정의

매뉴얼 테크닉을 통해 혈액순환이 된 후에 활성물질을 흡수시키는 단계이다. 신체 부위별과 피부 유형에 맞는 팩 제품을 선별하여 영양물질을 도포한 후 팩과 마스크로 밀봉을 하면 활성성분의 흡수가 극대화된다. 이때 원하는 목적에 따라 노폐물 배출, 세포 활성화, 박테리아 제거, 슬리밍 효과 등 다양한 결과물을 얻을 수 있다.

팩(Pack)은 '싸다', '포장하다'란 의미로 고대 시대로부터 얼굴이나 몸에 꿀이나 천연 원료를 으깨어 발랐던 기록이 있다. 팩은 일정 시간 방치하여 팩제의 유효성분이 피부에 흡수된 후, 떼어내거나 씻어내는 타입의 제품이다.

마스크(Mask)는 외부의 공기를 차단하는 것으로 피부의 수분 증발을 막고 유효성분이 피부 깊숙이 침투하도록 돕는 역할을 한다.

2) 전신 팩·마스크하기 목적

팩은 보습과 청정작용, 혈액순환 촉진작용 효과가 있다. 부위별 팩, 마스크의 목적은 다양하며 일반적으로 다음과 같이 적용한다.

① **등 팩 :** 보습, 각질 제거, 여드름, 근육 이완, 온열관리

② **복부 팩 :** 보습, 셀룰라이트 개선, 탄력, 튼살 개선, 온열관리

③ **손, 발 팩 :** 보습, 셀룰라이트 개선, 부종 개선, 혈액순환, 근육 이완, 온열관리

④ **발, 다리 팩** : 보습, 셀룰라이트 개선, 부종 개선, 혈액순환, 탄력, 온열관리

⑤ **가슴 팩** : 보습, 탄력, 혈액순환, 튼살 개선 관리

2 전신 팩·마스크 화장품

1) 팩·마스크의 종류

① 필오프 타입(Peel off type)

팩을 바른 후 시간이 지나 건조되면 필름막을 떼어내는 방식으로, 팩이 건조되는 동안 긴장감을 주어 피부에 탄력이 생기고, 제거할 때 각종 피부의 노폐물과 먼지, 각질 등이 함께 탈락되어 피부를 청결히 하는 장점이 있다. 그러나 떼어낼 때 자극이 될 수 있기 때문에 민감성 피부나 여드름 피부는 사용을 자제하는 것이 좋다.

② 워시오프 타입(Wash off type)

팩을 얼굴에 도포한 후 20~30분 경과한 후 따뜻한 물로 씻어내는 타입의 팩으로, 머드 계열의 진흙이나 고령토 등의 점토광 물질을 주성분으로 하여 물과 보습제 등을 배합하여 제조된다. 머드나 클레이는 피지흡착 능력과 각질제거 능력이 있으며, 카올린이나 알란토인은 피부 재생과 진정 효과가 있다. 물로 씻어낸 후 상쾌한 감촉을 느낄 수 있어 여름에 사용하기 적합한 팩이다.

③ 티슈오프 타입(Tissue off type)

보통 O/W 타입의 유화형태의 크림이며, 도포한 후 10~15분 후 티슈로 제거하는 팩으로, 사용이 간편하고 보습력이 우수한 장점이 있으나, 다른 팩에 비해 긴장감이 떨어지거나 청량감이 떨어지는 단점이 있다.

④ **시트 타입**(Sheet type)

얼굴 전체를 덮거나, 눈가나 코 등의 특정 부위에 붙인 후 20~30분 정도의 시간이 경과한 후 떼어내는 팩으로 사용하기가 간편하다. 사용뿐만 아니라 제거도 수월하고, 원하는 부위에만 집중적인 관리를 할 수 있는 장점이 있다. 피부관리실에서 고가관리로 사용되는 콜라겐 벨벳 마스크(Collagen Velvet Mask)가 있다.

⑤ **분말 타입**(Powder type)

분말의 팩제를 물에 개서 얼굴에 도포하는 형태의 팩이다. 대표적인 것으로 석고팩, 효소팩, 모델링 마스크 등이 있다. 고무팩으로도 알려진 모델링마스크(Modeling Mask)는 최근 들어 많이 사용되고 있는 팩으로 모든 피부에 사용이 가능하다.

2) 팩·마스크의 성분

① 해조류(Seaweed) 성분

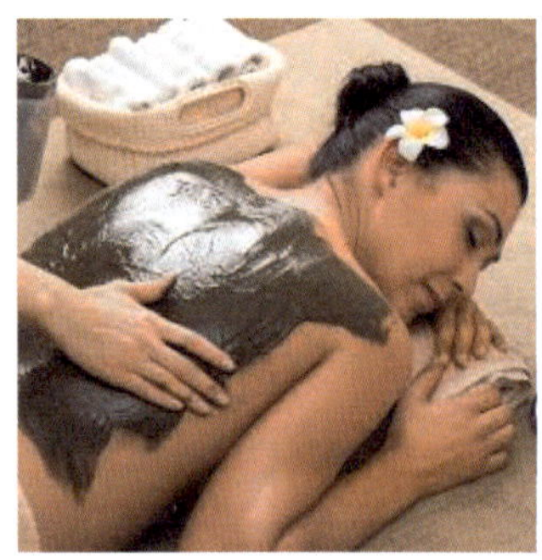

해조류는 비타민과 미네랄이 풍부하고 인체에 자연친화적이다. 해조류의 특성은 피부 재구성 단백질이 있고 세포 재생을 도우며 신진대사를 촉진하고 항독소를 가지며 혈액순환을 촉진하고 연화성이 있고 수분이 풍부하다는 점이다. 이러한 특성 때문에 셀룰라이트나 부종 개선에 도움을 준다. 스피루리나는 베타카로틴이 풍부하여 항산화 기능이 탁월하고, 다시마는 카로티노이드, 비타민 D, 요오드가 많다. 특히 혈액순환, 해독, 셀룰라이트 완화와 개선효과가 있다.

② 진흙(점토, Mud, Clay) 성분

진흙은 미네랄 성분이 풍부하여 전신관리 시 큰 효과를 얻는다. 진흙을 온몸에 바르고 랩핑을 하고 자극, 해독, 수분 효과를 촉진시키기 위해 30~60분간 휴식을 취한다. 피부관리에서 사용하는 진흙팩은 피부의 불순물을 제거하는 데 사용되므로 지성 피부에 효과적이다. 그 외에 건성 피부에게 사용하기 위해 진흙에 보습성분을 섞어 출시한다.

③ **습지 진흙(Moor Mud) 성분**

무어(Moor)는 습지를 의미하는 독일말로서 습지성 진흙을 말한다. 대략 3만년간 썩은 물질과 다른 성분들의 결과물이다. 수분량이 높고 영양소가 풍부해서 의학적 치료 효과가 있다. 해독의 특성뿐만 아니라 진정과 피부 밸런스에도 효과적이다. 미량원소, 미네랄, 아미노산, 효소, 비타민, 필수 오일을 함유하고 있어 스파에서 가장 많이 사용하는 제품이다.

④ **파라핀 마스크(Paraffin Mask)**

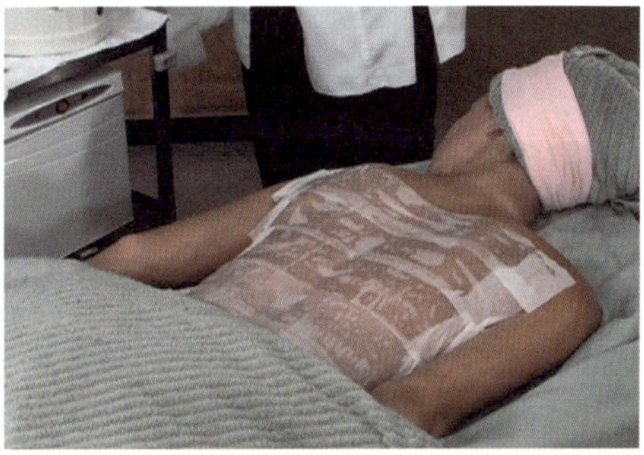

파라핀은 병원에서 손과 관절통 완화를 위해 치료적 목적으로 사용했다. 특징은 피부를 따뜻하게 하고 성분 주입을 도우며 피부를 부드럽게 한다는 점이다. 따뜻한 파라핀은 전신관리에 훌륭한 마스크로 제공된다. 겨울에는 여름보다 두껍게 사용되어야 한다. 원하는 부위에 영양물질을 도포 후 거즈에 파라핀을 담가 붙여준다. 10~15분 정도 지나 떼어낸 후 온습포로 제거한다.

⑤ **모델링 마스크(Modeling Mask)**

모델링 마스크는 주요 성분인 알긴산이 칼슘이온과 같은 양이온과 반응하여 겔화가 이루어지면서 굳어져 고무처럼 변한다. 주요 성분인 알긴산은 미역이나 다시마 등에서 볼 수 있는 끈적끈적한 점성을 가진 물질로 클렌징으로 해결되지 않는 각종 피지나 각질, 블랙헤드 등이 고무팩을 하는 과정에서 팩에 흡착되어 깨끗한 피부를 만들어 주는 장점이 있다. 쿨링이 필요한 부위에 도포가 가능하다. 특히 등 여드름, 레이저 사후관리, 제모 후, 민감한 피부, 혈관 확장 피부 등 수축과 진정 완화에 도움이 필요한 부위에 가능하다. 수용성 영양물질을 도포 후 스파츌라에 적당량을 만들어 모델링을 신속하게 도포한다. 마르면 떼어낸 후 남은 양을 핸드 드라이하고 마무리 크림을 바른다.

⑥ **석고 마스크(Gypsum Mask)**

석고는 탄산칼슘 성분으로 물이 닿으면 열이 발생되는 원리를 이용한다. 굳으면 딱딱하게 되기 때문에 전신관리 후 체형을 유지하기 위해 석고마스크를 이용하기도 한다. 피부에 직접 바르면 떼어낼 때 체모까지 뜯길 수 있으므로 반드시 거즈나 랩 위에 바르도록 해야 한다. 영양물질을 흡수시키는 목적이라면 유성성분의 크림을 도포 후 진행을 해야 한다.

⑦ **초콜릿 팩(Chocolate Pack)**

초콜릿 성분인 카카오는 강력한 항산화 기능을 가진 폴리페놀과 미네랄, 불포화 지방산, 테오브로민을 함유하고 있는 대표적인 항노화 성분이다. 테오브로민은 카페인만큼 강하지는 않지만 중추신경계를 자극하는 약리 효과가 있으며 혈액 흐름과 신장기능의 강화 효과 및 혈액순환과 이뇨 효과에 좋다.

3 전신 팩·마스크하기

① 도구를 사용하여 부위 순서에 맞게 펴 바른다(도구 : 붓, 1회용 장갑, 스파츌라 등).
② 도포 후 피부 상태에 따라 일정 시간을 기다린다(20~30분).
③ 적절한 방법으로 팩을 제거한다(온습포 or 1회용 퍼프 이용).
④ 제거 후 잔여물이 남지 않도록 확인한다.
⑤ 토너를 이용하여 피부결을 정돈한다.
⑥ 경우에 따라 패치 테스트 후 진행하도록 한다.

memo

6 CHAPTER 전신관리 마무리하기

학·습·목·표

- 전신관리가 끝난 후 토닉으로 피부정리를 할 수 있다.
- 고객의 전신 피부유형에 따른 기초화장품류를 선택할 수 있다.
- 해당부위에 맞는 제품을 선택 후 특성에 따라 적용할 수 있다.
- 피부손질이 끝난 후 전신을 가볍게 이완할 수 있다.

1 전신관리 마무리하기 개요

전신관리를 진행하면서 지속적으로 흡수된 영양성분에 보호막을 도포하여 활성성분의 효과를 높이는 단계이다. 토닉으로 pH를 조정하고 낮과 밤의 화장품을 선별하여 가볍게 마무리해준다. 또한 해당 부위에 맞게 이완시키는 가벼운 스트레칭 동작을 구사하며 마무리한다.

2 전신관리 마무리 화장품의 종류

① **토닉** : 피부타입에 맞춰 토닉으로 청결하게 마무리한다.

② **로션이나 크림** : 피부 타입에 맞춰 발라주되 제형상 끈적이는 것이 싫은 고객은 로션타입으로 마무리한다.

③ **자외선 차단제** : 고객에게 자외선 차단제 도포 여부를 물은 후 진행하도록 한다.

3 전신관리 마무리하기

① 온습포를 이용하여 깨끗하게 닦아낸다.

② 피부유형에 맞는 토너를 이용하여 피부결을 정돈한다.

③ 피부 유형에 맞는 기초화장품을 도포하여 흡수시킨다.

④ 피부 손질이 끝난 후 전신을 가볍게 이완한다.

7 CHAPTER

전신관리 WORK SHEET

1) Client Body Assessment Sheet

고객 체형 분석 차트
(Client Body Assessment Sheet)

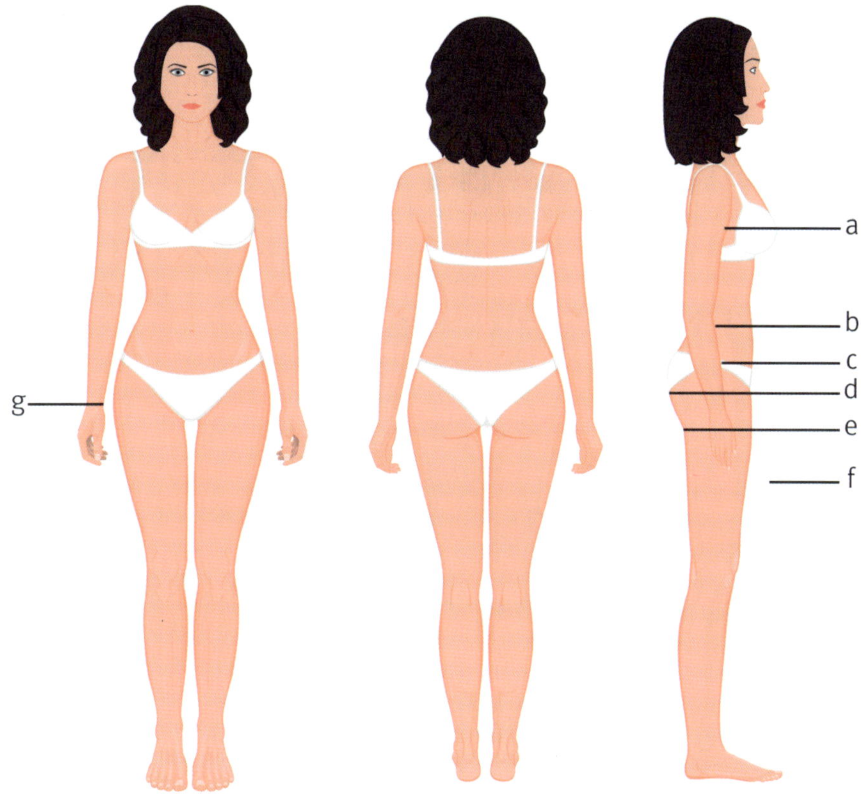

사이즈 측정	다음의 기호를 사용하여 체형 상태 표시
a - 가슴 e - 대퇴부 (오른쪽) b - 허리 f - 대퇴부 (왼쪽) c - 엉덩이 g - 손목 d - 둔부	• 지방 X X X X X X X X X X X • 셀룰라이트 //////////////////// • 약한 근육 긴장도 ############## • 튼살 SSSSSSSSSSSSSSSS
도해도 표시 • 자세 불균형 (↑ ↓) • 피부 장애 : 편평사마귀, 점, 팽창된 모세혈관, 상처, 하지정맥류 등을 포함한 피부장애	관찰된 다른 증상이나 상태 표시 (기호를 만들어 표시할 것)

2) Client Body Consultation Sheet

고객 체형 상담 차트
(Client Body Consultation Sheet)

고객명 :	날짜 : 20 . . . (회차)

고객 정보

고객명 :	연락처 :
생년월일 :	직업 :
총 임신 기간 및 자녀 수 :	

병력 사항 및 금기사항

☐ 심장 질환	☐ 철판 / 철심 / 철핀 (수술과정에서 삽입)			☐ 피부 질환
☐ 혈압 이상증	☐ 당뇨병	☐ 흡연	☐ 혈전증	☐ 뇌전증 (간질)
☐ 암	☐ 알러지	☐ 정맥류	☐ 다른 질환 (리스트)	

고객 생활 패턴 평가

☐ 식생활 패턴 :	☐ 운동 패턴 :
☐ 스트레스 정도 :	☐ 흡연 및 음주 :
☐ 사용 제품 :	☐ 바디 트리트먼트 경험 :

고객 체형 분석

키 :	몸무게 :	BMI

근육 긴장도 :	좋음	보통	약함	체형
대퇴부	☐	☐	☐	내배엽형 (endomorph)
복 부	☐	☐	☐	중배엽형 (mesomorph)
둔 부	☐	☐	☐	외배엽형 (extoporph)
근육의 압통 :	좋음	보통	뻐뻐함	
( )	☐	☐	☐	

관리 일자	관리 목적과 계획

자가 관리 조언 (홈케어)

자세 조언 :
식습관 조언 :
운동 조언 :
제품 추천 :
살롱 트리트먼트 제안 :

3) 등관리

능력단위요소	등 관리하기
수행준거	1. 고객의 등 상태에 따른 금기사항을 파악할 수 있다.
	2. 등 피부 유형에 맞는 제품을 선택할 수 있다.
	3. 등의 상태를 파악하고 목적에 맞는 등 매뉴얼 테크닉을 적용할 수 있다.
	4. 시간, 속도, 리듬, 밀착, 세기를 고려하여 등 매뉴얼 테크닉을 구사할 수 있다.

실습준비사항	실습과정

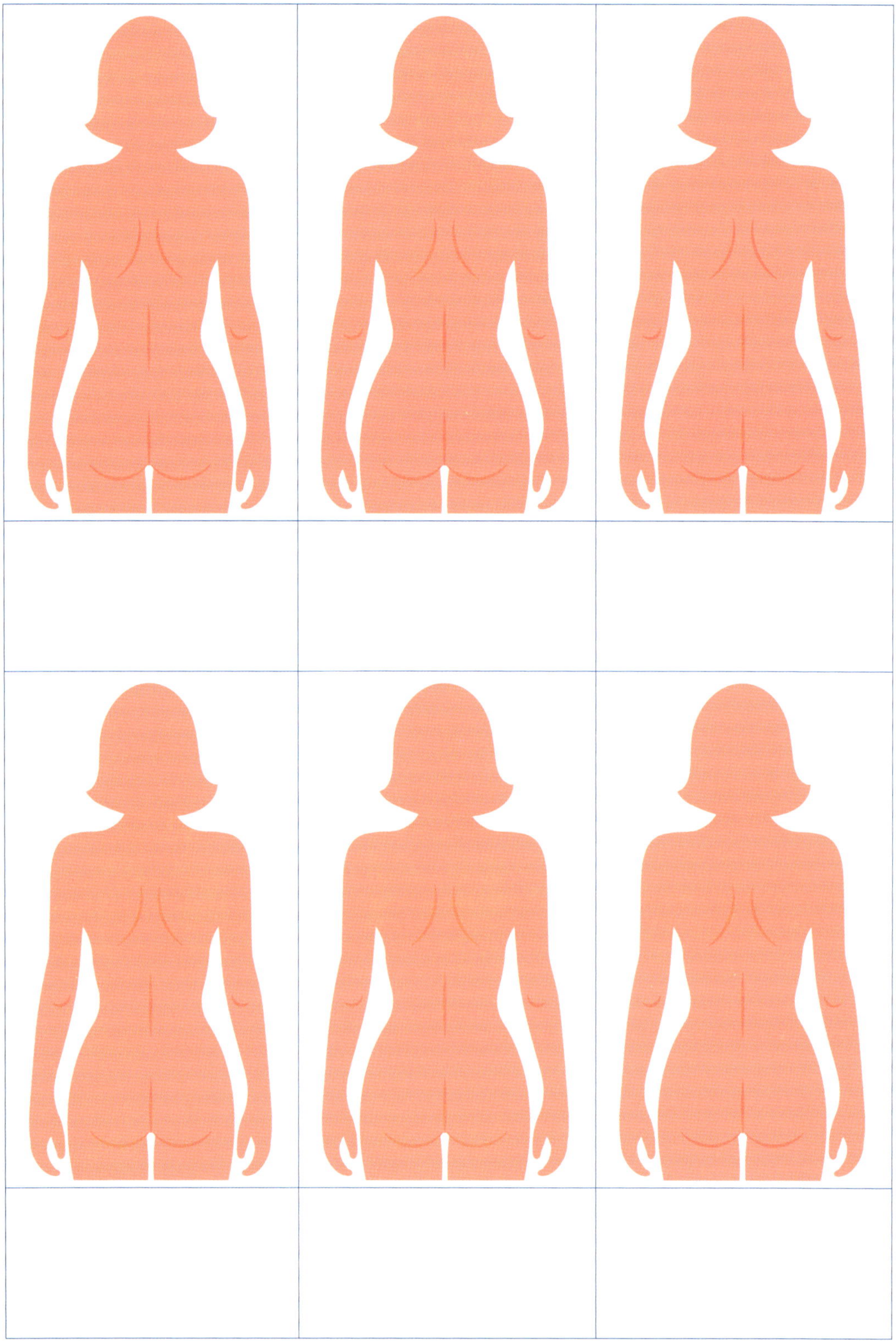

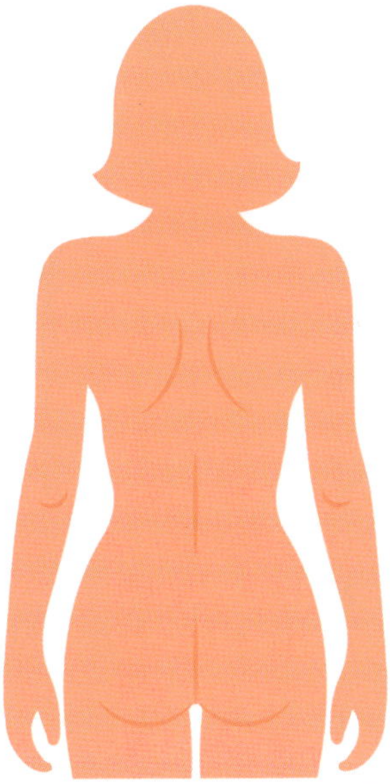

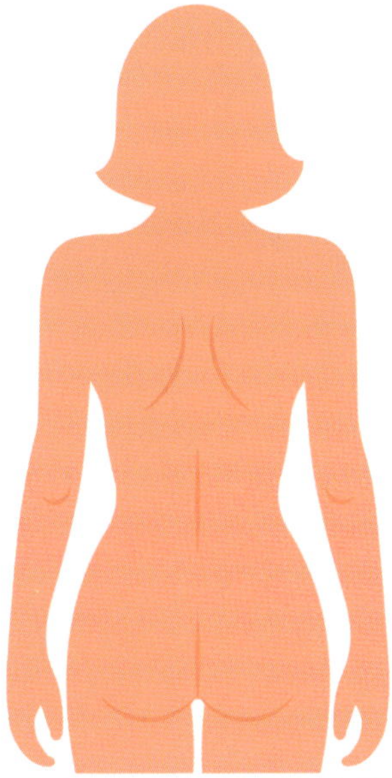

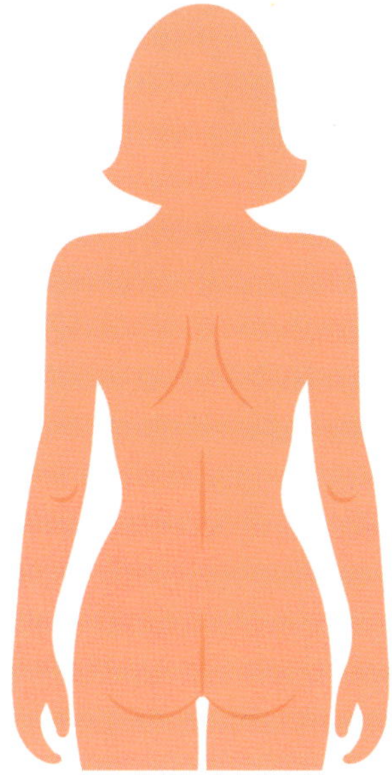

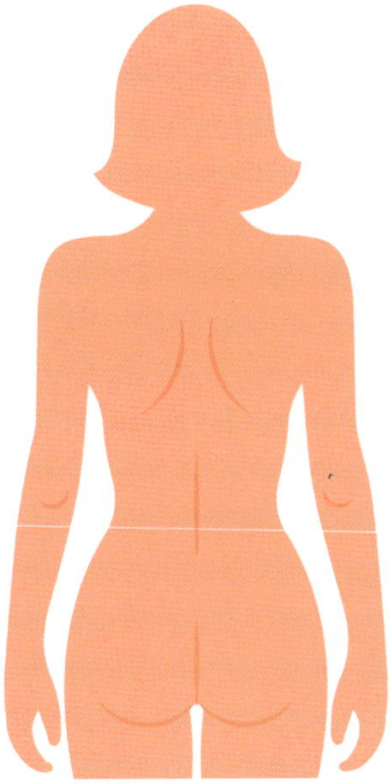

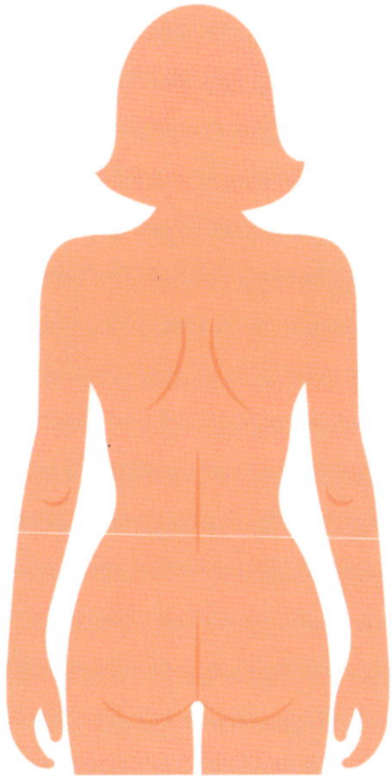

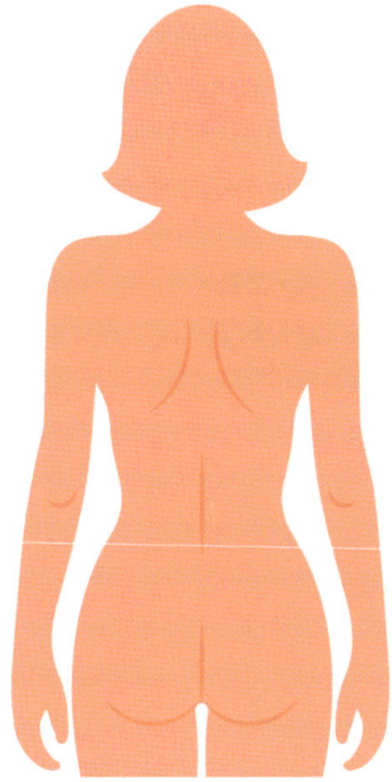

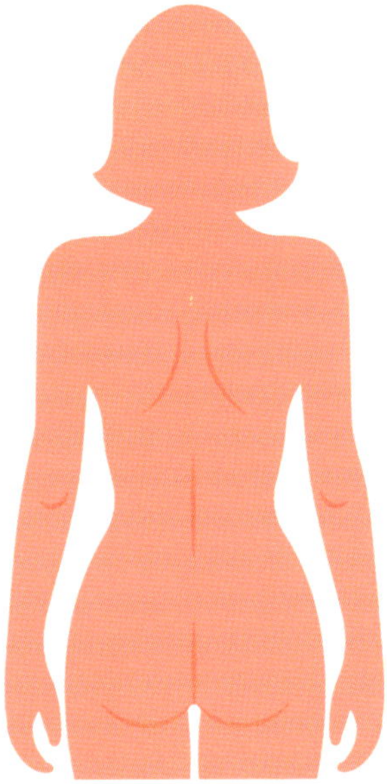
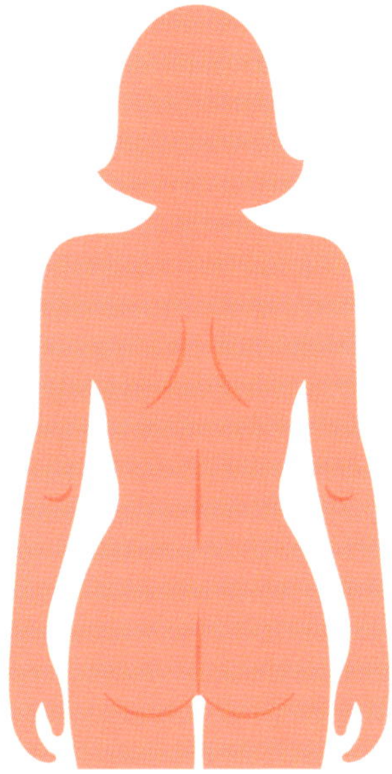
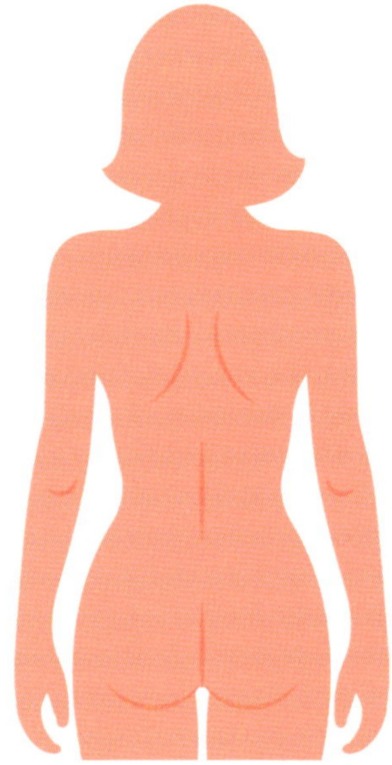

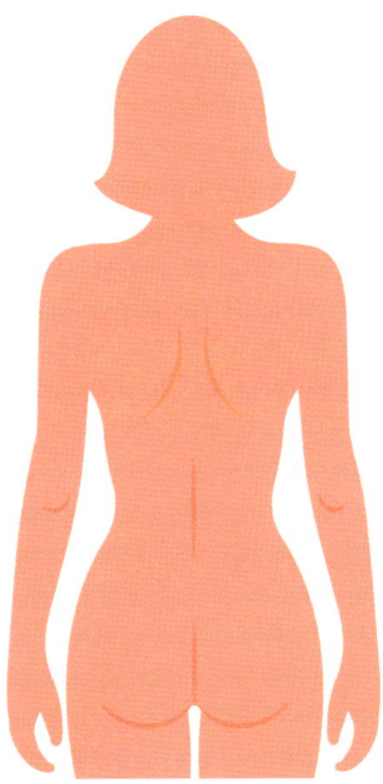
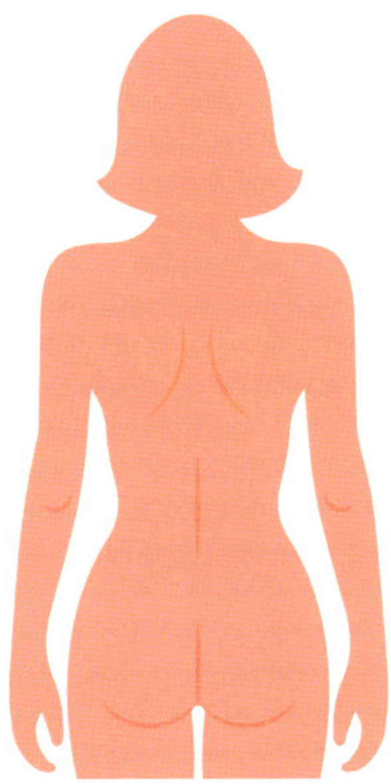
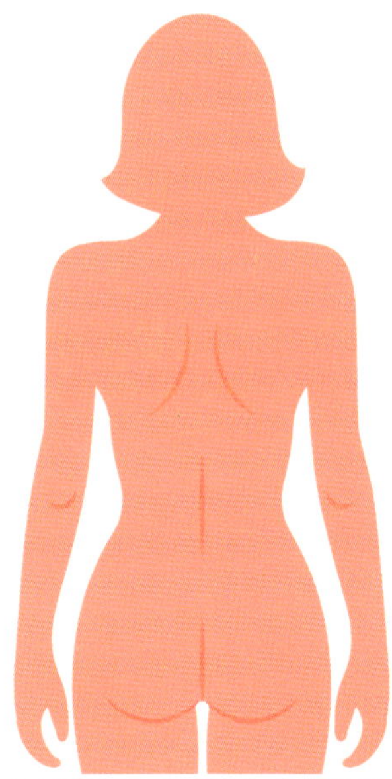

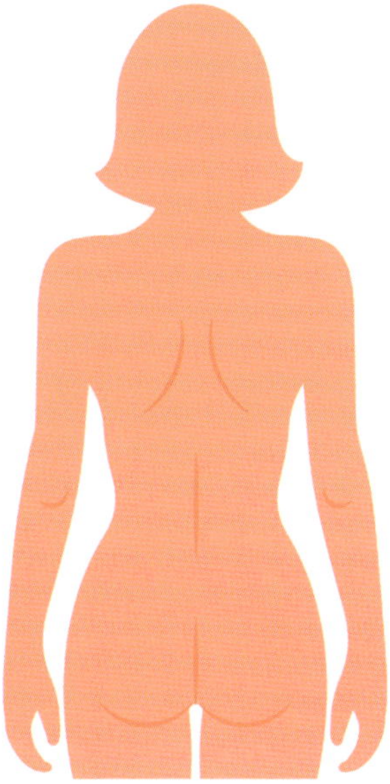
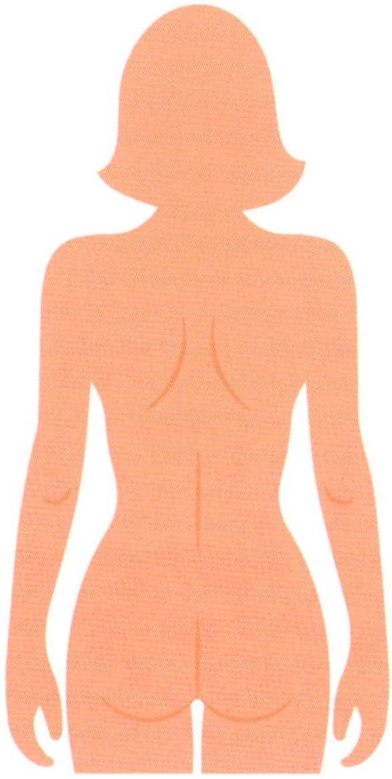
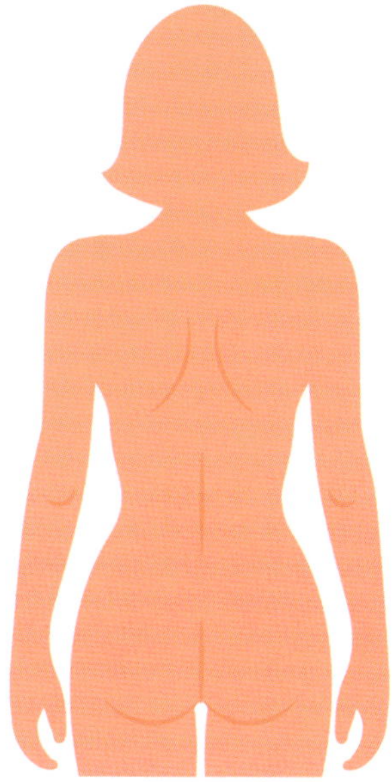
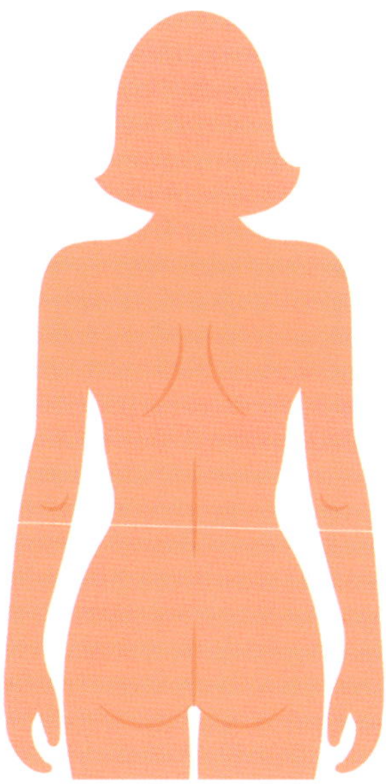
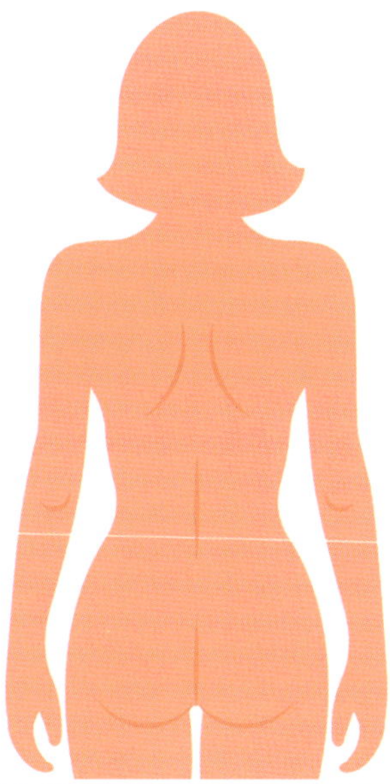
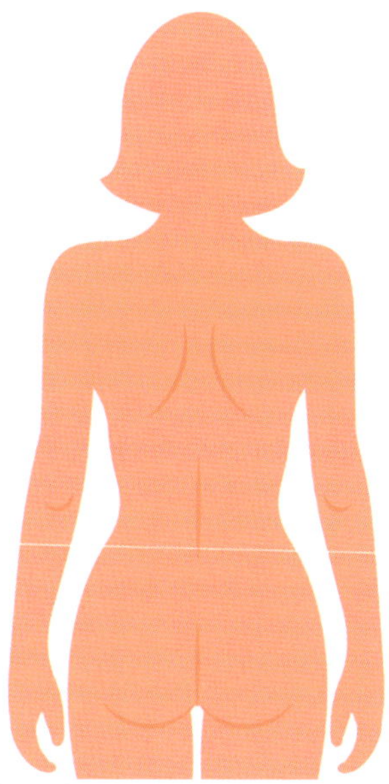

4) 복부관리

<table>
<tr><td>능력단위요소</td><td colspan="2">복부 관리하기</td></tr>
<tr><td rowspan="4">수행준거</td><td colspan="2">1. 고객의 복부 상태에 따른 금기사항을 파악할 수 있다.</td></tr>
<tr><td colspan="2">2. 복부 피부 유형에 맞는 제품을 선택할 수 있다.</td></tr>
<tr><td colspan="2">3. 복부의 상태를 파악하고 목적에 맞는 복부 매뉴얼 테크닉을 적용할 수 있다.</td></tr>
<tr><td colspan="2">4. 시간, 속도, 리듬, 밀착, 세기를 고려하여 복부 매뉴얼 테크닉을 구사할 수 있다.</td></tr>
<tr><td colspan="2">실습준비사항</td><td>실습과정</td></tr>
<tr><td colspan="2"></td><td></td></tr>
</table>

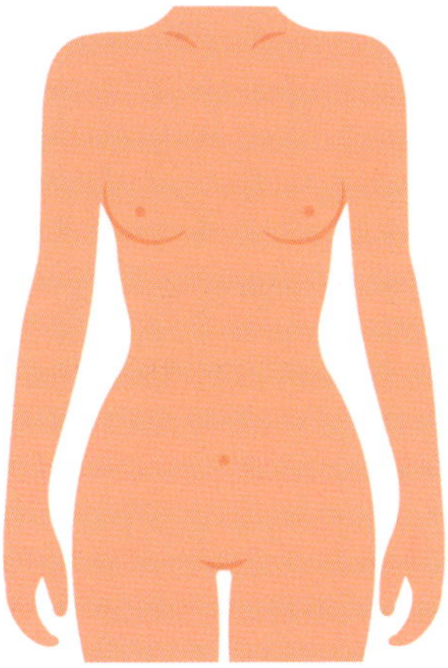

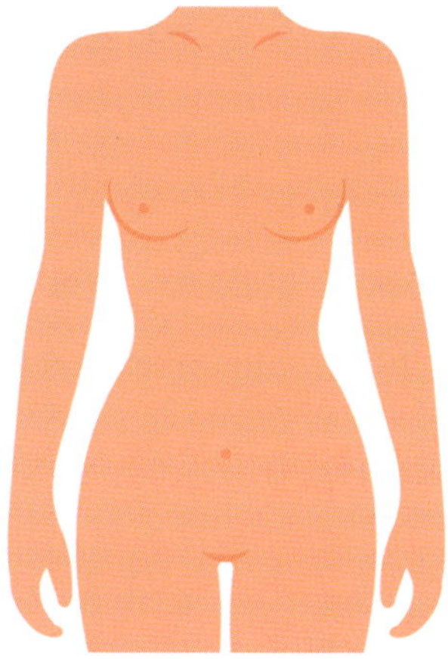

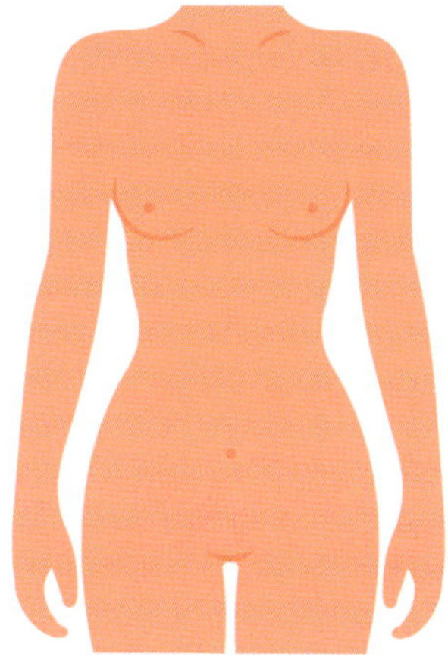

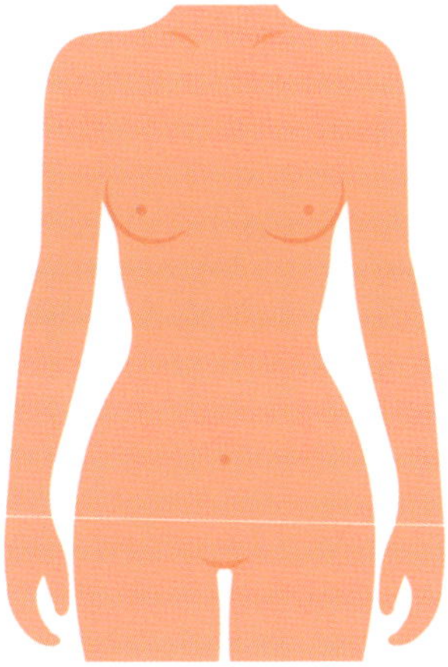

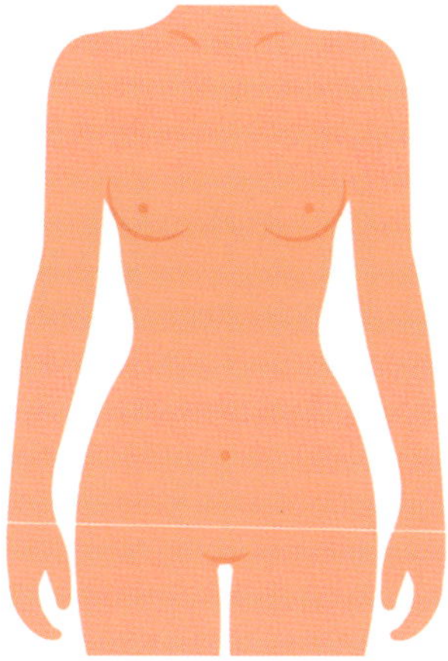

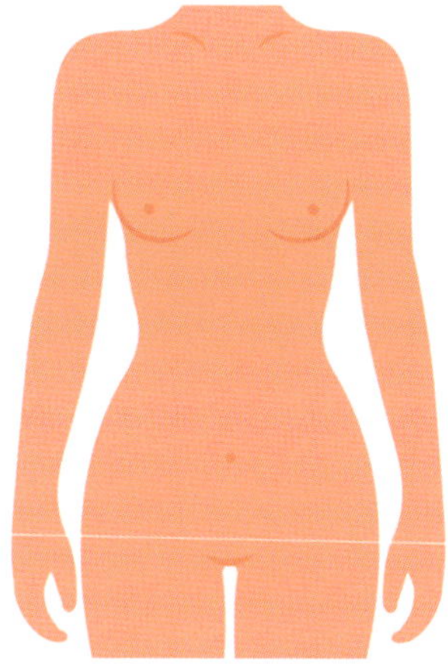

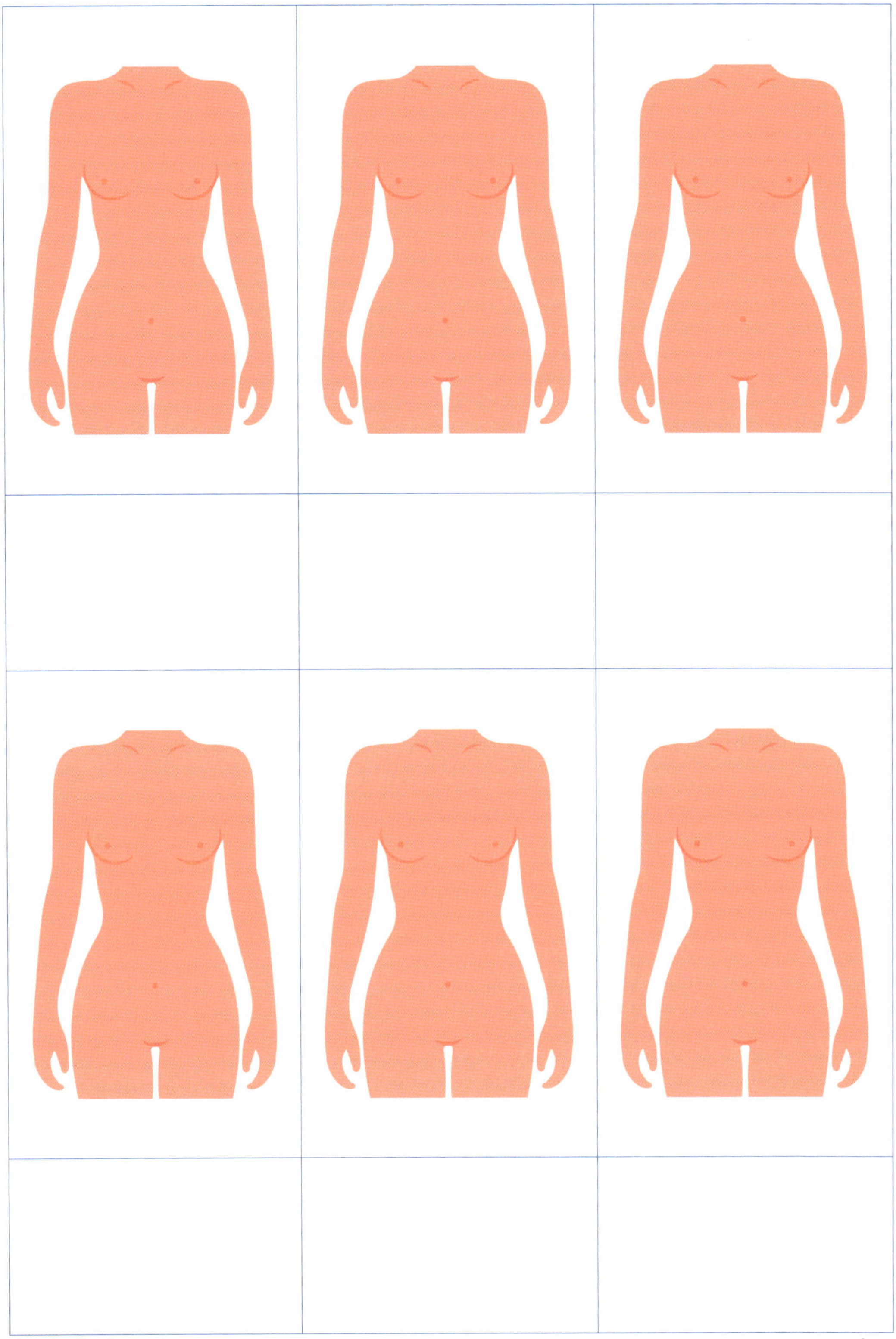

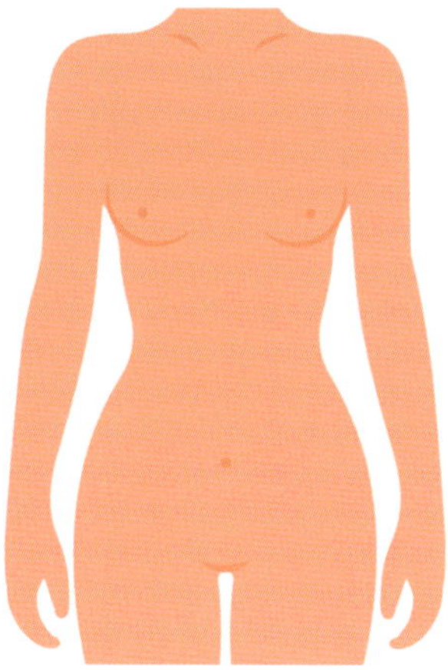

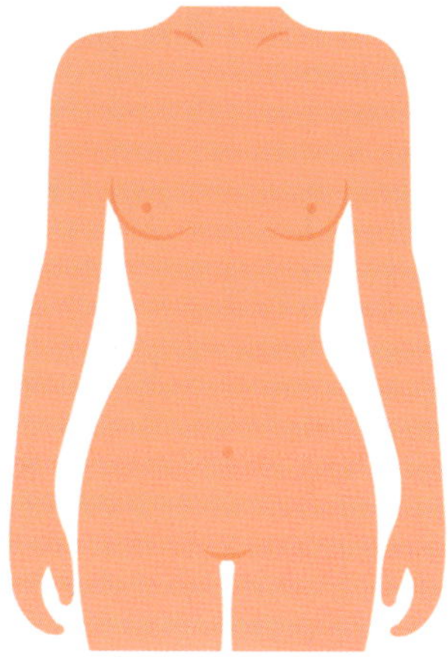

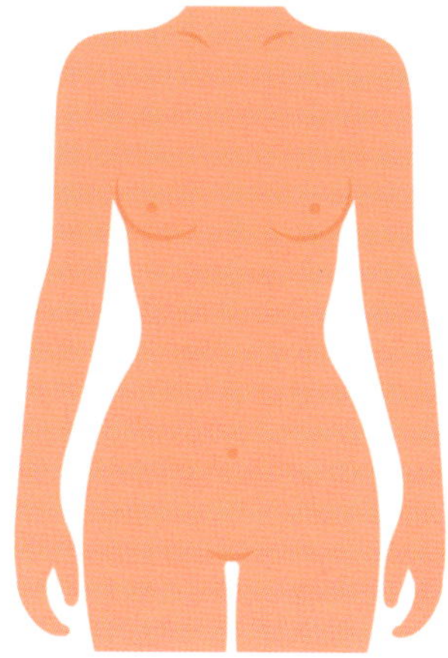

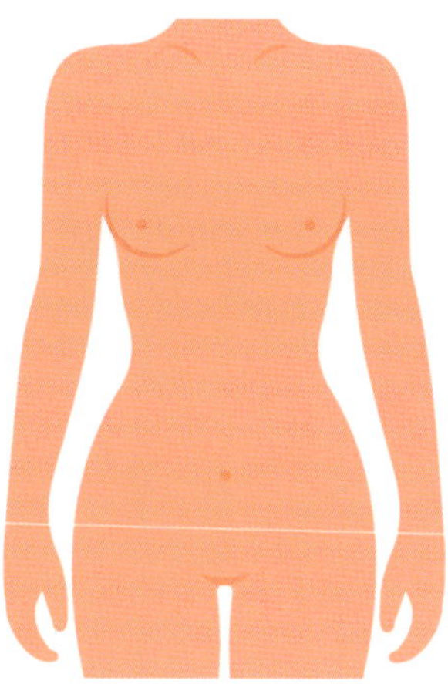

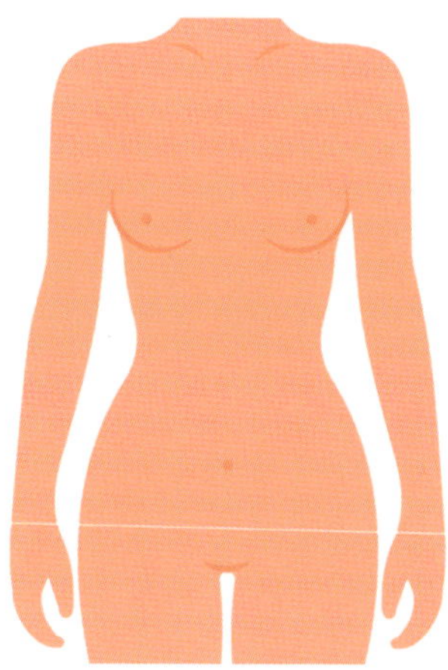

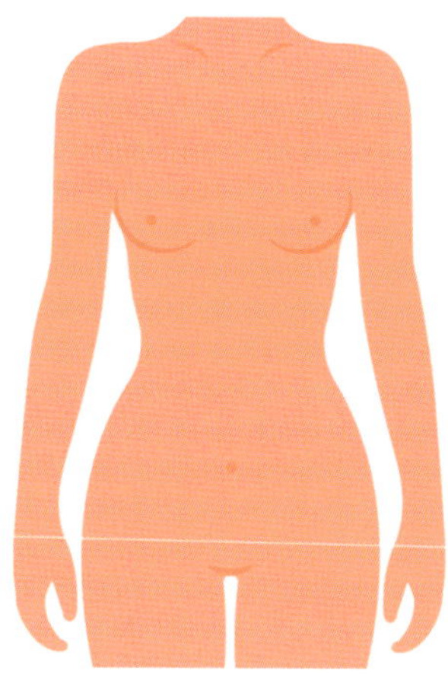

5) 가슴관리

<table>
<tr><td>능력단위요소</td><td colspan="2">가슴 관리하기</td></tr>
<tr><td rowspan="4">수행준거</td><td colspan="2">1. 고객의 가슴피부를 파악하여 금기해야 할 관리와 유두 부위를 피할 수 있다.</td></tr>
<tr><td colspan="2">2. 가슴 피부 유형에 맞는 제품을 선택할 수 있다.</td></tr>
<tr><td colspan="2">3. 가슴의 상태를 파악하고 목적에 맞는 매뉴얼 테크닉을 적용할 수 있다.</td></tr>
<tr><td colspan="2">4. 시간, 속도, 리듬, 밀착, 세기를 고려하여 가슴 매뉴얼 테크닉을 구사할 수 있다.</td></tr>
<tr><td colspan="2">실습준비사항</td><td>실습과정</td></tr>
<tr><td colspan="2"></td><td></td></tr>
</table>

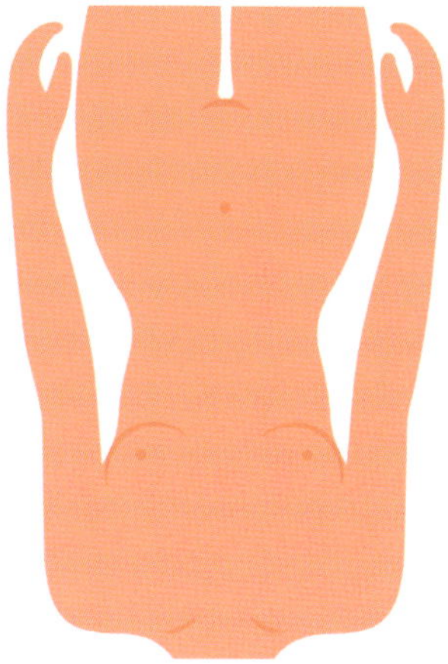	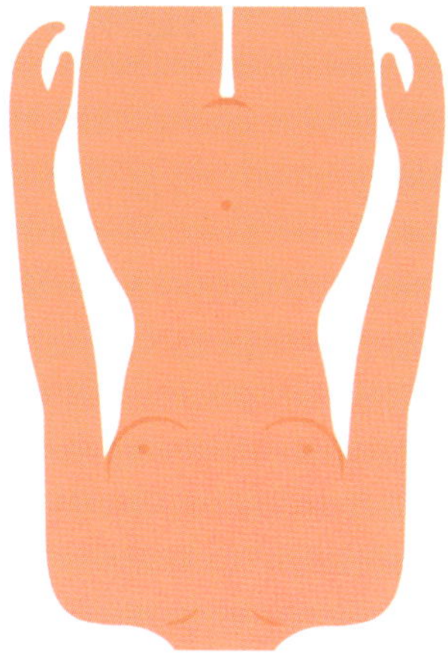	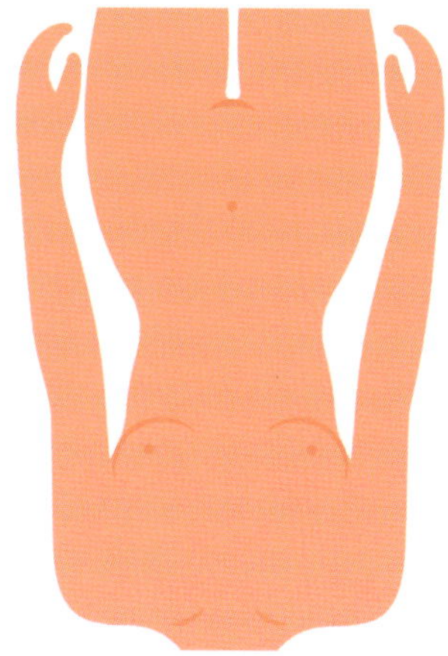
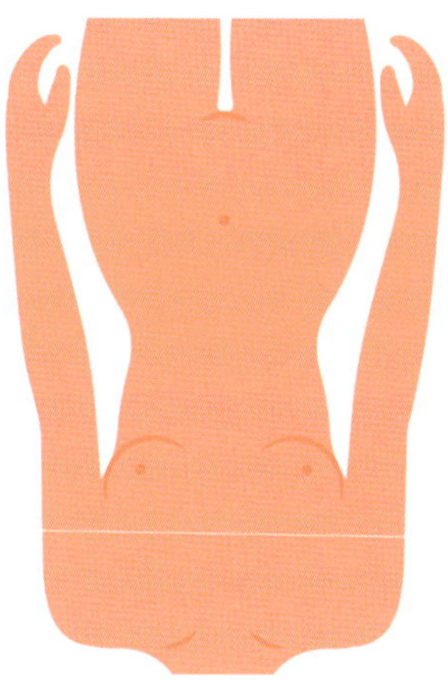	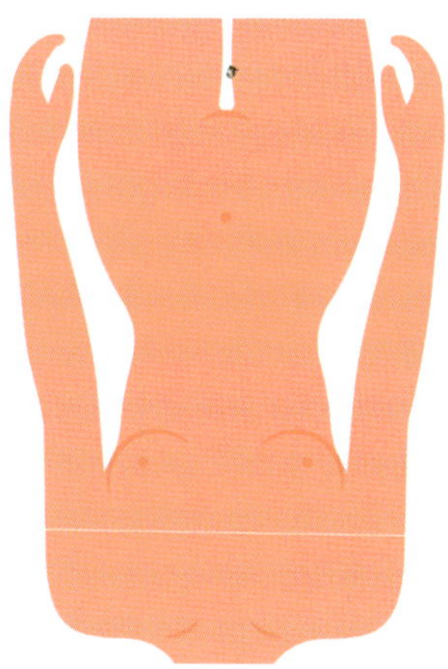	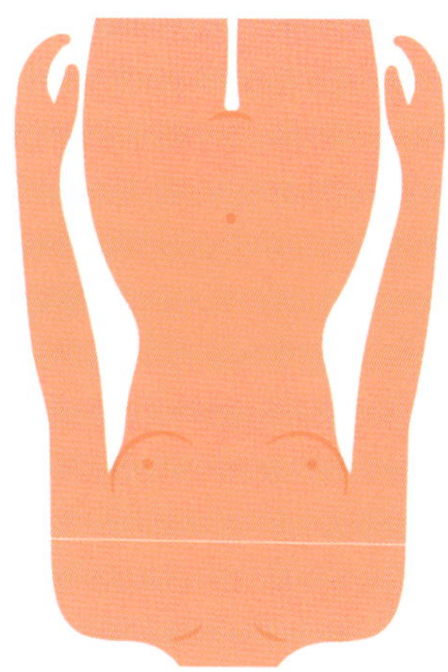

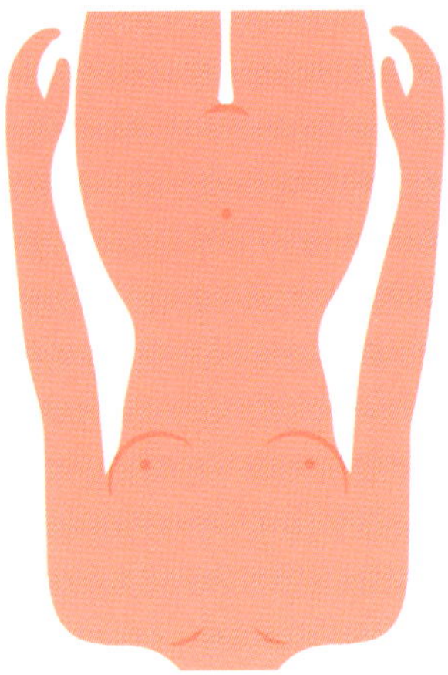

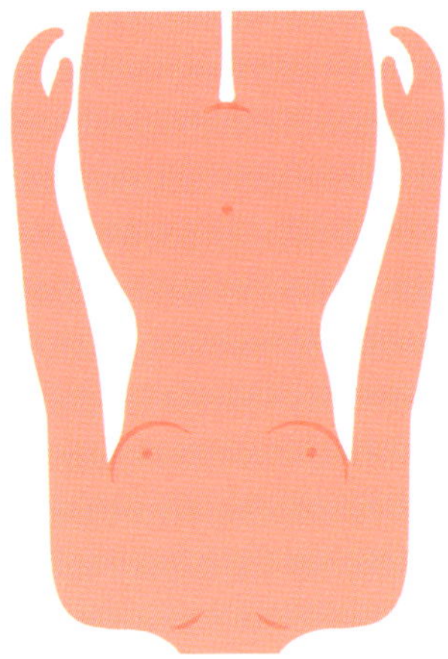

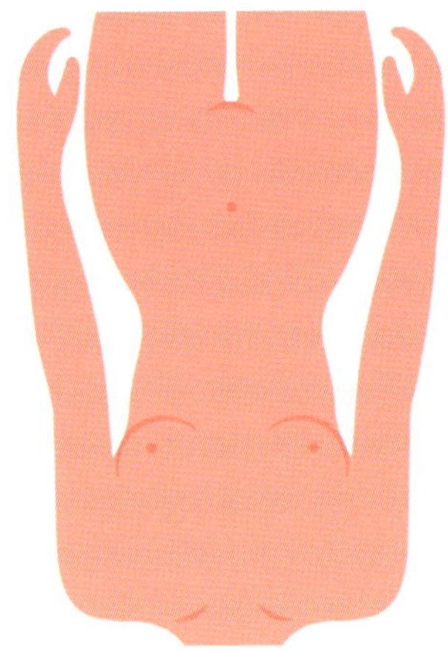

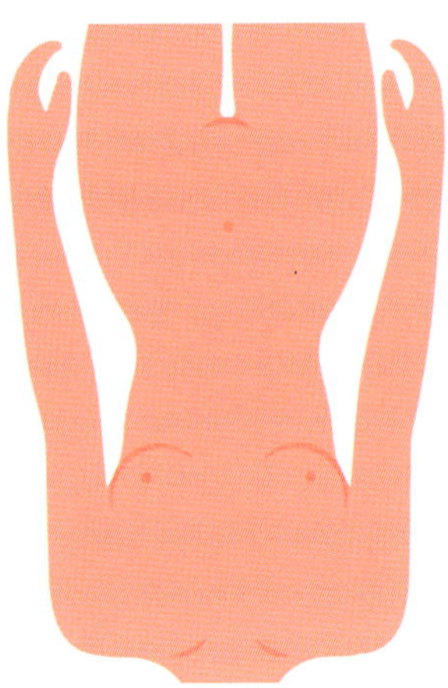

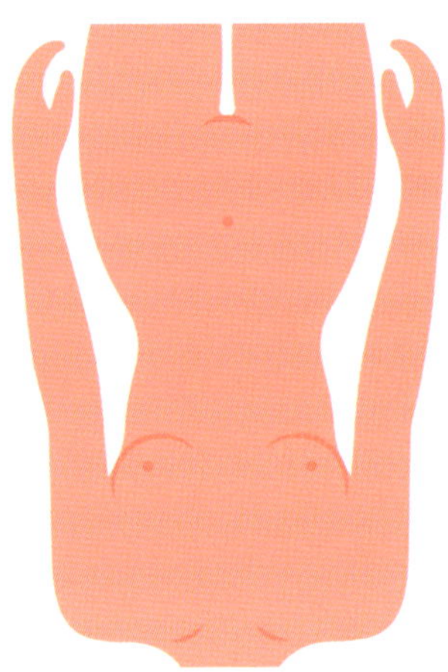

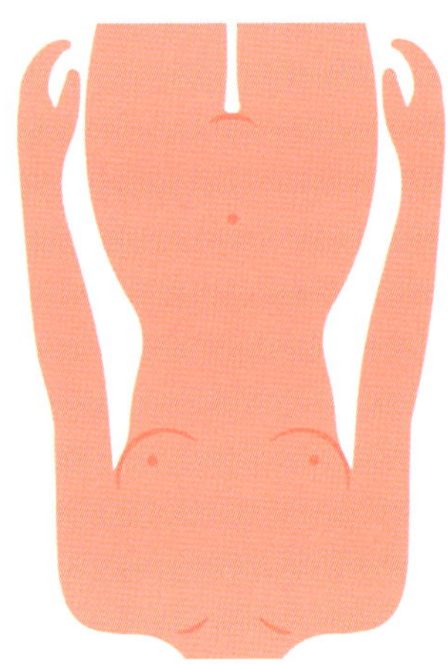

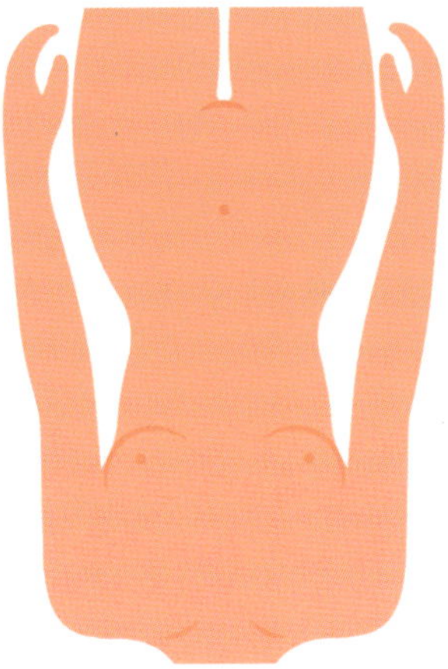

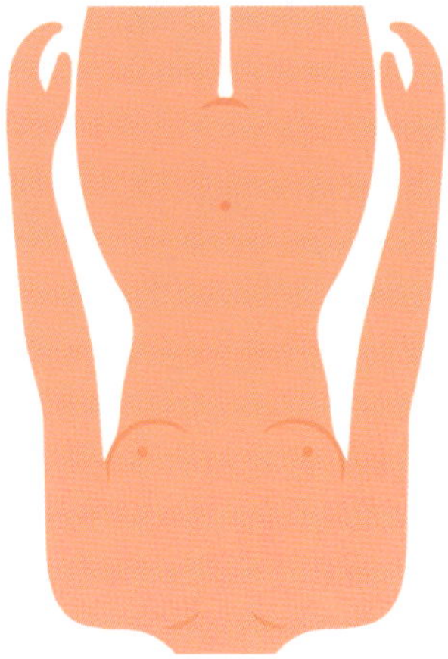

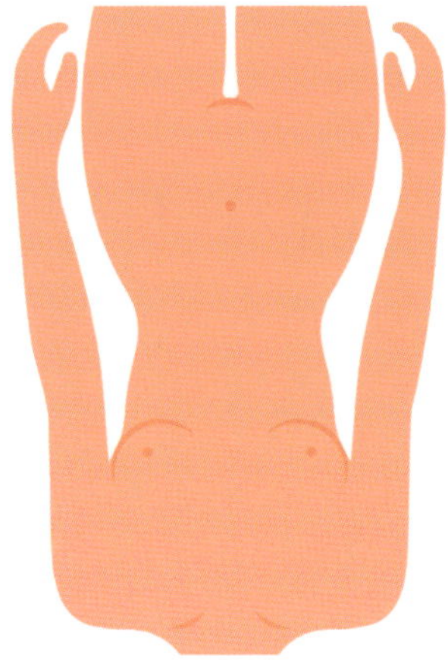

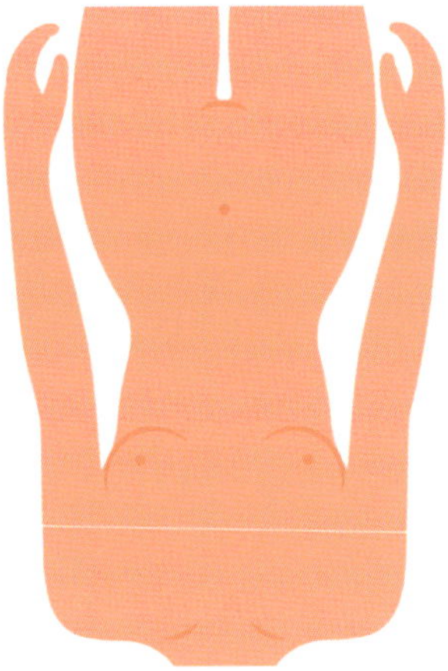

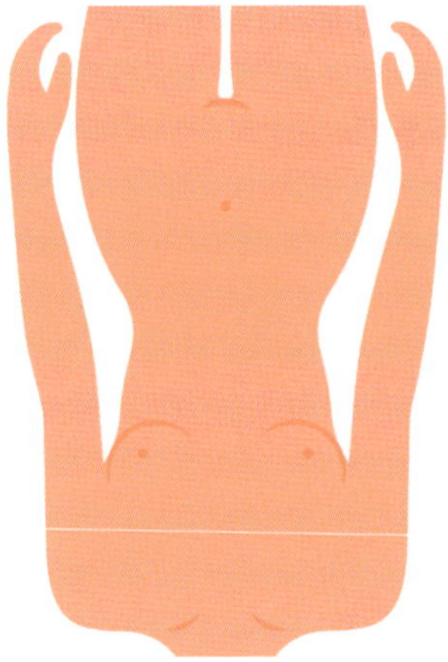

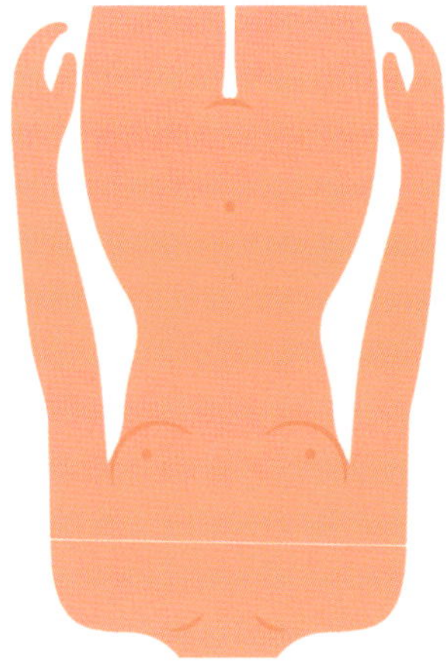

6) 손 · 팔관리

능력단위요소	손, 팔 관리하기
수행준거	1. 손, 팔 피부 유형에 맞는 제품을 선택할 수 있다.
	2. 손, 팔의 상태를 파악하고 목적에 맞는 매뉴얼 테크닉을 구사할 수 있다.
	3. 시간, 속도, 리듬, 밀착, 세기를 고려하여 손, 팔 매뉴얼 테크닉을 구사할 수 있다.
	4. 손끝에서 어깨까지 매뉴얼 테크닉을 적용할 수 있다.

실습준비사항	실습과정

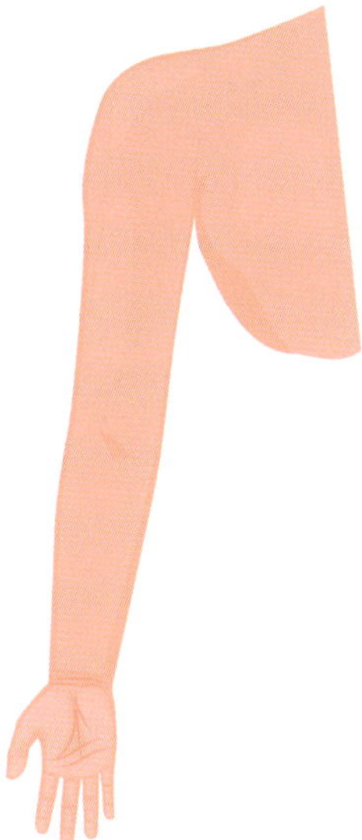	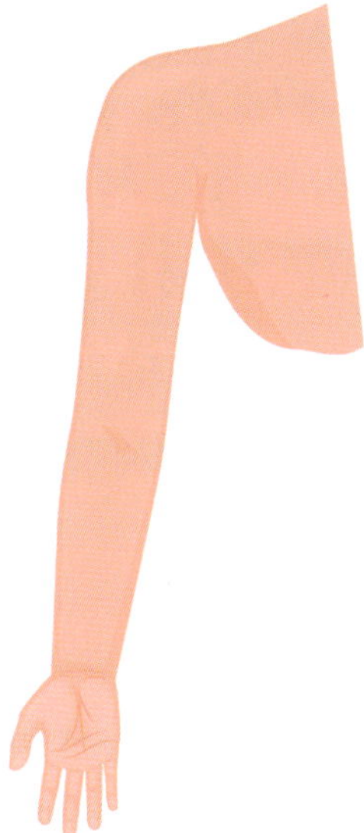	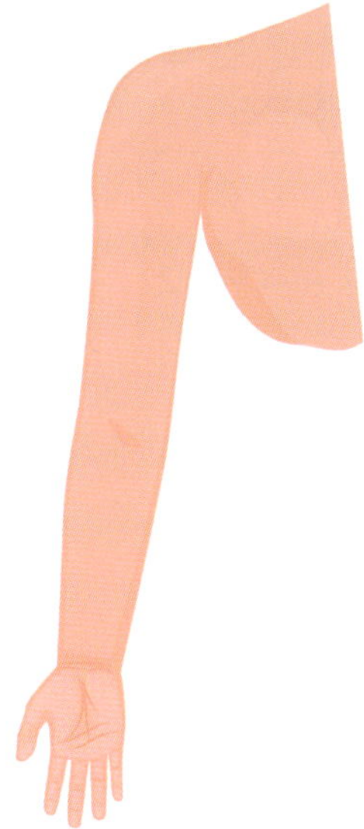
	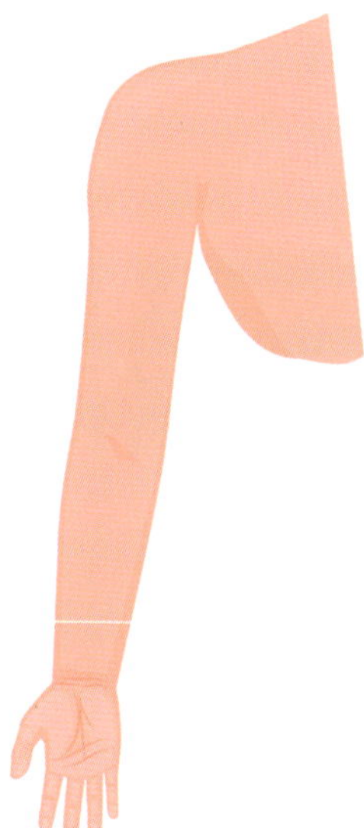	

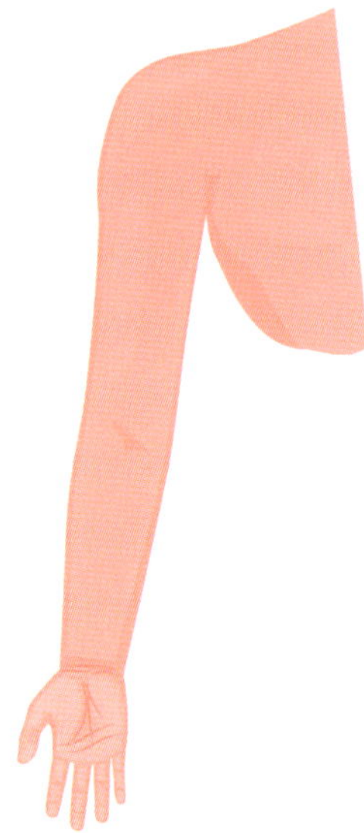

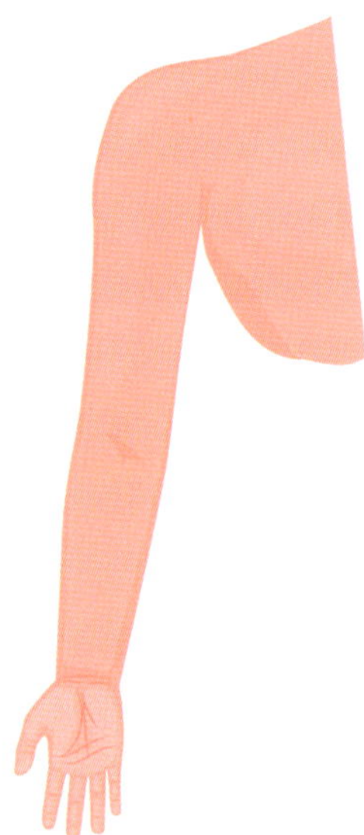

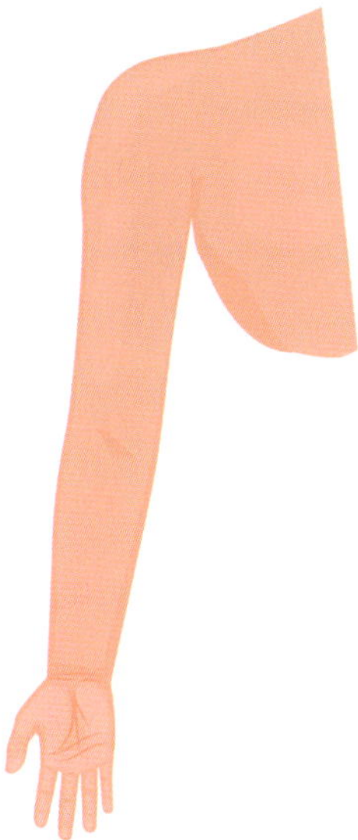
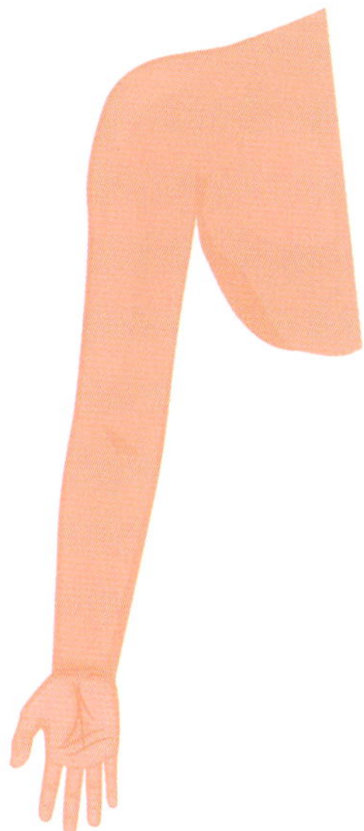

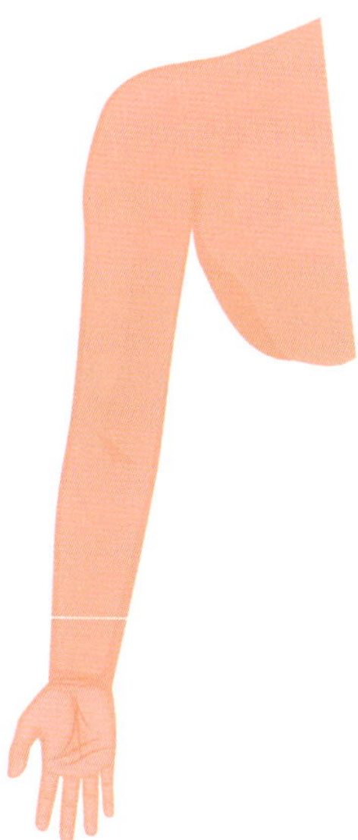

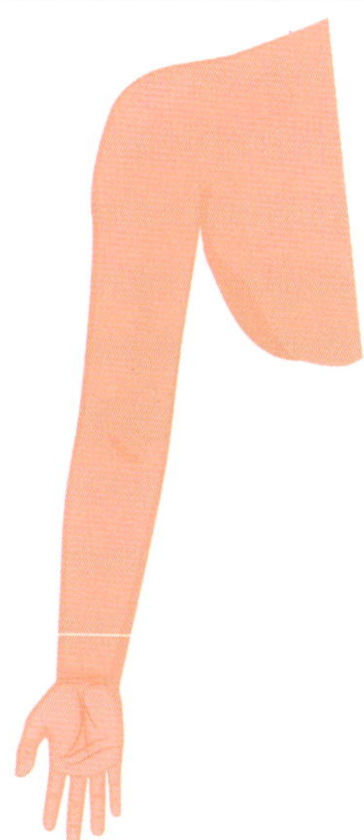

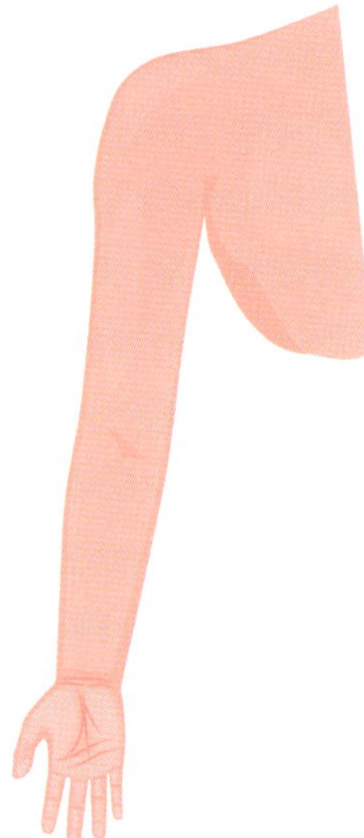
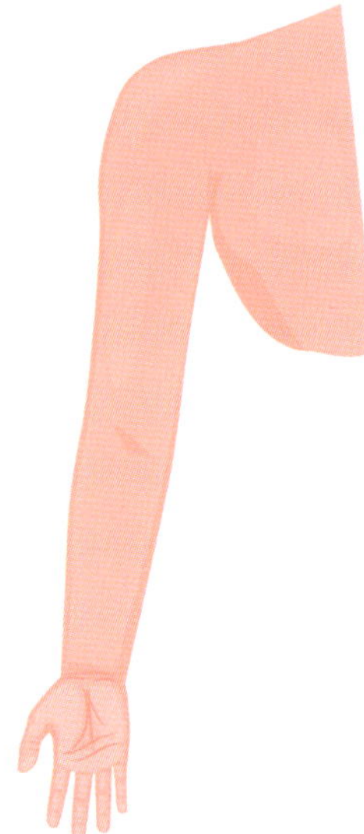

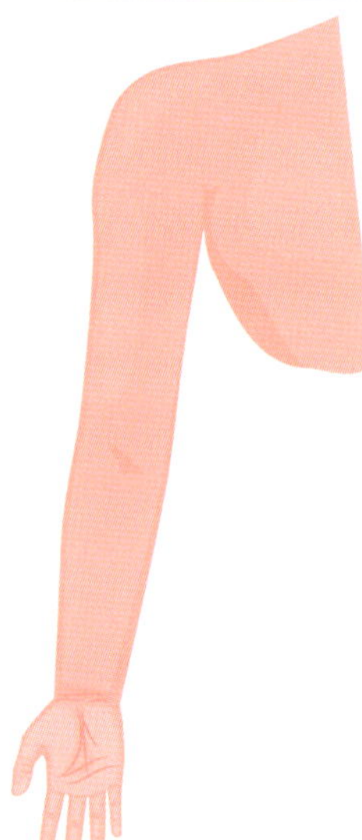
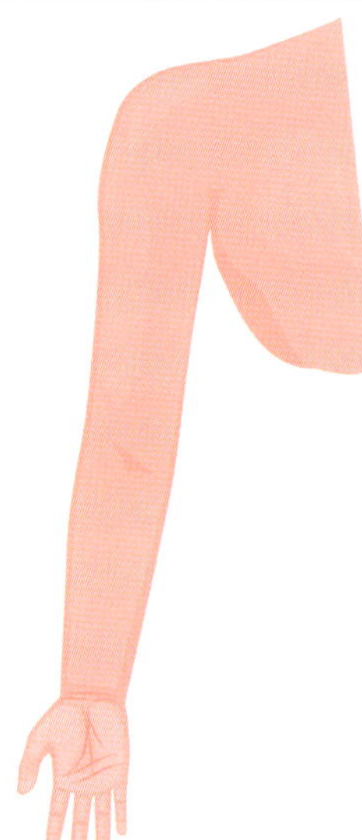

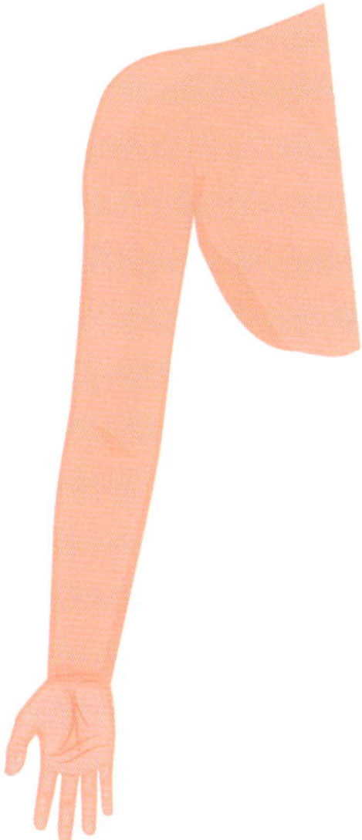	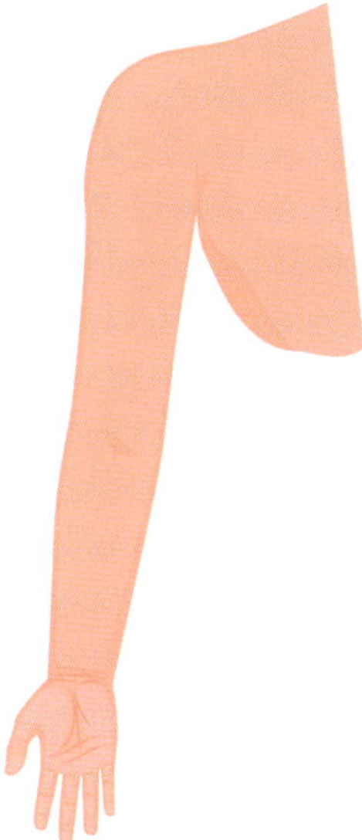	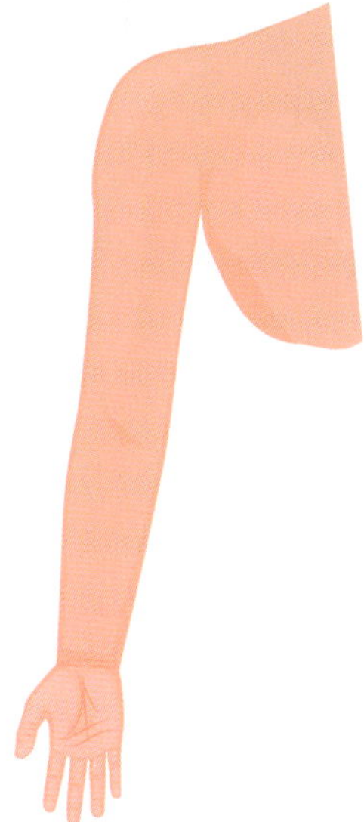
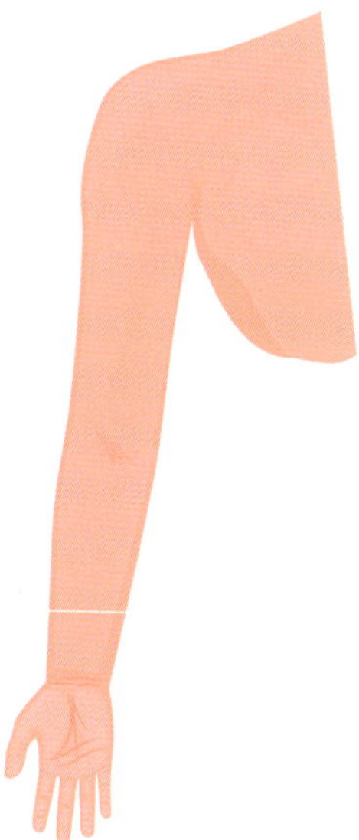		

7) 발 · 다리관리

<table>
<tr><td>능력단위요소</td><td colspan="2">발, 다리관리하기</td></tr>
<tr><td rowspan="4">수행준거</td><td colspan="2">1. 고객의 발, 다리 피부를 파악하여 금기해야 할 관리를 피할 수 있다.</td></tr>
<tr><td colspan="2">2. 발과 다리 피부 유형에 맞는 제품을 선택할 수 있다.</td></tr>
<tr><td colspan="2">3. 발과 다리의 상태를 파악하고 목적에 맞는 매뉴얼 테크닉을 적용할 수 있다.</td></tr>
<tr><td colspan="2">4. 시간, 속도, 리듬, 밀착, 세기를 고려하여 발, 다리 매뉴얼 테크닉을 할 수 있다.</td></tr>
<tr><td colspan="2">실습준비사항</td><td>실습과정</td></tr>
<tr><td colspan="2"></td><td></td></tr>
</table>

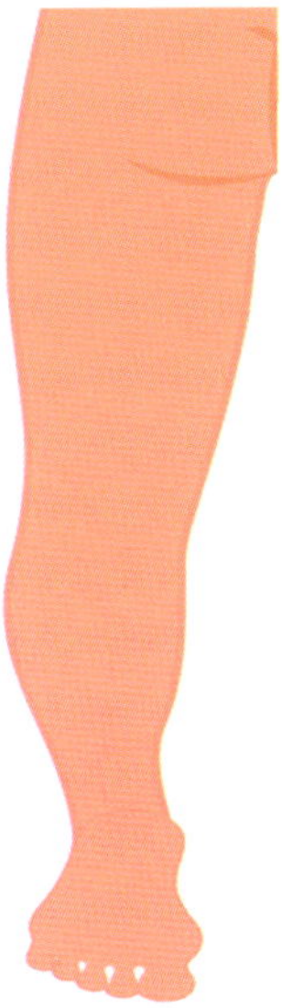

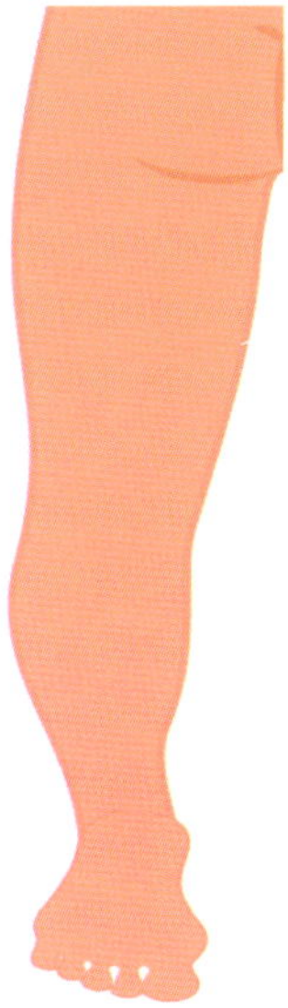

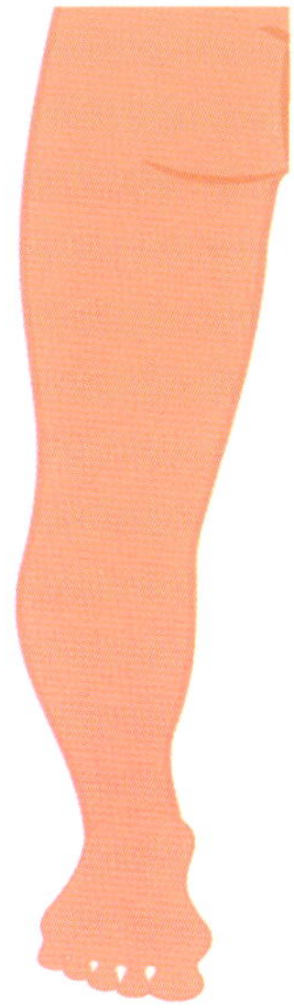

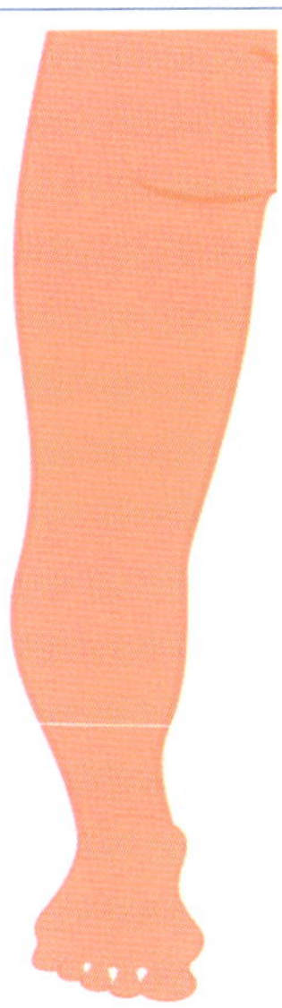

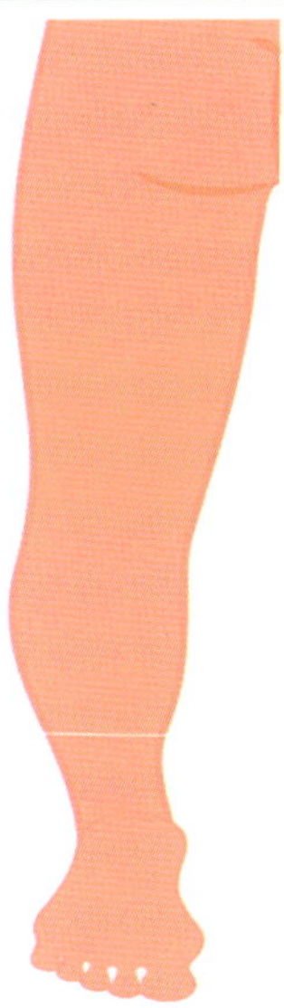

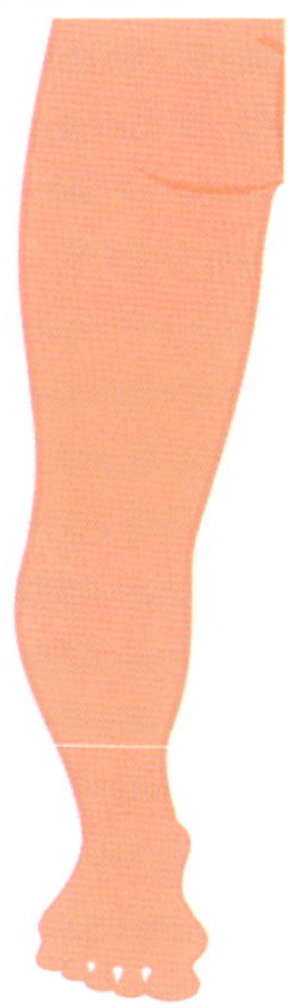

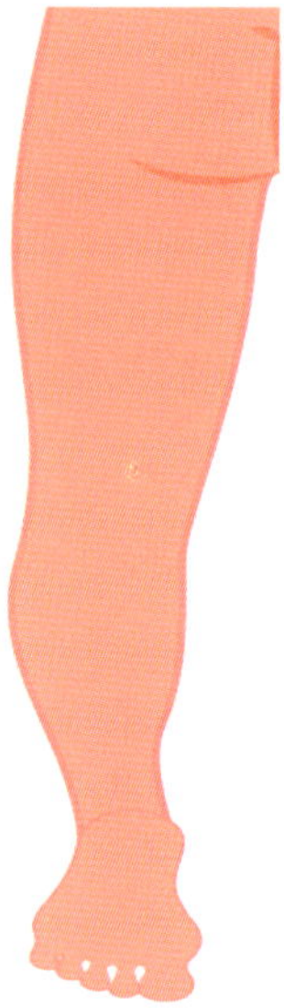

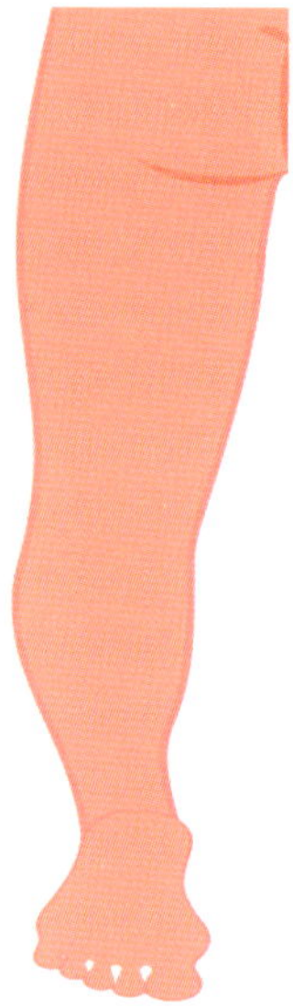

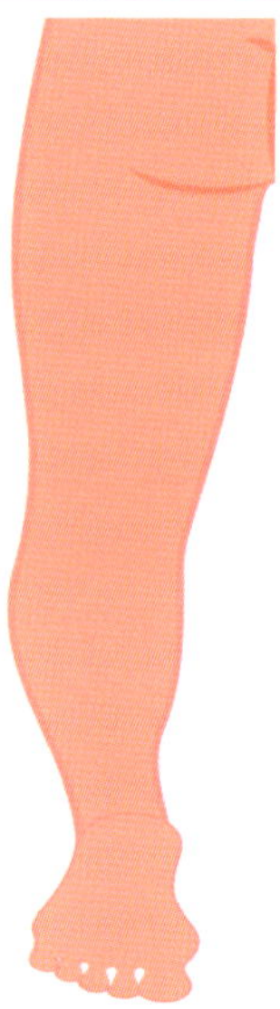

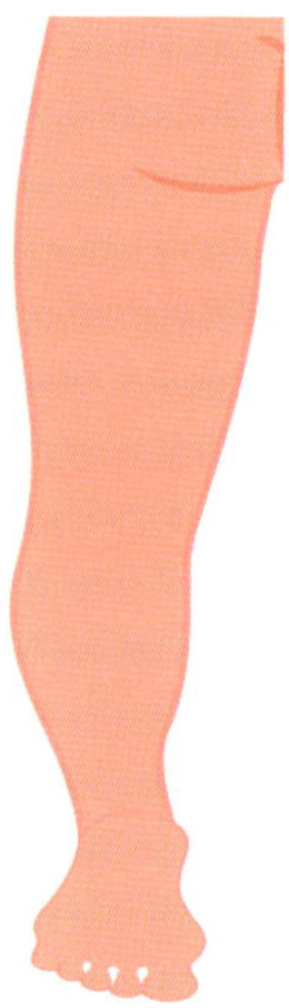

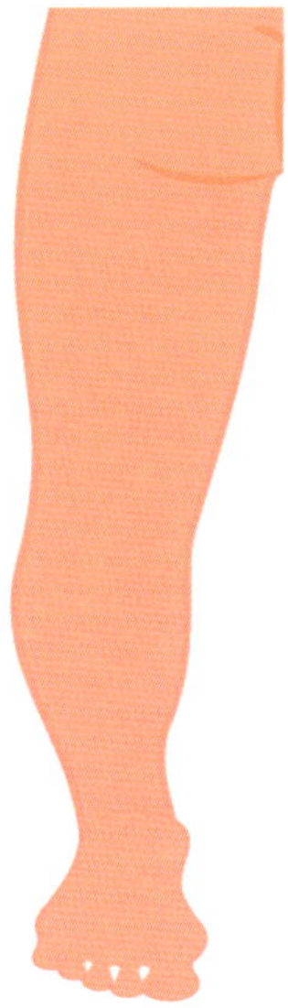
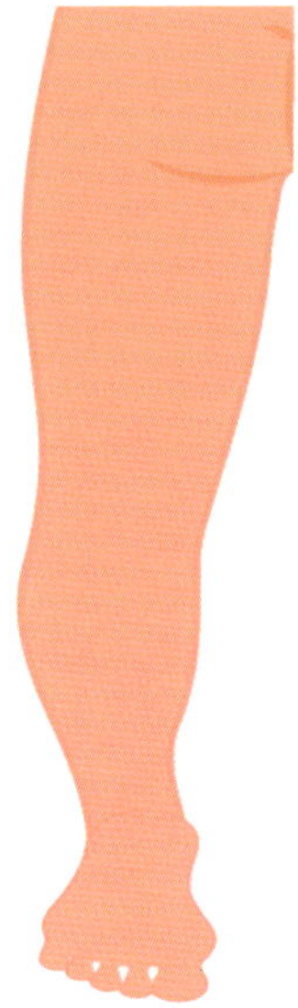
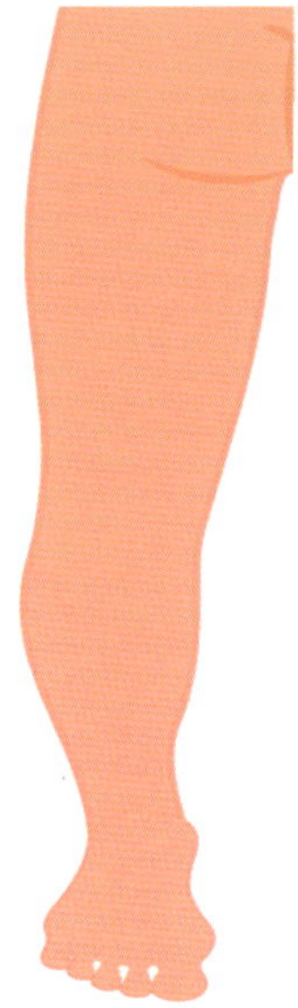
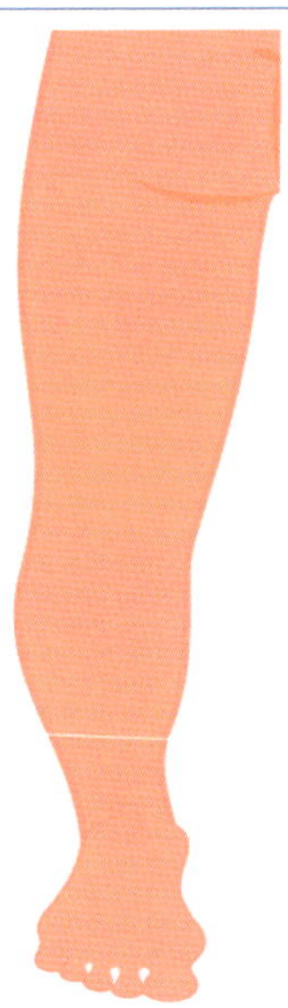
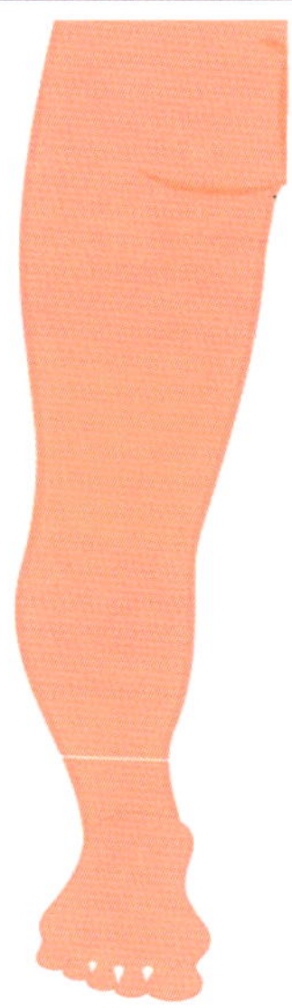
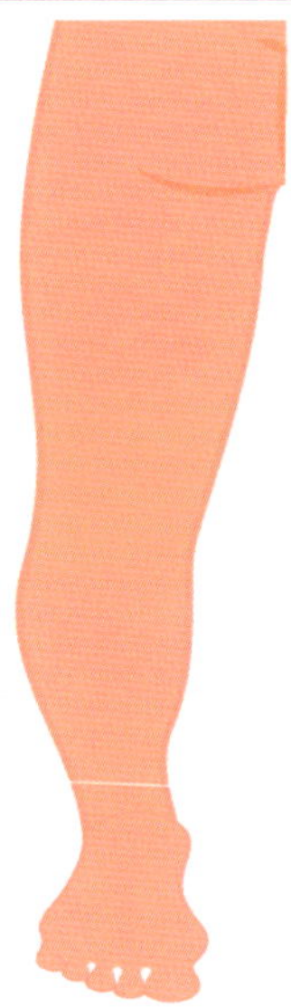

<table>
<tr><td>능력단위요소</td><td colspan="2">발, 다리관리하기</td></tr>
<tr><td rowspan="4">수행준거</td><td colspan="2">1. 고객의 발, 다리 피부를 파악하여 금기해야할 관리를 피할 수 있다.</td></tr>
<tr><td colspan="2">2. 발과 다리 피부유형에 맞는 제품을 선택할 수 있다.</td></tr>
<tr><td colspan="2">3. 발과 다리의 상태를 파악하고 목적에 맞는 매뉴얼테크닉을 적용할 수 있다.</td></tr>
<tr><td colspan="2">4. 시간, 속도, 리듬, 밀착, 세기를 고려하여 발, 다리 매뉴얼테크닉을 할 수 있다.</td></tr>
<tr><td colspan="2">실습준비사항</td><td>실습과정</td></tr>
<tr><td colspan="2"></td><td></td></tr>
</table>

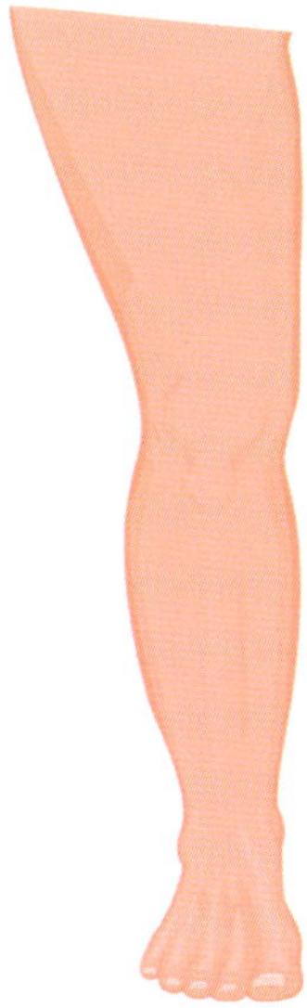

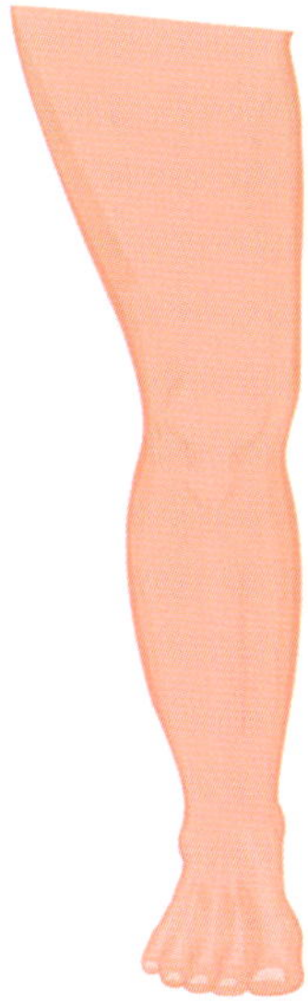

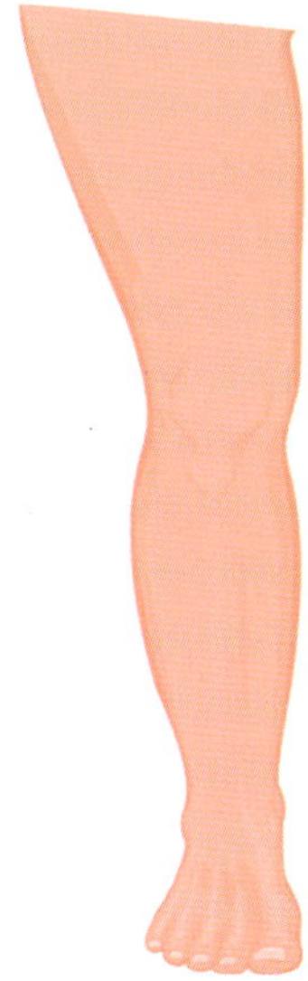

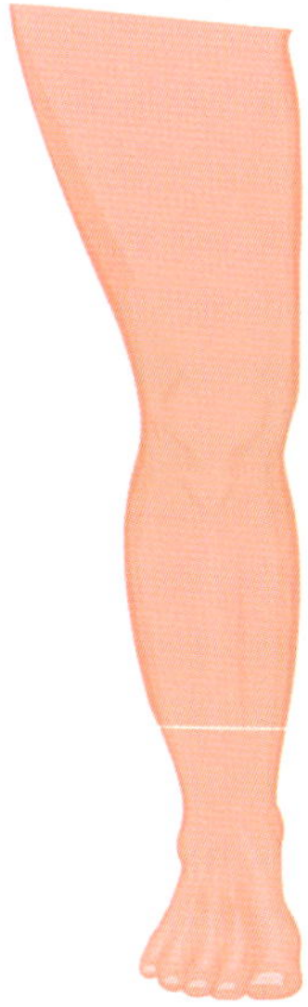

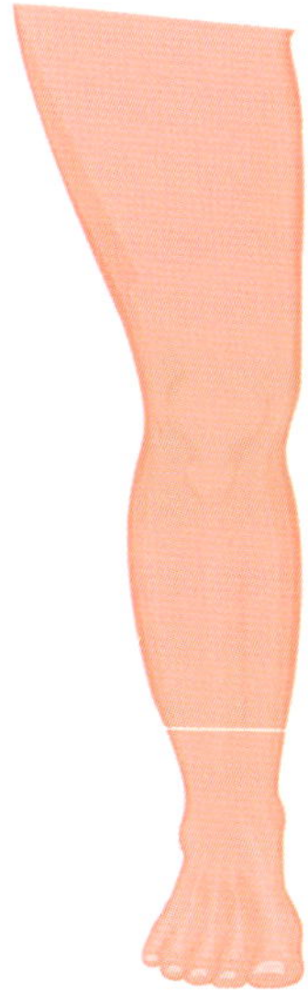

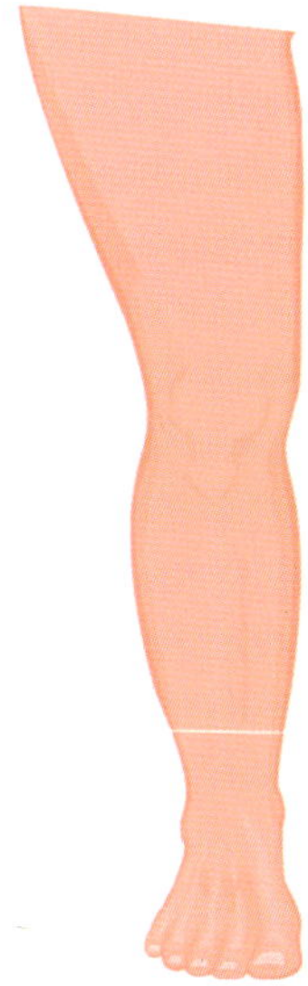

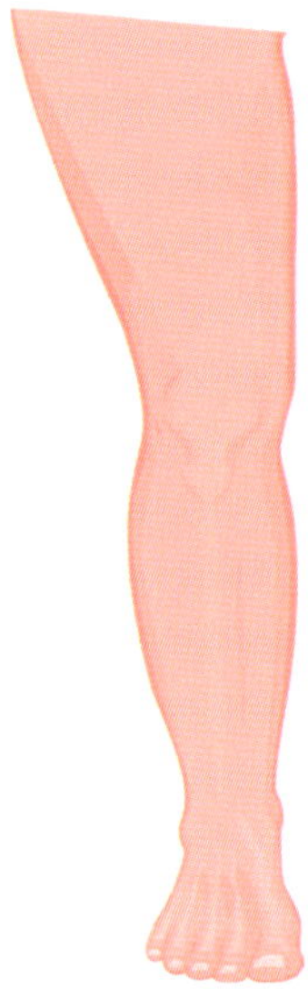	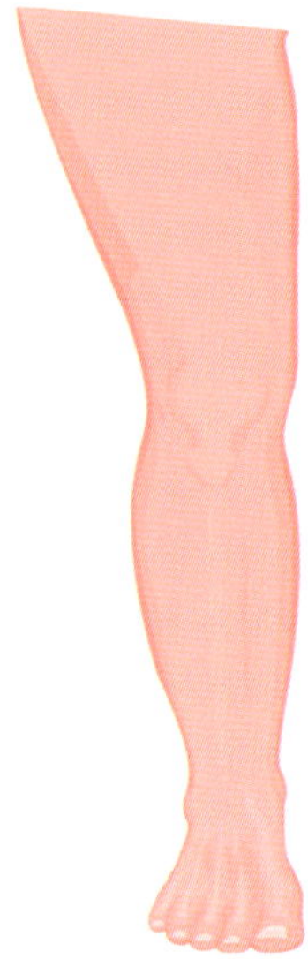	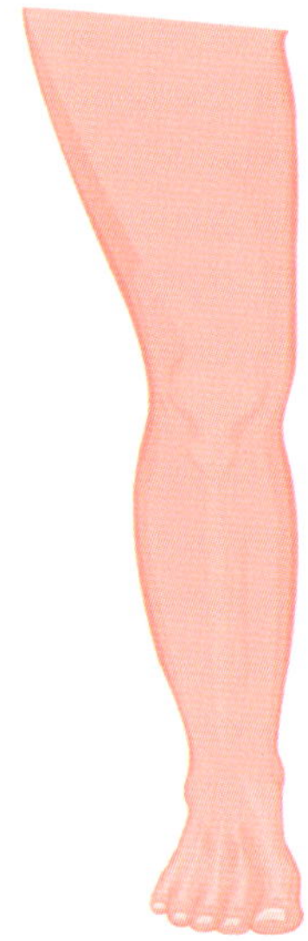
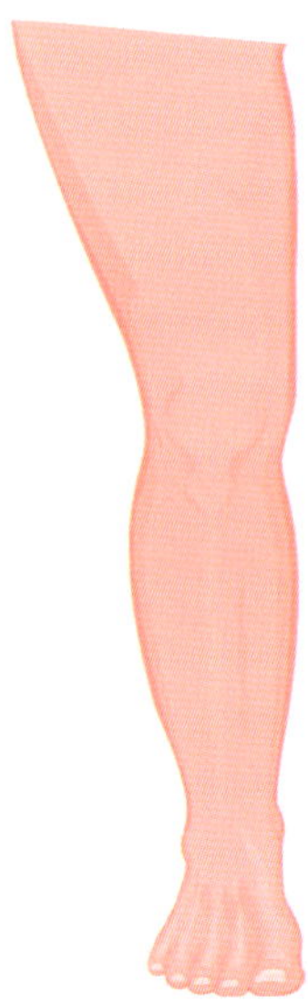	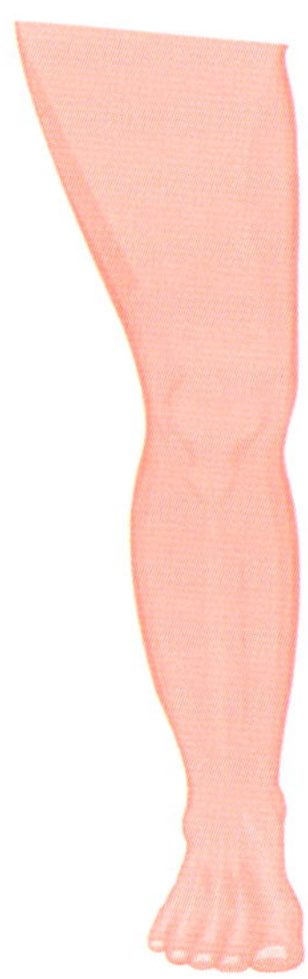	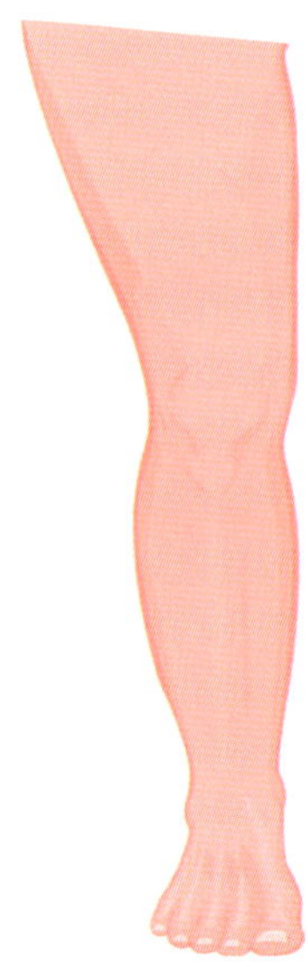

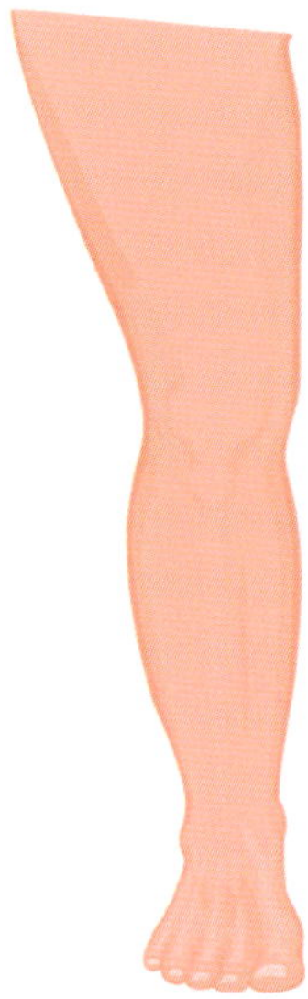
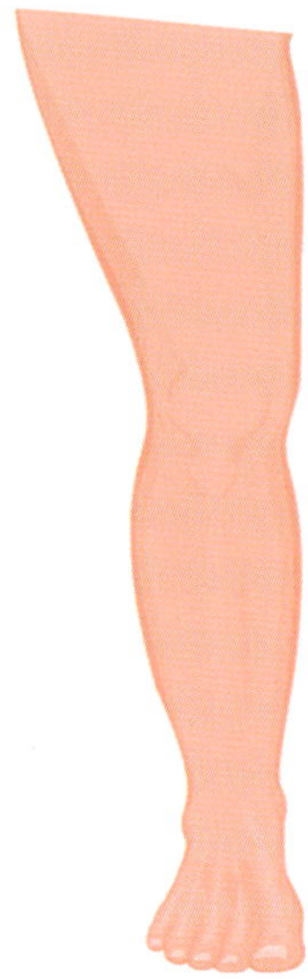
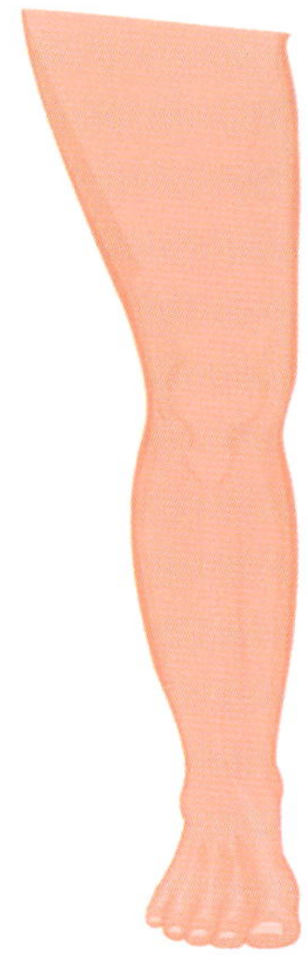
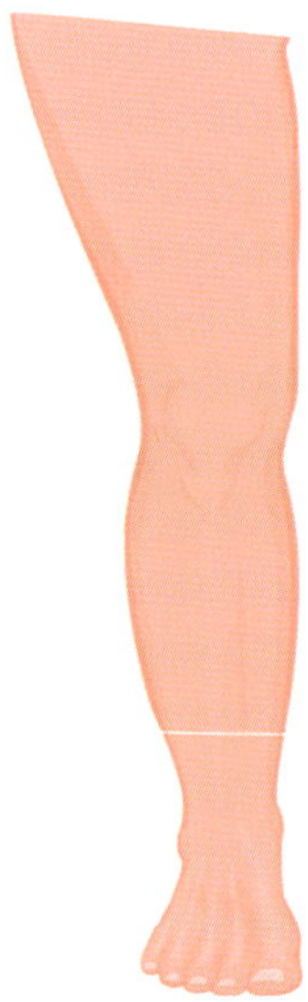
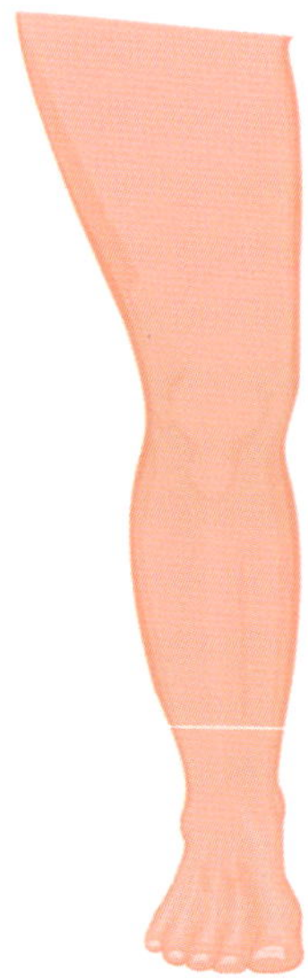
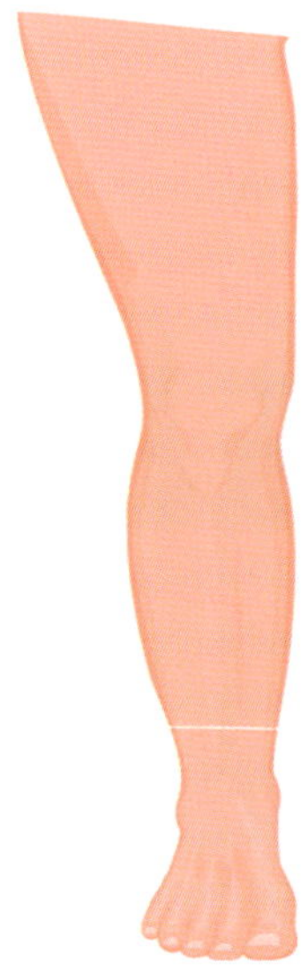

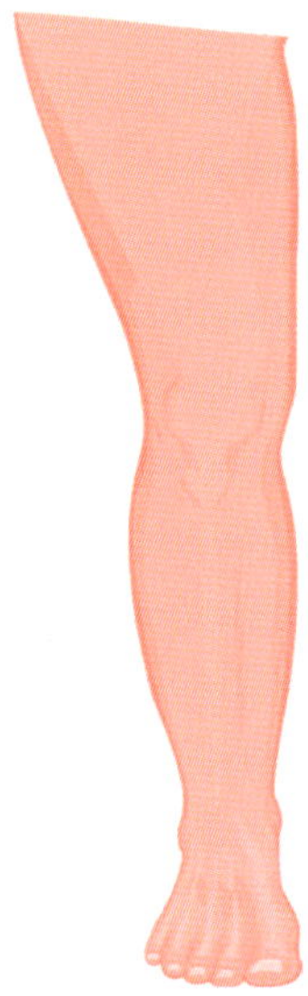

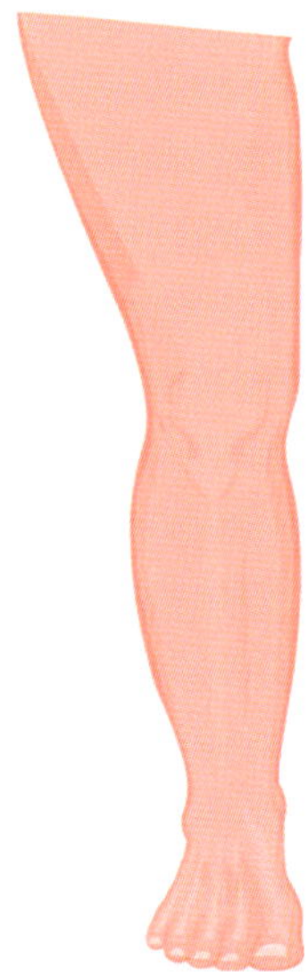

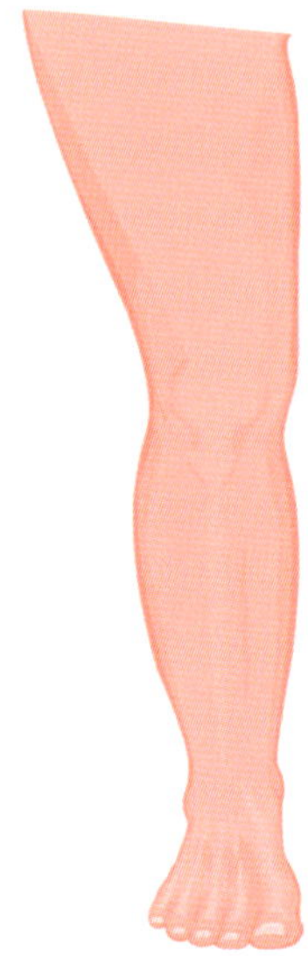

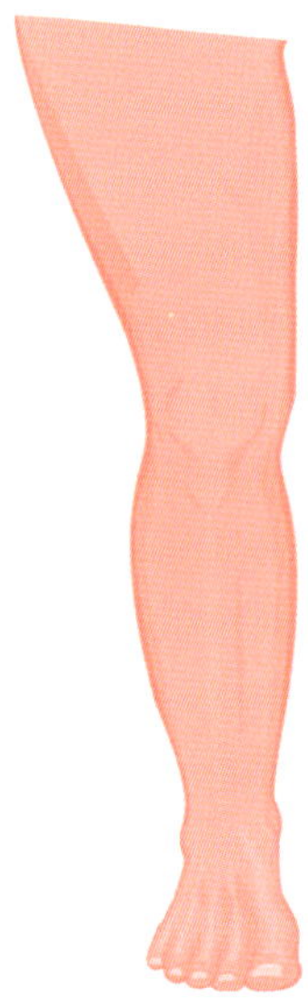

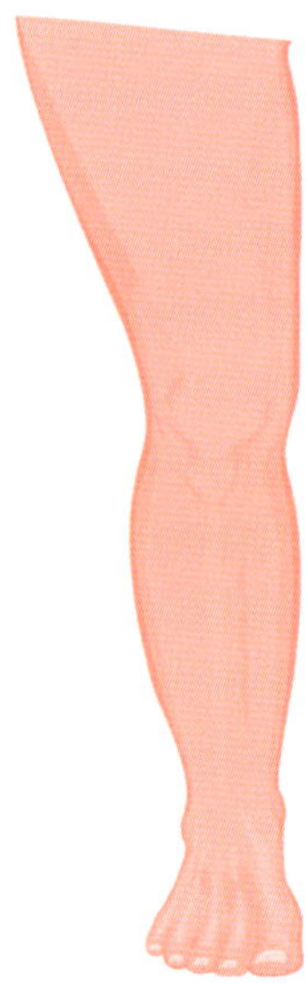

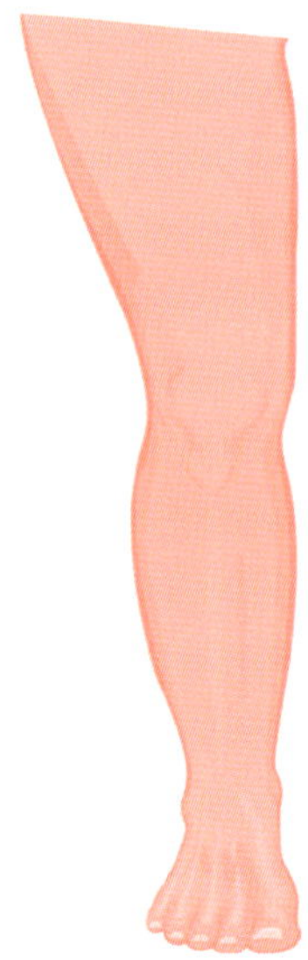

왼발

오른발

발등

내측/외측

참고문헌

강지현 외(2022). 비만 진료지침 8판. 대한비만학회.
국가직무능력표준(www.ncs.go.kr)
김경영 외(2014). 에센스 화장품학 수정판. 메디시언.
김기연 외(2009). 체형관리학. 청구문화사.
김기연 외(2010). 발관리학. 현문사.
김기영 외(2015). 미용인을 위한 해부생리학. 메디시언.
김복현 외(2010). 근 · 골격 · 신경계 해부학 엑서사이즈. 대경북스.
김연숙 외(2014). 아로마테라피. 메디시언.
김주덕 외(2011). 화장품 과학 가이드. 곽문각.
김혜영 외(2008). 식이요법 Nutrition & Diet Therapy. 지구문화사.
리순화(2015). 피부미용사 필기시험 한번에 합격하기. 크라운 출판사.
박동호(2011). Massage Bodywork. 일진사.
안선례 외(2015). 발관리학. 메디시언.
오약석신부발건강법 전임강사 교안, 한국오약석신부발건강법국제교류협회
이동환(1996). 비만아의 진단과 관리, 순천향대학교 의과대학 소아과학교실, 임상강좌, 소아과 : 제39권 제8호.
이성옥 외(2011). 발관리학. 정담미디어.
이태희(2001). 비만의 치료, 대한내과학회지: 제61권 제3호. 전남대학교 의과대학.
이한기 외(2011). 해부생리학. 수문사.
조현준 외(2015). 리메디얼 테라피(Remedial Therapy)를 위한 근골격계 진단과 평가. ㈜영림미디어.
김성중(2002). 림프부종. 정담미디어.
주경이 외(2013). 우리아이 평생건강을 책임지는 완전한 모유수유–완모 프로젝트. 열린시대사.
한정순 외(2011). 미용영양학. 메디시언.
Dr. Lionel Bissoon(2005). The cellulite cure, Meso Press.
International CIDESCO Syllabus(2010). Diploma beauty therapy, CIDESCO Practical Examination.
Janet D'Angelo 외/ 김문주 외 역(2006). Milady's 고급피부학(Standard Comprehensive Training for Estheticians). 군자출판사.
Patricia Lam(2007). Practical Nutrition for the health or beauty professional, Skin Care Consultants Canada(www.yelp.com).
Pier Antonio Bacci(2014). 셀룰라이트 진단과 치료. 한솔.